改訂
新版

すぐわかる　　　　石村園子・畑 宏明 著

確率・統計

改訂新版　すぐわかる確率・統計

はじめに

　数学は世の中のあらゆる分野に使われています．もし人類が数学を創造していなかったら，現在皆さんが手放せないスマホやパソコン，又それらを楽しく使うアプリも存在しなかったでしょう．特に現在注目されている生成 AI ではこれから皆さんが学ぶ「確率」を使って文章を作り出しています．また，最近猛威を振るった新型コロナ感染症への対策には，感染者や重傷者の人数を把握し，これから学ぶ「統計」処理など様々な数学を使った解析結果が感染症対策の助けになりました．今や数学はあらゆる分野に浸透し，人間社会に欠かせないツールになっています．

　本書は，確率とそれを基にした統計の基本的な考え方や処理の仕方を学ぶための入門書です．確率・統計を勉強する際には，集合や微分積分などの広範囲な知識や概念を必要とします．しかし，準備万端整えてから確率・統計の勉強を始めることは現実的ではありません．

　本書は大学初年度で微分積分を一通り学んだ学生を対象に書かれています．しかし，微分積分が不安な人も心配はいりません．必要な知識はその都度復習しながら進めていきます．他の "すぐわかるシリーズ" 同様，

定義→定理→問題（例題→演習）

の繰り返しで勉強し，新しい知識や概念の定着を目指します．さらに改訂新版では新しい知識へのアプローチの助けとして，問題に解法の指針となるポイントをつけ加えました．また本書では，基本的な知識の理解をしっかり身につけるため，統計的な計算には統計関連のソフトは使わず，スマホ，電卓や Excel の表計算機能などを用いて値を求めるようになっています．

　基本的な考え方をマスターすればもう大丈夫．問題を解き終わった後や本書を一通り勉強し終わったら，Excel の統計機能や統計ソフトを使って値を求めたりグラフを描いたりしてみましょう．また，少し難度の高い確率論や統計手法にも挑戦してみましょう．

　本書は『すぐわかる確率・統計』（2001年出版）を修正加筆したものです．旧版はお陰さまで大学生から社会人，数学大好き人（？）など，多くの方々のご支持を受け，20年以上増刷りを続けることが出来ました．その間いろいろなご意見やご指摘も多く受けました．どうもありがとうございました．時代の要請を受け，新しくなった本書も皆様のお役にたてれば，著者としてこの上ない喜びです．

　本書の執筆にあたりましては，東京図書編集部の皆様には大変お世話になりました．この場をかりましてお礼申し上げます．

2023年12月吉日　　　　　　　　　　　　　　　　　石村　園子

　　　　　　　　　　　　　　　　　　　　　　　　畑　　宏明

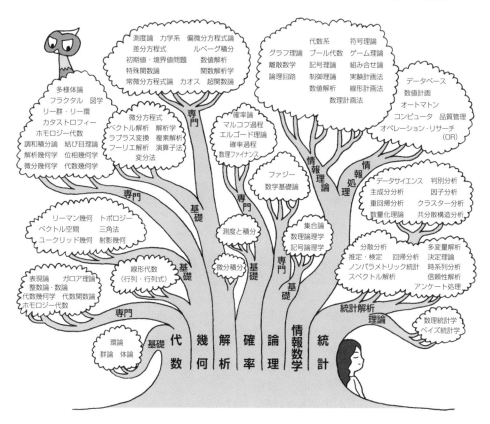

v

■目次

第 2 章 統 計 129

Column

● **装幀** 今垣知沙子

● **イラスト** いずもり・よう

第 **1** 章

確率

順列・組合せ

【1】 集 合

第1章の確率の勉強には"**集合**"に関する知識が必要である.

ここでは，基本的な集合の記号や定理をざっと紹介しておこう.

> • 集合の定義 •
>
> **集合**とは一定の条件を満足するものの集まりで，対象としているものがその集まりに属すか属さないかはっきりしているものをいう.

 たとえば自然数全体を対象に考えてみよう. 自然数の中から「偶数」を全部取り出して1つの集まりにすることができる. つまり，ある自然数が「偶数か偶数でないか」はっきりしているので，この集まりは集合.

それでは自然数の中から「大きい数」を全部取り出して1つの集まりにしてみよう. しかしある自然数が「大きい数か大きい数でないか」迷ってしまう. ある人が「大きい数」の集まりを作っても，他の人にとっては納得できないこととなる. つまり，この集まりは集合とはいえない.

また，対象としているもの全体を**全体集合**という.

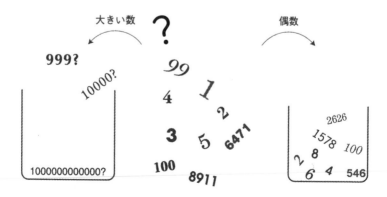

集合を構成しているものを**要素**または**元**（げん）という．

a が集合 A の要素であるとき

$$a \in A \qquad \text{または} \qquad A \ni a$$

とかき，b が集合 A の要素でないとき

$$b \notin A \qquad \text{または} \qquad A \not\ni b$$

とかく．

集合の中身を表すには $\{\ \}$ を使い，

$$\{2, 4, 6, 8, \cdots\}$$

のように要素をかき並べる方法と，

$$\{n \mid n = 2k, \ k = 1, 2, 3, \cdots\}$$

のように条件をかく方法がある．

要素の数が有限個である集合を**有限集合**，無限である集合を**無限集合**という．

全体集合

【解説終】

問題 1　集合の表し方

例題

> 集合 A は要素で，集合 B は条件でかき直してみよう．
>
> $A = \{n \mid n$ はサイコロの目の数$\}$
>
> $B = \{5, 10, 15, 20, \cdots\}$

⁝⁝ 解 答 ⁝⁝　サイコロの目の数は $1, 2, 3, 4, 5, 6$ なので

$$A = \{1, 2, 3, 4, 5, 6\}$$

集合 B の要素をみると正の 5 の倍数が順に並んでいるので

$$B = \{n \mid n = 5k, \ k = 1, 2, 3, \cdots\}$$

（条件の表し方は 1 通りではない．）

【解終】

POINT▶ 要素のすべてをみて，何らかの法則性を見つけて数式（条件）で表すことを意識する

演習 1

> 集合 C は要素で，集合 D は条件でかき直してみよう．
>
> $C = \{n \mid 2 < n \leqq 7, \ n$ は整数$\}$
>
> $D = \{1, 3, 5, 7, \cdots\}$ 解答は p.225

⁝⁝ 解 答 ⁝⁝　$2 < n \leqq 7$ の範囲にある整数をかき並べると

$$C = \{^{\textcircled{ア}}\boxed{}\}$$

集合 D の要素をみると正の奇数が並んでいるので

$$D = \{n \mid n = {}^{\textcircled{イ}}\boxed{}, \ k = 1, 2, \cdots\}$$

（条件の表し方は 1 通りではない．）

【解終】

• 和集合・積集合の定義 •

集合 A, B について

$$A \cup B = \{x \mid x \in A \text{ または } x \in B\} \quad \text{を } A \text{ と } B \text{ の和集合}$$

$$A \cap B = \{x \mid x \in A \quad \text{かつ} \quad x \in B\} \quad \text{を } A \text{ と } B \text{ の積集合}$$

という.

解説 $A \cap B$ は **共通集合** あるいは **共通部分** ともいわれる.

和集合 $A \cup B$，積集合 $A \cap B$ は集合の演算といわれ，数の加法や乗法と似た性質をもつ． 【解説終】

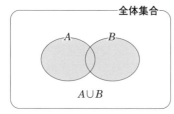

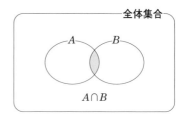

• 補集合の定義 •

集合 A に対して

$$A^c = \{x \mid x \notin A\}$$

を A の**補集合**という.

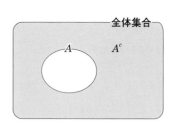

 A の補集合は $\bar{A}$ の記号を使うこともある.

全体集合の中で A に属していない要素を集めたのが A^c．これも集合の演算である．

【解説終】

上図のような集合を視覚化した図をベン図といいます．ベンという人が考え出しました．

c は complement の c で A^c は「A のコンプリメント」と読みます．

部分集合の定義

2 つの集合 A, B について

$$x \in A \quad \text{ならば} \quad x \in B$$

が成立するとき，A を B の**部分集合**といい

$$A \subseteqq B \quad \text{または} \quad B \supseteqq A$$

と表す.

特に $A \subseteqq B$ で $A \neq B$ のとき A を B の**真部分集合**という.

全体集合 U

$A \subseteqq B \subseteqq U$

解説　すべての集合は，対象としているもの全部である全体集合 U の部分集合である．また，要素を 1 つももたない集合を**空集合**といい

$$\varnothing$$

で表す．どんな集合 A についても

$$\varnothing \subseteqq A$$

とする.　　　　　　　　　　【解説終】

集合の相等の定義

2 つの集合 A, B について

$$A \subseteqq B \quad \text{かつ} \quad B \subseteqq A$$

が成立するとき，A と B は等しいといい

$$A = B$$

とかく.

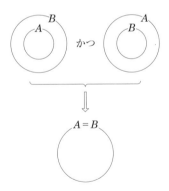

$A = B$

解説　2 つの集合が

含み　かつ　含まれる

とき，つまり両方の要素がまったく一致するとき，2 つの集合は等しいと定義する.

【解説終】

記号 $A \subset B$ に $A = B$ の場合も含める本もあるので，注意しましょう

集合の演算について次の性質が成立する.

交換法則	(1)　$A \cup B = B \cup A$
	(1)'　$A \cap B = B \cap A$
結合法則	(2)　$(A \cup B) \cup C = A \cup (B \cup C)$
	(2)'　$(A \cap B) \cap C = A \cap (B \cap C)$
分配法則	(3)　$A \cup (B \cap C) = (A \cup B) \cap (A \cup C)$
	(3)'　$A \cap (B \cup C) = (A \cup B) \cup (A \cup C)$
ド・モルガンの法則	(4)　$(A \cup B)^c = A^c \cap B^c$
	(4)'　$(A \cap B)^c = A^c \cup B^c$

　いずれも図を描いて確認しておこう.

(3), (4)のみ以下に示しておく.

(3)

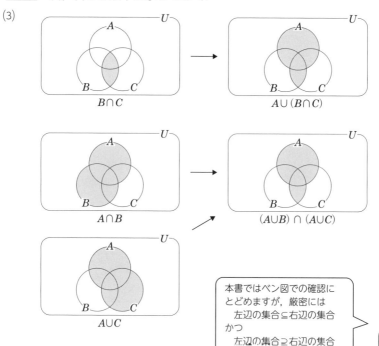

$B \cap C$　　→　　$A \cup (B \cap C)$

$A \cap B$　　→　　$(A \cup B) \cap (A \cup C)$

$A \cup C$

本書ではベン図での確認に
とどめますが,厳密には
　左辺の集合 ⊆ 右辺の集合
かつ
　左辺の集合 ⊇ 右辺の集合
を示さなくてはいけません

(4)

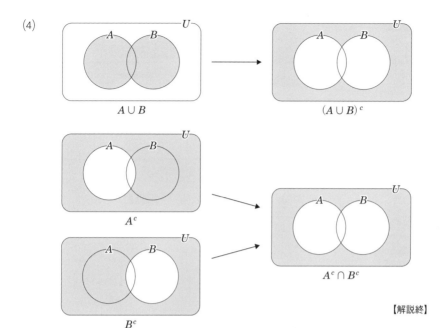

$A \cup B$ $(A \cup B)^c$

A^c

B^c

$A^c \cap B^c$

【解説終】

問題2　**集合の視覚化**

POINT▶ 頭の中でイメージできるまで，
いろいろな集合を図で
表せるようにしておこう

例題

次の集合を下図に斜線を引いて示してみよう．
$$A^c \cap (B \cup C)$$

演習2

次の集合を下図に斜線を引いて示してみよう．
$$A \cup (B^c \cap C) \qquad 解答は p.225$$

:: **解答** ::　A^c と $B \cup C$ を先に考えて，共通部分をとる．

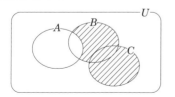

【解終】

:: **解答** ::

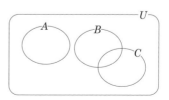

【解終】

問題3 **集合の要素の個数**

例題

全体集合を $U = \{n \mid 1 \leqq n \leqq 20,\ n:整数\}$ とするとき，次の部分集合の要素の個数を求めてみよう．

(1) $A = 2$ の倍数全体　　(2) $B = 3$ の倍数全体

(3) $A \cup B$　　(4) $A \cap B$　　(5) A^c

解説 要素の個数が有限である集合を**有限集合**という．有限集合 A に対して，そこに含まれる要素の個数を $n(A)$ で表す．有限集合の要素については一般に右頁下の定理 1.1.2 が成立するが，まず具体的な例で数えてみよう．【解説終】

∷ 解 答 ∷ $A,\ B$ の元を具体的にかいてみると，右図のようになる．

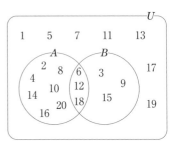

これより，要素の個数を数えると

(1) $n(A) = 10$

(2) $n(B) = 6$

(3) $A \cup B$ は U の中の

2 の倍数かまたは 3 の倍数であるもの全体

である．

$A \cup B$ の要素の個数を数えると　$n(A \cup B) = 13.$

(4) $A \cap B$ は U の中の

2 の倍数でかつ 3 の倍数であるもの全体

である．

$A \cap B$ の要素の個数を数えると　$n(A \cap B) = 3.$

(5) A^c は U の中で"2 の倍数でないもの全体"である．

A^c の要素の個数を数えると　$n(A^c) = 10.$　　　　　　　【解終】

$n(A)$は有限集合 A の要素の個数を表します．

空集合 $\varnothing$ については $n(\varnothing) = 0$ とします

POINT▶ 集合 A，B の要素すべてをかき出すと，和集合，積集合，補集合がかきやすくなる

演習3

全体集合を $U = \{n \mid 1 \leq n \leq 20,\ n:整数\}$ とするとき，次の部分集合の要素の個数を求めてみよう．

(1) $A = 5$ の倍数全体 　　(2) $B = \{n \mid n^2 \geq 150\}$

(3) $A \cup B$ 　　(4) $(A \cup B)^c$ 　　(5) $A \cap B^c$ 　　　　解答は p.225

∷ 解 答 ∷ 集合 B は 2 乗すると 150 以上になる U の要素のことなので，かき出してみると

$B = \{$ ㉑ $\}$

となる．これより集合 A, B は右図のようになる．

(1) $n(A) = $ ㉒$\square$ 　　(2) $n(B) = $ ㉓$\square$

(3) $n(A \cup B) = $ ㉔$\square$

(4) $n((A \cup B)^c) = $ ㉕$\square$ 　　　(5) $n(A \cap B^c) = $ ㉖$\square$ 　　　【解終】

一般に，有限集合の要素の個数について，次の定理が成立する．

定理 1.1.2　　有限集合の要素の個数

(1) $n(A \cup B) = n(A) + n(B) - n(A \cap B)$

(2) $A \cap B = \varnothing$ のとき $n(A \cup B) = n(A) + n(B)$

(3) $n(A^c) = n(U) - n(A)$ 　（U は全体集合）

解説　下の図より確認される．

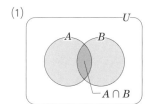
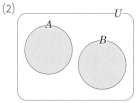
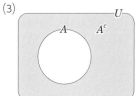

【解説終】

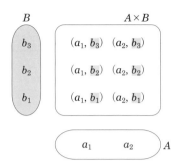

● 直積の定義 ●

2つの集合 A, B に対し
$$A \times B = \{(a, b) \mid a \in A, \ b \in B\}$$
を A と B の**直積**という.

 集合 A と B より要素を1つずつ取ってきて順に
$$(a, b)$$
とカッコをつけて並べる. 集合 A と B のあらゆる要素についてこの組を考えた集合が直積 $A \times B$ である.

たとえば
$$A = \{a_1, a_2\}, \quad B = \{b_1, b_2, b_3\}$$
のとき, $A \times B$ はすべての組
$$(a_i, b_j) \quad (i = 1, 2 ; j = 1, 2, 3)$$
の全体のこと.

平面上の座標空間は実数 $\boldsymbol{R}$ と実数 $\boldsymbol{R}$ の直積 $\boldsymbol{R} \times \boldsymbol{R}\,(= \boldsymbol{R}^2$ とも表す)である. 【解説終】

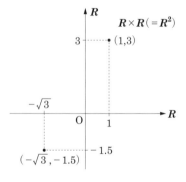

有限集合については次の定理が成立する.

定理 1.1.3	有限集合の直積の要素の個数

有限集合 A, B について
$$n(A \times B) = n(A) \times n(B)$$
が成立する.

無限集合については
p.15 の column を
参照して下さい

例題

> あるカフェでは，ティータイムの飲み物として
> $$D = \{ \text{コーヒー } (c),\ 紅茶 (t),\ ジュース (j) \}$$
> ケーキとして
> $$C = \{ \text{ショートケーキ } (s),\ モンブラン (m) \}$$
> を用意している．飲み物 D とケーキ C の直積 $D \times C$ と，その要素の個数 $n(D \times C)$ を求めてみよう．

∷ 解答 ∷ $D = \{c, t, j\},\ C = \{s, m\}$

とかいておく．要素のすべての組合せを作ると

$$D \times C = \{(c, s),\ (c, m),\ (t, s),\ (t, m),\ (j, s),\ (j, m)\}$$

これより $n(D \times C) = 6$.

（定理 1.1.3 を使ってもよい．）

$D \times C$ の要素として
例えば (t, m) を選ぶ
ことができます

【解終】

POINT▷ 直積集合の要素の個数は，各集合の要素の個数の積である

演習4

> T大学では履修科目として，語学は
> $$L = \{ \text{英語 } (\mathbf{E}),\ 仏語 (\mathbf{F}) \}$$
> の中から1科目，自然科学は
> $$N = \{ \text{数学 } (\mathbf{M}),\ 物理 (\mathbf{P}),\ 化学 (\mathbf{C}),\ 生物 (\mathbf{B}) \}$$
> の中から1科目選択しなければならない．語学 L と自然科学 N の直積 $L \times N$ とその要素の個数 $n(L \times N)$ を求めてみよう．　　　　　　解答は p.225

∷ 解答 ∷ $L = \{\mathbf{E}, \mathbf{F}\},\ N = \{\mathbf{M}, \mathbf{C}, \mathbf{P}, \mathbf{B}\}$

とおき，すべての要素の組合せを作ると

$$L \times N = \{ ^{\text{㋐}} \boxed{} \}$$

ゆえに $n(L \times N) = {}^{\text{㋑}} \boxed{}$

【解終】

【2】 場合の数

 ある事柄 A の起こりうる場合をすべてもれなく数えた総数が A の起こる場合の数である.

たとえば，サイコロを振った場合

   A：サイコロの目が偶数

とすると，サイコロの偶数の目は全部で

   2，4，6

なので

   A の起こる場合の数は 3

となる.

 このことを集合の記号を使って表してみると

   $A = \{x \mid x \text{ はサイコロの偶数の目}\}$

となる．A の要素をすべてかき出してみると

   $A = \{2, 4, 6\}$

なので，A の要素の個数を表す $n(A)$ の記号を使うと

   A の起こる場合の数 $= n(A) = 3$

となる.

「場合の数」を
「集合の要素の個数」と
考えることが
できます

【解説終】

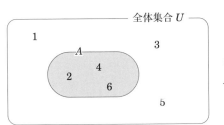

全体集合 U

1   3

A

4

2

6

5

$U = \{x \mid x \text{ はサイコロの目}\}$

$A = \{x \mid x \text{ はサイコロの偶数の目}\}$

問題 5　場合の数

例題

事柄 A を

A：サイコロを振ったとき，出た目が素数

とするとき，A の起こる場合の数を求めよう．

解答　サイコロの目は $1 \sim 6$.

この中から素数をすべて取り出すと

$A = \{2, 3, 5\}$

なので

A の起こる場合の数 $= n(A) = 3$

【解終】

「1」は
素数では
ありませんよ

POINT　求めるべき集合をかき出して，要素の個数を求める

演習 5

事柄 B を

B：サイコロを 2 回振ったときに出た目の積が 12

とするとき，B の起こる場合の数を求めよう．

解答は p.225

解答　積が 12 になる場合をすべて考え，

（1 回めの目，2 回めの目）

と直積の形でかくと

$B = \{$㋐［　　　　　］$\}$

なので

B の起こる場合の数 $= n(B) =$ ㋑［　］

【解終】

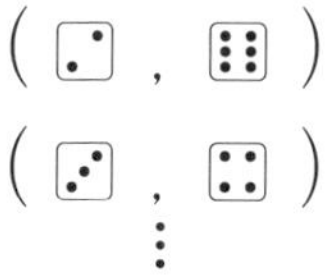

場合の数が有限の場合，一般に次の法則が成立する．

定理 1.1.4　和の法則

2 つの事柄 A, B について，A と B が同時には起こらないとき，A または B が起こる場合の数は

$$n(A) + n(B)$$

である．

 集合の記号を使うと

　　　A と B とが同時に起こる $= A \cap B$

　　　A または B が起こる　　$= A \cup B$

となる．A と B が同時には起こらないとは $A \cap B = \varnothing$ を意味するので，このとき，定理 1.1.2（p.9）の (2) より，

$$n(A \cup B) = n(A) + n(B)$$

【解説終】

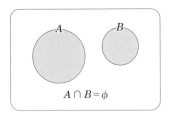

$A \cap B = \phi$

定理 1.1.5　積の法則

2 つの事柄 A, B について，A の起こるそれぞれの場合に対して B の起こる場合の数が $n(B)$ であるとき，A と B とが引き続いて起こる場合の数は

$$n(A) \times n(B)$$

である．

 A と B とが引き続いて起こる場合を集合で表すと直積 $A \times B$ となる．

この定理は，B の起こり方に A が関係ないとき

$$n(A \times B) = n(A) \times n(B)$$

が成立することを意味している．　　　【解説終】

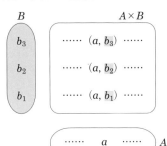

Column　集合の濃度

　集合 A の要素の個数が有限の場合は比較的簡単に要素の個数 $n(A)$ についての法則が理解できます.

　たとえば

$$n(A \cup B) \leqq n(A) + n(B)$$
$$n(A \times B) = n(A) \times n(B) \qquad (A \times B \text{ は } A, B \text{ の直積})$$

は直観的に理解できます.

　しかし, 要素の個数が無限の場合はちょっと様子が異なります. この場合には, "要素の個数" とはいわずに "濃度" という言葉を使います.

　一言に無限といっても, 数学では無数の無限の種類が考えられています. その中で一番小さい無限の濃度とは, 自然数全部の個数のことで,

　　　「$1, 2, 3, \cdots$ と番号がつけられる」, 「数えられる」

という意味で

　　　可付番無限　　可算無限
　　　（か ふ ばん）

などと名前がついています. また, この濃度を $\aleph_0$（アレフゼロ）と表します.

　2つの集合 A, B の濃度が $\aleph_0$ の場合

　　　$A \cup B$　の濃度は　$\aleph_0$

　　　$A \times B$　の濃度も　$\aleph_0$

という有限の集合とは異なった現象が起こります.

　このように, 集合に含まれる要素の個数が, 有限と無限とでは, まったく別の世界になってしまうのです.

実は, 自然数全体と偶数全体とは同じ無限の濃度をもっています. 不思議ですね.

"和の法則" と "積の法則" を用いた場合の数

例題

ある国の P 市から Q 町へ行く交通手段は，陸路ではラクダかジープか徒歩，空路ではヘリコプターだけである．さらに，Q 町から R 村へ行く交通手段はボートか徒歩である．このとき

(1) P 市から Q 町へ行く交通手段は全部で何通りだろう．

(2) P 市から Q 町を経て R 村へ行く交通手段は全部で何通りだろう．

❚❚ 解 答 ❚❚ すぐに答えが出るが，場合の数の "和の法則" と "積の法則" に照らし合わせて考えてみよう．"何通り" とは "場合の数" のこと．

(1) 事柄 A, B を

$$A：\text{P 市から Q 町へ陸路で行く交通手段}$$

$$B：\text{P 市から Q 町へ空路で行く交通手段}$$

と考えると A と B は同時には起こらないので $A \cap B = \varnothing$．したがって "和の法則" より

$$n(\text{P 市から Q 町へ行く交通手段}) = n(A \cup B) = n(A) + n(B)$$
$$= 3 + 1 = 4$$

つまり 4 通りとなる．

(2) P 市から Q 町へ行く交通手段と Q 町から R 村へ行く交通手段は引き続いて起こり，まったく別々に考えることができるので "積の法則" より

$$n(\text{P 市} \to \text{Q 町} \to \text{R 村}) = n(\text{P 市} \to \text{Q 町}) \times n(\text{Q 町} \to \text{R 村})$$
$$= 4 \times 2 = 8$$

つまり 8 通りとなる． 【解終】

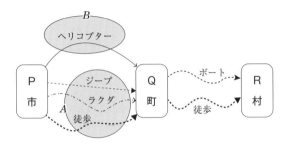

演習 **6**

> Z 高校では社会活動として
>
> $\qquad$ 1 年生は A 群か B 群の中から 1 つ
>
> $\qquad$ 2 年生は C 群の中から 1 つ
>
> 選んで体験しなければならない.
>
> (1) 1 年生の社会活動は何通りあるか.
>
> (2) 1 年生，2 年生を通して全部で何通り
> の社会活動が考えられるか.
>
> $\qquad\qquad\qquad$ 解答は p.225

A 群（清掃活動）
動物園清掃作業手伝い
水族館清掃作業手伝い
Y 駅構内清掃作業手伝い
B 群（労働活動）
宅配荷分け作業手伝い
引越し運送業手伝い
C 群（研修）
人命救助研修
老人介護研修
保育所研修

⁂ 解 答 ⁂ これもすぐ答えが求まるが，場合の数の"和の法則"と"積の法則"に照らし合わせて考えてみる.

　ことがら F, S を

$\qquad\qquad F$: 1 年生で行う社会活動

$\qquad\qquad S$: 2 年生で行う社会活動

とおく.

(1) A 群，B 群の社会活動について

$\qquad\qquad F = A\,{}^{\textcircled{ア}}\boxed{}\,B, \qquad A \cap B = {}^{\textcircled{イ}}\boxed{}$

が成立するので"和の法則"より

$\qquad\qquad n(F) = n(A \cup B) = {}^{\textcircled{ウ}}\boxed{} = {}^{\textcircled{エ}}\boxed{} + {}^{\textcircled{オ}}\boxed{} = {}^{\textcircled{カ}}\boxed{}$

つまり ${}^{\textcircled{キ}}\boxed{}$ 通りとなる.

(2) F が起こってから S が起こり，しかも S の起こり方に F は関係しないので"積の法則"より

$\qquad n(1\text{年生と}2\text{年生の社会活動}) = n(F\,{}^{\textcircled{ク}}\boxed{}\,S)$

$\qquad\qquad\qquad = {}^{\textcircled{ケ}}\boxed{} = {}^{\textcircled{コ}}\boxed{} \times {}^{\textcircled{サ}}\boxed{} = {}^{\textcircled{シ}}\boxed{}$

つまり ${}^{\textcircled{ス}}\boxed{}$ 通りである. $\qquad\qquad$【解終】

【3】 順　列

ある集合からいくつかの要素を取り出して，順に 1 列並べたものを
順 列という.

　　　順列は，いくつかのものを
　　　　　順をつけて 1 列に並べる
ことである.
　　　　　左から右へ　でも　前から後ろへ
でもよい.
　考えている順列の総数を "**順列の数**" という.
　たとえば
　　　　　3 人の生徒を 1 列に並べる方法は何通りあるか
ということは
　　　　　3 人の生徒の順列の数はいくつか
ということになる.
　3 人の生徒を P 子，Q 夫，R 男として，左から並べる
すべての順列を考えてみると，右図のように 6 通り考え
られるので
　　　　　順列の数が 6
となる.

【解説終】

1番目	2番目	3番目
P	Q	R
P	R	Q
Q	P	R
Q	R	P
R	P	Q
R	Q	P

　順列の数について，一般に次の定理が成立する.

異なる n 個のものから r 個取って 1 列に並べる順列の数は

$$_nP_r = \underbrace{n(n-1)\cdots(n-r+1)}_{r \text{ 個の積}} \qquad (n \geq r)$$

である.

 解説

r 個を並べるので，r 個の箱を横に 1 列に用意して考えてみよう.

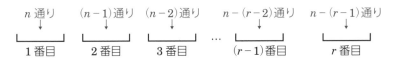

|　1 番目　|　2 番目　|　3 番目　| ... |　$(r-1)$番目　|　r 番目　|

異なる n 個のものから取ってくるので
1 番目の箱に入れるものは

$$n \text{ 通り}$$

考えられる．1 番目に，1 つ選んでしまった
ので，2 番目の箱に入れるものは

$$(n-1)\text{通り}$$

考えられる．2 番目に入れるものを選んでし
まった後，3 番目の箱に入れるものは

$$(n-2)\text{通り}$$

考えられる．このように順次考えてゆくと，各箱には

P は Permutation の P で，
$_nP_r$ は「ピーの n, r」
「パーミュテーション n, r」
とよみます

n 通り　　$(n-1)$通り　$(n-2)$通り　　　$n-(r-2)$通り　$n-(r-1)$通り
　↓　　　　　↓　　　　　↓　　　　　　　　↓　　　　　　↓
|　1 番目　|　2 番目　|　3 番目　| ... |　$(r-1)$番目　|　r 番目　|

の方法でものを入れることができるので，順列の数は

$$n(n-1) \times (n-2) \times \cdots \times \{n-(r-2)\} \times \{n-(r-1)\}$$
$$= n(n-1)(n-2)\cdots(n-r+1)$$

となる．この積を $_nP_r$ という記号を使って表す． 【解説終】

定理 1.1.7	**n 個を 1 列に並べる順列の数**

異なる n 個のものを 1 列に並べる順列の数は

$$n! = n\,(n-1)\cdots 2\cdot 1 \qquad (n \geqq 1)$$

である.

解説 前定理において $r = n$ とおけばよい.

$${}_nP_n = n\,(n-1)\cdots(n-n+2)\,(n-n+1)$$
$$= n\,(n-1)\cdots 2\cdot 1$$

この 1 から n までの自然数の積を特に記号

$$n!$$

で表し

$$n \text{ の階乗（かいじょう）}$$

とよむ. また, 0 については

$$0! = 1$$

と約束しておく.　　　　　　　【解説終】

順列
${}_nP_r = n\,(n-1)\cdots$ $\qquad (n-r+2)\,(n-r+1)$

階乗
$n! = n\,(n-1)\cdots 2\cdot 1 \quad (n \geqq 1)$ $0! = 1$

定理 1.1.8	**順列の数の階乗を使った表記**

$$_nP_r = \frac{n!}{(n-r)!}$$

証明 $\quad {}_nP_r = n\,(n-1)\cdots(n-r+1)$

階乗を使って表したいので, 不足している
$$(n-r)\,(n-r-1)\cdots 2\cdot 1$$
を分子, 分母にかけると

$$= \frac{n\,(n-1)\cdots(n-r+1)\cdot(n-r)\,(n-r-1)\cdots 2\cdot 1}{(n-r)\,(n-r-1)\cdots 2\cdot 1}$$

$$= \frac{n!}{(n-r)!}$$

【証明終】

$_n\mathrm{P}_r$（異なる n 個のものから r 個取って 1 列に並べる順列の数）を用いる場合の数

例題

A 社の今年の新製品は 5 つある．これらを 1 列にショーウィンドウに飾りたい．

(1) 3 つ選んで 1 列に並べる方法は何通りあるだろうか．

(2) 5 つ全部を 1 列に並べる方法は何通りあるだろうか．

∷ 解 答 ∷ (1) 異なる 5 つのものから 3 つ選んで並べる順列なので

$$_5\mathrm{P}_3 = 5 \cdot 4 \cdot 3 = 60$$

60 通りとなる．

(2) 5 つの順列なので

$$_5\mathrm{P}_5 = 5!$$
$$= 5 \cdot 4 \cdot 3 \cdot 2 \cdot 1 = 120$$

120 通りである． 【解終】

(1)は
$_5\mathrm{P}_3 = \underline{5 \cdot 4 \cdot 3}$
3 個の積ですね！

POINT▶ $_n\mathrm{P}_r$ を用いる際は，n と r が何なのかを意識しよう

演習 7

10 冊のコミックを友人から借りてきた．

(1) 今日中に 5 冊読もうとすると，読む順番は何通りあるだろうか．

(2) 今日中に 10 冊全部読もうとすると，読む順番は何通りあるだろか．

解答は p.225

∷ 解 答 ∷ (1) 異なる 10 冊の本より 5 冊選んで並べる順列になるので

$$_{⑦\square}\mathrm{P}_{⑦\square} = {}^{⑨}\boxed{}$$
$$= {}^{①}\boxed{} \text{ 通り}$$

(2) 10 冊の順列なので

$$_{⑦\square}\mathrm{P}_{⑦\square} = {}^{⑪}\boxed{}!$$
$$= {}^{⑦}\boxed{}$$
$$= {}^{⑦}\boxed{} \text{ 通り}$$

【解終】

【4】 組合せ

ある集合から，順序はつけずにいくつかの要素を取り出した組を**組合せ**という．

 順列は，いくつかのものを"順に並べる"ことであった．

これに対し，組合せは単に選んでくる"組合せ"だけを問題にする．

考えている組合せの総数を"**組合せの数**"という．たとえば

4人の子供から2人選ぶ組合せの数はいくつか

ということは

4人の子供から2人選ぶ方法は何通りあるか

ということになる．

> (PとQ)，(PとR)，(PとS)，
> (QとR)，(QとS)，
> (RとS)

4人の子供をP子，Q夫，R男，S美として2人ずつ選び，上図のように組合せを全部考えてみると，その数は次のようになる．

組合せの数 = 6

【解説終】

定理 1.1.9　組合せの数

n 個の異なるものから，r 個取り出す組合せの数は，次で与えられる．

$$_n\mathrm{C}_r = \frac{_n\mathrm{P}_r}{r!} = \overbrace{\frac{n(n-1)\cdots(n-r+1)}{r!}}^{r\text{個の積}} = \frac{n!}{r!(n-r)!} \qquad (n \geqq r)$$

 異なる n 個から r 個取り出したとき，

その r 個からなる1つ1つの組について順列を考えると，$r!$ ずつある．したがって

順列の数 = 組合せの数 × $r!$

となる．これより

$$_n\mathrm{C}_r = 組合せの数 = \frac{順列の数}{r!} = \frac{_n\mathrm{P}_r}{r!}$$ 【解説終】

C は Combination の C で，
$_n\mathrm{C}_r$ は「シーの n, r」
「コンビネーション n, r」
とよみます．

$_n\mathrm{C}_r = 1$
と約束します．

"n 個から r 個取り出す"ことは，"$n-r$ 個の取り出さないものを決める"と考えても同じであるから，次の定理が成り立つ．

定理 1.1.10　組合せの数の性質

$$ {}_nC_r = {}_nC_{n-r} $$

問題 8　${}_nC_r$（異なる n 個のものから r 個取り出す組合せの数）を用いる場合の数

例題

（1）　ある大学の入試は，5 科目より 3 科目選んで受験しなければならない．選び方は何通りあるだろうか．

（2）　ある大学の履修科目は，10 科目の専門科目より 8 科目選んで単位を取らなくてはならない．科目の選択方法は何通りあるだろうか．

解答　（1）　異なる 5 つのものから 3 つ取り出す組合せなので

$$ {}_5C_3 = \frac{5\cdot4\cdot3}{3!} = \frac{5\cdot4\cdot3}{3\cdot2\cdot1} = 10 \text{通り} $$

（2）　数字が少し大きいので，${}_nC_r = {}_nC_{n-r}$ を使うと

$$ {}_{10}C_8 = {}_{10}C_{10-8} = {}_{10}C_2 = \frac{10\cdot9}{2!} = \frac{10\cdot9}{2\cdot1} = 45 \text{通り} $$

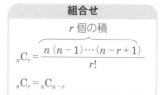

組合せ

$$ {}_nC_r = \frac{\overbrace{n(n-1)\cdots(n-r+1)}^{r\text{ 個の積}}}{r!} $$

$$ {}_nC_r = {}_nC_{n-r} $$

POINT　${}_nC_r$ を用いる際は，n と r が何なのかを意識しよう

演習 8

（1）　夏休みの宿題で，指定された 4 冊の本より 2 冊選んで読まなければならない．選び方は何通りあるだろうか．

（2）　ある絵の展覧会の帰りに，絵葉書を買おうと思ったが，手持ちのお金が少なかったので 15 種類のうち 10 種類しか買えない．すべて異なる種類の絵葉書を選ぶとすると何通りの選び方があるだろうか．　解答は p.226

解答　（1）　[ア]□C[イ]□ = [ウ]□ = [エ]□ 通り

（2）　[オ]□C[カ]□ = [キ]□C[ク]□ = [ケ]□ = [コ]□ 通り

【解終】

定理 1.1.11　二項定理

$$(a+b)^n = a^n + {}_nC_1a^{n-1}b + \cdots + {}_nC_ra^{n-1}b^r + \cdots + b^n$$

解説　この定理は

$$(a+b)^2,\ \ (a+b)^3, \cdots$$

の一般形である.

$(a+b)^n$ の展開式における $a^{n-r}b^r$ の係数は n 個の

$$(a+b), (a+b), \cdots, (a+b)$$

より a を $(n-r)$ 個, b を r 個取り出して積を

$(a+b)^0 =$	1
$(a+b)^1 =$	$a+b$
$(a+b)^2 =$	$a^2 + 2ab + b^2$
$(a+b)^3 =$	$a^3 + 3a^2b + 3ab^2 + b^3$
$\vdots$	$\vdots$
$(a+b)^n =$	$?$

つくる組合せの数に等しいので, b の取り出し方に注目すれば ${}_nC_r$ となることがわかる.

この意味で ${}_nC_r$ を**二項係数**といい,

$${}_nC_r a^{n-r}b^r$$

を $(a+b)^n$ の展開式における**一般項**という.

また, ${}_nC_r$ には

$${}_nC_r = {}_{n-1}C_r + {}_{n-1}C_{r-1}$$

という関係式が成立するので, **パスカルの三角形**とよばれる下の図を使って ${}_nC_r$ を計算すると便利である.

【解説終】

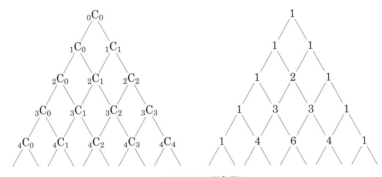

パスカルの三角形

問題 9　二項定理

例題

$(2x+y)^6$ の展開式における x^2y^4 の項の係数を求めよう.

解答　$(2x+y)^6$ の展開式の一般項は

$${}_6C_r(2x)^{6-r}y^r={}_6C_r\cdot 2^{6-r}x^{6-r}y^r$$

となる. $x^{6-r}y^r$ の項が x^2y^4 となるのは,
$r=4$ のときである. よって, 求める係数は

$${}_6C_4\cdot 2^{6-4}={}_6C_4\cdot 2^2=60$$

である.　【解終】

$(a+b)^n$ の展開式における一般項
${}_nC_ra^{n-r}b^r$

POINT $(a+b)^n$ の展開式における一般項は ${}_nC_ra^{n-r}b^r$ である

演習 9

$(3x-y^2)^7$ の展開式における x^4y^6 の項の係数を求めよう.　解答は p.226

解答　$(3x-y^2)^7$ の展開式の一般項は

㋐[　　　　]

となる. ㋑[　　]の項が x^4y^6 となるのは, $r=$ ㋒[　]のときである.
よって, 求める係数は

㋓[　　　　]

である.　【解終】

確　　率

【1】　標本空間

確率の定義をする前に，確率で使われる特別な用語の説明をしておこう．

● 試行と現象の定義 ●

一定の条件のもとで何回でもくり返すことができる実験や観察を**試行**という．また試行を行った結果生ずる現象を**事象**という．

解説　"試行"，"事象"とも日常的な言葉ではないので，意味するところをよく理解しておこう．

試行とは，たとえば

> サイコロを1回振る
>
> トランプのカードを4人に5枚ずつ配る
>
> あるクラスから抽選で2人選ぶ
>
> コインを2回投げる
>
> ⋮

などの，人間が結果をコントロールできない**無作為**な行為のことである．

この無作為な行為の結果何かが生じるが，それを事象という．上の例では

> 偶数の目が出る
>
> 4人にちょうど1枚ずつエースが配られる
>
> 2人とも男の子が選ばれる
>
> 2回とも表が出る
>
> ⋮

などとなる．同じ試行でも結果は様々に生じるので，事象もそれに応じていくつも考えられる．

ある試行について，もうこれ以上に分けることができない事象を**根元事象**という.

　たとえば

　　　試行：サイコロを 1 回振る

についての根元事象は

の 6 つとなる.

　　　事象：偶数の目が出る

は，3 つの事象

に分けることができるので根元事象ではない.

　根元事象を全部集めたものを，試行の**標本空間**という.　　　　　　　【解説終】

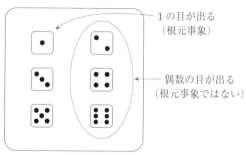

試 行

事 象

サイコロを
1 回振ります

偶数の目が出る
4 の目が出る
1 以外の目が出る
　　⋮

サイコロを 1 回振った
ときの標本空間

1 の目が出る
（根元事象）

偶数の目が出る
（根元事象ではない）

ここで，人間がコントロールできない試行の結果である事象を数学的に取り扱うために，確率の用語を集合の概念を使って説明してゆこう．

　ある試行についての根元事象を

$$a, b, c, \cdots$$

などで表すと，標本空間は

$$U = \{a, b, c, \cdots\}$$

と集合で表すことができる．そして，根元事象 a を U の部分集合 $\{a\}$ と同一視すれば，すべての事象は U の部分集合に対応させて考えることができる．

　たとえば

　　　　試行：サイコロを 1 回振る

について，各根元事象を出た目の数で表すと，この試行の標本空間は

$$U = \{1, 2, 3, 4, 5, 6\}$$

であり

　　　　事象：偶数の目が出る

は，U の部分集合

$$\{2, 4, 6\}$$

と表すことができる．

試行：サイコロを 1 回振る

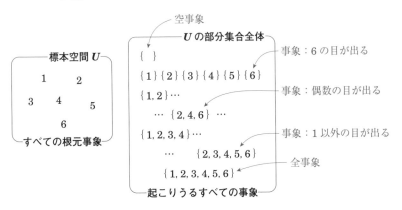

2つの事象AとBのどちらかが起こる事象をAとBの

和事象

といい，$A \cup B$とかく．

また，2つの事象AとBのどちらも起こる事象をAとBの

積事象

といい，$A \cap B$とかく．

 標本空間Uの部分集合が事象であり，事象A, BはともにUの部分集合である．

　　和事象$A \cup B$　は　AとBの和集合

　　積事象$A \cap B$　は　AとBの積集合

に対応している． 【解説終】

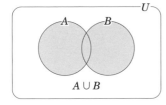 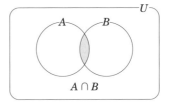

事象Aの起こらない事象をAの

余事象

といい，A^cとかく．

また，起こりえない事象を

空事象

といい，$\varnothing$とかく．

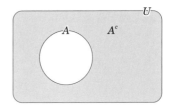

 　Aの余事象　は　Aの補集合

　　空事象$\varnothing$　は　空集合$\varnothing$

に対応している． 【解説終】

2つの事象 A と B が，同時に起こることはないとき，つまり $A \cap B = \varnothing$ の
とき，A と B は

互いに<ruby>排反<rt>はいはん</rt></ruby>である　または　排反事象である

という．

 たとえば

　　　試行：サイコロを1回振る

では

　　　A = 偶数の目が出る事象

　　　B = 奇数の目が出る事象

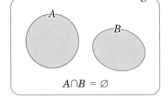

とすると

　　　$A = \{2, 4, 6\}$

　　　$B = \{1, 3, 5\}$

となり，A と B が同時に起こることはないので，排反事象である．

　一方，

　　　C = 素数の目が出る事象

とすると

　　　$C = \{2, 3, 5\}$

となり，A と C は同時に起こることがあるので排反事象ではない．B と C も同
様に排反事象ではない．　　　　　　　　　　　　　　　　　　　　【解説終】

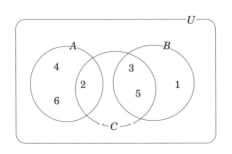

A と B は排反事象です．
A と C，B と C は
排反事象ではありません．

問題 10 事象の表し方

例題

試行：サイコロを 1 回振る，　標本空間 $U = \{1, 2, 3, 4, 5, 6\}$
について

A = 偶数の目が出る事象，　　B = 3 の倍数の目が出る事象

とするとき，次の事象を求めよう．

(1) A と B の和事象　　(2) A と B の積事象　　(3) A の余事象

解答 事象 A, B を根元事象を使って表すと

$A = \{2, 4, 6\}$

$B = \{3, 6\}$

なので右の図が描ける．

(1) $A \cup B = \{2, 3, 4, 6\}$

(2) $A \cap B = \{6\}$

(3) $A^c = \{1, 3, 5\}$　　【解終】

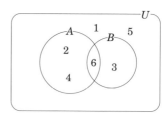

POINT 事象 A, B の要素すべてをかき出すと，
和事象，積事象，余事象がかきやすくなる

演習 10

試行：サイコロを 1 回振る，　標本空間 $U = \{1, 2, 3, 4, 5, 6\}$
について

C = 奇数の目が出る事象，　　D = 3 以下の目が出る事象

とするとき，次の事象を求めよう．

(1) C と D の和事象　　(2) C と D の積事象　　(3) D の余事象

解答は p.226

解答 事象 C と D を根元事象を使って表すと

$C = \{$ ⟨ｲ⟩ [　　　　　] $\}$

$D = \{$ ⟨ｳ⟩ [　　　　　] $\}$

なので右の図が描ける．これより

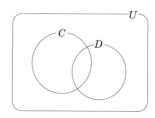

(1) $C \cup D = \{$ ⟨ｴ⟩ [　　　　　] $\}$

(2) $C \cap D = \{$ ⟨ｵ⟩ [　　　　　] $\}$

(3) $D^c = \{$ ⟨ｶ⟩ [　　　　　] $\}$　　【解終】

【2】 確　率

それでは確率の定義に入ろう.

━━━━━━━━━━ • **数学的確率の定義** • ━━━━━━━━━━

有限個の根元事象からなるの標本空間 U をもつ試行について，どの根元事象も同様に確からしく起こるとする．この試行の事象 A について

$$P(A) = \frac{n(A)}{n(U)}$$

を事象 A の**数学的確率**または単に**確率**という.

 解説 $n(U)$, $n(A)$ はそれぞれ集合 U と A の元の個数である.
　　　たとえば，サイコロが正しくできているとしよう．すると
　　　　　試行：サイコロを 1 回振る
を考えると，すべての目について
　　　　　根元事象 $A_k : k$ の目が出る $(k = 1, 2, 3, 4, 5, 6)$
は同様に確からしく起こる.

　1 の目が出る事象 A_1 に着目すると
　　　　　標本空間 $U = \{1, 2, 3, 4, 5, 6\}$
　　　　　1 の目が出る事象 $A_1 = \{1\}$
なので

$$P(A_1) = \frac{n(A_1)}{n(U)} = \frac{1}{6}$$

つまり

　　　　　1 の目の出る確率は $\dfrac{1}{6}$

となる.　　　　　　　　　　　　　　　　　　　　　　　　　　　　【解説終】

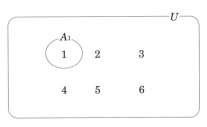

問題 11　数学的確率の計算

例題

サイコロを 1 回振るとき，次の確率を求めよう．

(1)　出る目が素数である確率

(2)　出る目が 2 または 3 の倍数である確率

解答　試行：サイコロを 1 回振る　の標本空間は

$$U = \{1, 2, 3, 4, 5, 6\}$$

である．

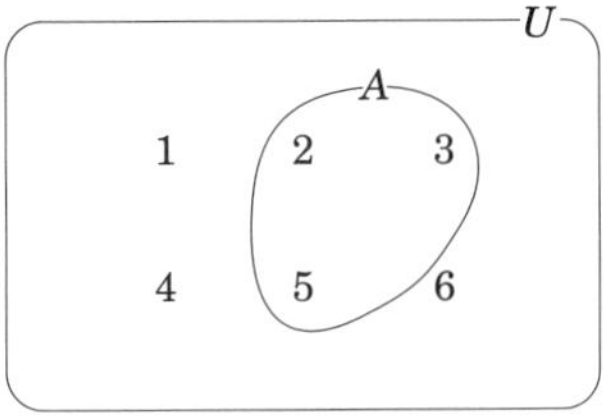

事象 A：出る目が素数

事象 B：出る目が 2 または 3 の倍数

とすると

$$A = \{2, 3, 5\}, \qquad B = \{2, 3, 4, 6\}$$

なので

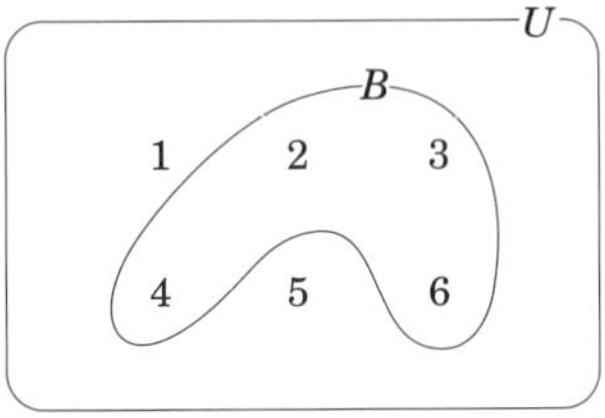

(1)　$P(A) = \dfrac{n(A)}{n(U)} = \dfrac{3}{6} = \dfrac{1}{2}$

(2)　$P(B) = \dfrac{n(B)}{n(U)} = \dfrac{4}{6} = \dfrac{2}{3}$　　【解終】

POINT　$(\text{事象 } A \text{ の確率}) = \dfrac{(\text{事象 } A \text{ の元の数})}{(\text{全事象の元の数})}$

演習 11

1 から 13 までのハートのトランプから無作為に 1 枚抜き出すとき，次の確率を求めよう．

(1)　数が素数である確率　　(2)　1 か絵札である確率　　解答は p.226

解答　標本空間を U とすると $n(U) =$ ㋐□．

根元事象を抜き出した札の数で表すと

事象 A ＝数が素数である＝{㋑□}

事象 B ＝ 1 か絵札である＝{㋒□}　　なので

(1)　$P(A) = \dfrac{㋓□}{㋔□} =$ ㋕□　　(2)　$P(B) = \dfrac{㋖□}{㋗□} =$ ㋘□

【解終】

数学的確率がもつ性質を **"確率の公理"** としてこれからの確率の勉強の基準としよう.

● 確率の公理 ●

標本空間 U の各事象 A に対して実数 $P(A)$ がただ 1 つ定まり,次の性質をみたすとき,$P(A)$ を事象 A の起こる確率という.

(i) $0 \leqq P(A) \leqq 1$

(ii) $P(U) = 1$, $P(\varnothing) = 0$

(iii) $A \cap B = \varnothing$ ならば $P(A \cup B) = P(A) + P(B)$

 この公理の第 1 行目は

　　"確率"とは

　　　　U のすべての事象の集合　から　実数への"写像"である

ということをいっている. そしてこの写像を規制しているのが性質 (i), (ii), (iii) である.

　(i)は,写像 P の行先の値 $P(A)$ が,すべて 0 と 1 の間の値をとるということ.

　(ii)は,全事象 U については,写像の行先を 1

　　　　空事象 $\varnothing$ については,写像の行先を 0

と約束しておくということ.

"確率"という名前の写像 P

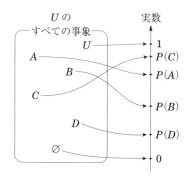

"確率"は写像なのです.
そして,P は Probability
からきています.

(iii)は，もし事象 A と B が排反事象な
らば，A と B の和事象 $A \cup B$ について

$$P(A \cup B) = P(A) + P(B)$$

が成立するということ．

標本空間 U が無限集合の場合には，(iii)の
代わりに次の (iii)′ を用いる．

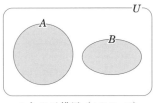

A と B は排反（$A \cap B = \varnothing$）

(iii)′ A_1, A_2, A_3, … を互いに排反な事象とするとき

$$P(A_1 \cup A_2 \cup A_3 \cup \cdots) = P(A_1) + P(A_2) + P(A_3) + \cdots$$

【解説終】

確率の公理より，次の定理が得られる．

定理 1.2.1 **和事象，余事象の確率**

標本空間 U の任意の事象 A と B について次の式が成立する．

(1) $P(A \cup B) = P(A) + P(B) - P(A \cap B)$

(2) $P(A) + P(A^c) = 1$

証明　(1) $C_1 = A \cap B^c$,　$C_2 = A \cap B$,　$C_3 = B \cap A^c$

とおくと，C_1, C_2, C_3 は互いに排反なので，確率の公理(iii)より

$$\begin{aligned}
P(A \cup B) &= P(C_1 \cup C_2 \cup C_3) \\
&= P(C_1) + P(C_2) + P(C_3) \\
&= \{P(C_1) + P(C_2)\} + \{P(C_2) + P(C_3)\} - P(C_2) \\
&= P(C_1 \cup C_2) + P(C_2 \cup C_3) - P(C_2) \\
&= P(A) + P(B) - P(A \cap B)
\end{aligned}$$

(2) $U = A \cup A^c$ と排反事象に分けられるので，確率の公理(ii)，(iii)より

$$P(U) = 1 = P(A) + P(A^c)$$

【証明終】

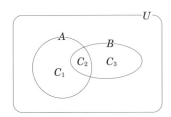

問題 12 和事象の確率，余事象の確率

例題

偏りのないコインを 3 回投げたときの次の確率を求めよう．

(1) 1 回だけオモテの出る確率

(2) 1 回だけオモテかまたは 1 回だけウラの出る確率

(3) 少なくとも 1 回オモテが出る確率

:: 解答 :: まず標本空間 U を考えてみよう．オモテを H(Head)，ウラを T(Tail) として事象をすべてかき出してみる．1 つのコインは H か T のどちらかなので，コインを 3 回投げたときの事象は

$$
\overset{\text{1 回目のコイン}\quad\text{2 回目のコイン}\quad\text{3 回目のコイン}}{(\qquad \mathrm{H}\qquad,\qquad \mathrm{H}\qquad,\qquad \mathrm{H}\qquad)}
$$

などのように，3 つの直積の形で表すことができる．したがって，全事象 U の元の個数は

$$
n(U) = 2 \times 2 \times 2 = 8
$$

（全事象）
(H, H, H)

A
(H, T, T)
(T, H, T)
(T, T, H)

B
(H, H, T)
(H, T, H)
(T, H, H)

(T, T, T) D

(1) 1 回だけオモテが出る事象 A は

$$
(\mathrm{H}, \mathrm{T}, \mathrm{T}),\ (\mathrm{T}, \mathrm{H}, \mathrm{T}),\ (\mathrm{T}, \mathrm{T}, \mathrm{H})
$$

の 3 つなので

$$
P(A) = \frac{n(A)}{n(U)} = \frac{3}{8}
$$

(2) 1 回だけウラが出る事象を B とすると

$$
P(A) = P(B), \qquad A \cap B = \varnothing
$$

なので

$$
P(A \cup B) = P(A) + P(B) = \frac{3}{8} + \frac{3}{8} = \frac{6}{8} = \frac{3}{4}
$$

(3) 少なくとも 1 回オモテが出る事象を，全部ウラが出る事象 D の余事象 D^c と考えると

$$
P(D^c) = 1 - P(D)
$$

事象 D は (T, T, T) だけなので

$$
P(D^c) = 1 - \frac{n(D)}{n(U)} = 1 - \frac{1}{8} = \frac{7}{8}
$$

$$
P(A \cup B) = \begin{cases} P(A) + P(B) & (A \cap B = \varnothing) \\ P(A) + P(B) - P(A \cap B) \end{cases}
$$

$$
P(A) + P(A^c) = 1
$$

【解終】

POINT ▶ 確率の加法定理，余事象の確率を用いて計算

演習 12

> 1 から 30 までの数字が 1 つずつ書かれた 30 枚のカードがある．この中から無作為に 1 枚のカードを取り出すとき，次の確率を求めよう．
>
> (1) 書いてある数が 3 の倍数である確率
>
> (2) 書いてある数が 3 の倍数か，または 5 の倍数である確率
>
> (3) 書いてある数が 3 の倍数でも 5 の倍数でもない確率 解答は p.226

:: 解答 :: 30 枚のカードの中から 1 枚取り出すという試行の全事象を U とし

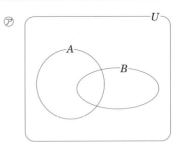

事象 $A = 3$ の倍数

事象 $B = 5$ の倍数

とすると

$A \cup B = 3$ の倍数 ⊘[　　] 5 の倍数

$A \cap B = 3$ の倍数 ㋒[　　] 5 の倍数

$= $ ㋐[　] の倍数

となるので，各事象の要素の数は

$n(U) = $ ㋐[　]，$\quad n(A) = $ ㋕[　]，$\quad n(B) = $ ㋖[　]，$\quad n(A \cap B) = $ ㋘[　]

となる．

(1) $P(A) = \dfrac{^{㋙}[\qquad]}{n(U)} = {}^{㋚}[\qquad]$

(2) 定理 1.2.1 の (1) (p.35) を使うと

$P(A \cup B) = P(A) + P(B) - {}^{㋛}[\qquad]$

$\qquad = \dfrac{^{㋜}[\qquad]}{n(U)} + \dfrac{^{㋝}[\qquad]}{n(U)} - \dfrac{^{㋞}[\qquad]}{n(U)}$

$\qquad = {}^{㋟}[\qquad]$

(3) 求める確率は事象 ㋠[　　] ^{c} の確率なので，定理 1.2.1 の (2) を使うと

$P((A \cup B)^c) = 1 - {}^{㋡}[\qquad]$

$\qquad = 1 - {}^{㋢}[\quad] = {}^{㋣}[\quad]$

【解終】

【3】 条件付確率

ここでは，ある条件のもとでの確率というものを考えよう．

事象 A が起こったという条件のもとで事象 B が起こるという事象を $B|A$ と
かくとき，確率 $P(B|A)$ を

$$P(B|A) = \frac{P(A \cap B)}{P(A)}$$

で定義し，条件 A のもとでの B の**条件付確率**という．

 標本空間 U が有限集合の場合で説明
しよう．

標本空間 U の中で，事象 B の起こる確率
$P(B)$ は

$$P(B) = \frac{n(B)}{n(U)}$$

で求められた．

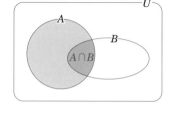

今，A を標本空間（全体集合）と考えてみる．

標本空間 A の中で事象 B が起こる確率 $P(B|A)$ を考えると

$$P(B|A) = \frac{n(A \cap B)}{n(A)}$$

分母と分子を $n(U)$ で割ると

$$= \frac{\dfrac{n(A \cap B)}{n(U)}}{\dfrac{n(A)}{n(U)}} = \frac{P(A \cap B)}{P(A)}$$

となる．これが条件 A のもとでの B の条件付
確率である．

標本空間 U が無限集合の場合にも，この式
をそのまま使って定義する． 【解説終】

$B|A$
右側が"条件"です

標本空間が無限集合のとき
（§1.3 以降で学びます）は，
$P(A) = 0$ でも
$A = \varnothing$ とは限りません

条件付確率についての定理を 2 つ紹介しよう.

定理 1.2.2　　乗法定理

A, B を標本空間 U の事象とし，$P(A) \neq 0$，$P(B) \neq 0$ とする. このとき, 次の式が成立する.
$$P(A \cap B) = P(A)P(B|A) = P(B)P(A|B)$$

証明

事象 $B|A = A$ が起こった条件のもとで B が起こる事象

事象 $A|B = B$ が起こった条件のもとで A が起こる事象

なので, 確率をそれぞれ考えてみると
$$P(B|A) = \frac{P(A \cap B)}{P(A)}, \qquad P(A|B) = \frac{P(A \cap B)}{P(B)}$$

となる. これらの式を変形すれば, 定理の式となる.　　　　　　　　【証明終】

定理 1.2.3　　ベイズの定理

標本空間 U の 2 つの事象 A, B について次の式が成立する.
$$P(A|B) = \frac{P(A)P(B|A)}{P(A)P(B|A) + P(A^c)P(B|A^c)}$$

証明

条件付確率の定義より
$$P(A|B) = \frac{P(A \cap B)}{P(B)} \qquad \cdots ①$$

定理 1.2.2 の乗法定理より
$$P(A \cap B) = P(A)P(B|A) \qquad \cdots ②$$

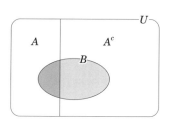

また, $B = (A \cap B) \cup (A^c \cap B)$ と排反事象の和の形にかけるので
$$P(B) = P(A \cap B) + P(A^c \cap B)$$

ここで再び定理 1.2.2 を使うと
$$= P(A)P(B|A) + P(A^c)P(B|A^c) \qquad \cdots ③$$

②, ③を①に代入すると, ベイズの定理の式が得られる.

【証明終】

条件付確率についての有名な定理です

条件付確率，乗法定理

例題

> （1） あるライブの観客のうち，80%は大学生であり，70%が20歳以下の大学生である．大学生の中から無作為に1人を選ぶとき，その人が20歳以下である確率を求めよう．
>
> （2） 赤球5個と白球3個が入っている箱から，球を1個ずつもとに戻さないで2個続けて取り出すとき，2回とも赤球が出る確率を求めよう．

解答 （1）2つの事象を次のように設定する．

条件付確率

$$P(B|A) = \frac{P(A \cap B)}{P(A)}$$

事象 A：大学生である．

事象 B：20歳以下の大学生である．

このとき，求める確率は，事象 A が起こったという条件のもとで，事象 B が起こる条件付確率なので，

$$P(B|A) = \frac{P(A \cap B)}{P(A)}$$

である． $P(A) = \dfrac{80}{100}$，$P(A \cap B) = \dfrac{70}{100}$ だから，

$$P(B|A) = \frac{P(A \cap B)}{P(A)} = \frac{\dfrac{70}{100}}{\dfrac{80}{100}} = \frac{7}{8}$$

「条件的確率」と「乗法定理」の式を使う練習です

（2）2つの事象を次のように設定する．

乗法定理

$$P(A \cap B) = P(A)P(B|A)$$

事象 A：1回目に赤球が出る．

事象 B：2回目に赤球が出る．

このとき，2回とも赤球が出る事象は $A \cap B$ なので，求める確率は $P(A \cap B)$ である．乗法定理より，

$$P(A \cap B) = P(A)P(B|A)$$

である． $P(A) = \dfrac{5}{8}$ であり，$P(B|A)$ は1回目に赤球が出たという条件のもとで2回目も赤球が出る確率なので，$P(B|A) = \dfrac{5-1}{8-1} = \dfrac{4}{7}$ である．

よって，

$$P(A \cap B) = P(A)P(B|A) = \frac{5}{8} \times \frac{4}{7} = \frac{5}{14}$$

【解終】

POINT 適切に事象を設定し，条件付確率の定義，乗法定理を使う

演習 13

（1）　ある高校において，普通科の生徒は全体の 60%，普通科の運動部員は生徒全体の 48% である．この高校の普通科生徒の中から無作為に 1 人を選ぶとき，その生徒が運動部員である確率を求めよう．

（2）　赤球 3 個と白球 4 個が入っている箱から，球を 1 個ずつもとに戻さないで 2 個続けて取り出すとき，2 回とも白球が出る確率を求めよう．

解答は p.227

解答　（1）　2 つの事象を次のように設定する．

事象 A：普通科の生徒である．

事象 B：普通科の運動部員である．

このとき，求める確率は，

事象 A が起こったという条件のもとで，事象 B が起こる条件付確率

なので，

$P(B|A)=$ ㋐□

である．$P(A)=$ ㋑□，$P(A\cap B)=$ ㋒□ だから，

$P(B|A)=$ ㋓□

左の例題（1）と
右の演習 13（1）では，
$A\cap B=B$ です

（2）　2 つの事象を次のように設定する．

事象 A：1 回目に白球が出る．

事象 B：2 回目に白球が出る．

このとき，2 回とも白球が出る事象は ㋔□ である．乗法定理を意識して，

$P(A)=$ ㋕□ であり，$P(B|A)$ は

“㋖□” という条件のもとで，“㋗□” という条件付確率

なので，$P(B|A)=$ ㋘□ である．よって，乗法定理より

$P($㋙□$)=$ ㋚□

【解終】

条件付確率，ベイズの定理

例題

Y君の家では夕食を作るのは，父親が週5回，母親は週2回である．また父親が作った夕食のうち7回に1回はカレーライスで，母親の時は，14回に1回である．ある日の夕食について次の確率を求めよう．

(1) 夕食がカレーライスである確率
(2) ある日父親が夕食を作ったとき，カレーライスである確率
(3) ある日の夕食がカレーライスであったとき，それを父親が作った確率

解 答 夕食についての2つの事象を

事象 A：父親が作った夕食である．
事象 B：夕食はカレーライスである．

とすると，

「樹形図」と
「ベイズ定理」を使う
練習です

(1) 夕食がカレーライスである確率は，$P(B)$
(2) "父親が作った"という条件のもとで，"夕食がカレーライスである"
   という条件付確率なので，求める確率は $P(B|A)$
(3) "夕食がカレーライスである"という条件のもとで，"父親が作った"
   という条件付確率なので，求める確率は $P(A|B)$

となる．「母親が作った夕食」は A の補集合 A^c になることに注意して，樹形図を描くと次のようになる．

B：夕食がカレー

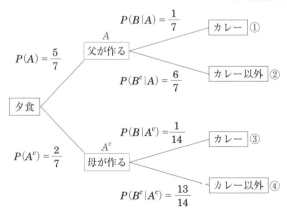

このような図を
樹形図といいます．
場合分けが
見通しよくわかります．

樹形図を用いて各値を求める.

（1） 夕食がカレーライスであるのは①と③の場合なので，樹形図をたどりながら式を作って計算すると，

$$P(B) = \underbrace{P(A)P(B|A)}_{①} + \underbrace{P(A^c)P(B|A^c)}_{③}$$

$$= \frac{5}{7} \times \frac{1}{7} + \frac{2}{7} \times \frac{1}{14} = \frac{6}{49}$$

（2） $P(B|A) = \dfrac{1}{7}$

（3） ベイズの定理より $P(A|B)$ は次の式で求まる.

$$P(A|B) = \frac{P(A)P(B|A)}{P(A)P(B|A) + P(A^c)P(B|A^c)}$$

父親が作った夕食である確率は $P(A) = \dfrac{5}{7}$ であり，分母の式は(1)で求めた $P(B)$ に等しいので

$$= \frac{P(A)P(B|A)}{P(B)} = \frac{\dfrac{5}{7} \times \dfrac{1}{7}}{\dfrac{6}{49}} = \frac{5}{6}$$

【解終】

【別解】条件付確率の定義を用いた (2), (3) の別解を紹介する.

(2) $P(B|A) = \dfrac{P(A \cap B)}{P(A)} = \dfrac{\dfrac{5}{7} \times \dfrac{1}{7}}{\dfrac{5}{7}} = \dfrac{1}{7}$

(3) $P(A|B) = \dfrac{P(B \cap A)}{P(B)} = \dfrac{P(A \cap B)}{P(B)} = \dfrac{\dfrac{5}{7} \times \dfrac{1}{7}}{\dfrac{6}{49}} = \dfrac{5}{6}$

【別解終】

ベイズの定理
$P(A|B) = \dfrac{P(A)P(B|A)}{P(A)P(B|A) + P(A^c)P(B|A^c)}$

条件付確率
$P(B|A) = \dfrac{P(A \cap B)}{P(A)}$

POINT> 樹形図を描くと解きやすい

演習 14

ある大学の数学の講義の受講生のうち，X 学科の学生は 75%，Y 学科の学生は 25% である．また両学科の数学の受講生が化学を受講している割合はそれぞれ 25% と 10% である．このとき次の確率を求めよう．

(1) 学生を無作為に指名したとき，その学生が化学を受講している確率

(2) Y 学科の学生を無作為に指名したとき，その学生が化学を受講している確率

(3) 化学を受講している学生の中から指名したとき，その学生が Y 学科の学生である確率

解答は p.227

解 答 ある学生を指名したとき，

事象 A：学生が Y 学科の学生である．

事象 B：学生が化学を受講している．

とすると，

(1) 学生が化学を受講している確率は，㋐[　　]

(2) "㋑[　　]" という条件のもとで，"㋒[　　]" という条件付確率なので，求める確率は㋓[　　]

(3) "㋔[　　]" という条件のもとで，"㋕[　　]" という条件付確率なので，求める確率は㋖[　　]

X 学科の学生は A^c になることに注意して，樹形図を描くと次のようになる．

㋗

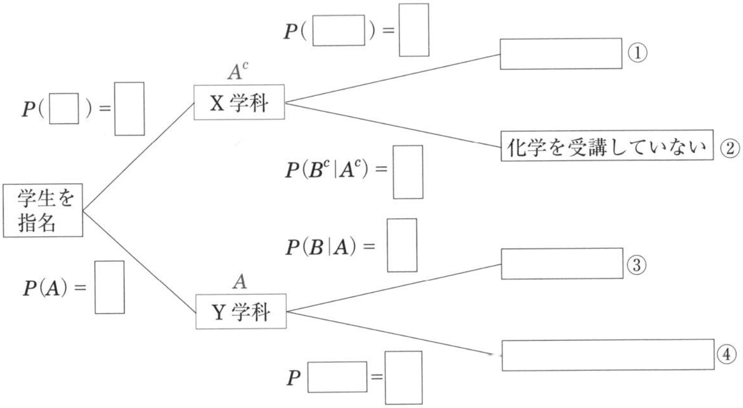

樹形図を用いて各値を求める.

(1) 学生が化学を受講しているのは①と③の場合なので，樹形図をたどりながら式を作って計算すると

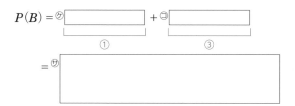

$$P(B) = \boxed{^{\textcircled{ケ}}} + \boxed{^{\textcircled{コ}}}$$

$$= \boxed{^{\textcircled{サ}}}$$

(2) $P(B|A) = \boxed{^{\textcircled{シ}}}$

(3) ベイズの定理より求める確率は次の式で求まる.

$$P(A \cap B) = \frac{\boxed{^{\textcircled{ス}}}}{\boxed{^{\textcircled{セ}}}}$$

学生が Y 学科の学生である確率は $P(A) = \boxed{^{\textcircled{ソ}}}$ であり，分母の式は (1) で求めた $P(B)$ に等しいので

$$= \frac{\boxed{^{\textcircled{ス}}}}{P(B)} = \boxed{^{\textcircled{タ}}}$$

【解終】

【別解】条件付確率の定義を用いて (2), (3) を求める.

(2) $P(B|A) = \boxed{^{\textcircled{チ}}}$

(3) $P(A|B) = \boxed{^{\textcircled{ツ}}}$

【別解終】

● 独立な事象の定義 ●

事象 A, B について
$$P(A \cap B) = P(A)P(B)$$
が成立するとき，A と B は互いに**独立**な事象であるという．

解説

定理 1.2.2 の乗法定理より
$$P(A \cap B) = P(A)P(B|A)$$
$$= P(B)P(A|B)$$
が成立していた．ここで $P(A \cap B) = P(A)P(B)$ とすると
$$P(B) = P(B|A) \quad \text{かつ} \quad P(A) = P(A|B)$$
が成立することになる．このことは，事象 A と B が事象の起こり方について互いに影響を与えないということを意味している．

　たとえば，コインを 2 回投げるという試行を行い

　　　　事象 A：1 回目にオモテが出る

　　　　事象 B：2 回目にオモテが出る

を考えると，事象 A が起こっても起こらなくても事象 B には影響を与えないし，また事象 B が起こっても起こらなくても事象 A にはまったく影響を与えない．このような事象 A, B を互いに独立であるという． 【解終】

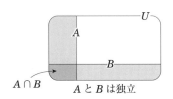

$A \cap B$ 　　A と B は独立

A と B は排反（$A \cap B = \varnothing$）

A と B が独立の場合，
全体 U の中で A が起こる確率と，
B の中で A が起こる確率とは同じです．

"A と B は独立"
"A と B は排反"
2 つを混同しない
ようにしましょう．

問題 15　事象の独立

例題

> サイコロを 1 回振るとき，
>
> 　　事象 A：奇数の目が出る．
>
> 　　事象 B：5 以上の目が出る．
>
> とする．事象 A と事象 B が独立かどうか調べよう．

$P(A \cap B) = P(A)P(B)$
$\Rightarrow A$ と B は互いに独立

解答　$A = \{1, 3, 5\}$，$B = \{5, 6\}$，$A \cap B = \{5\}$ なので，

$$P(A) = \frac{3}{6} = \frac{1}{2}, \qquad P(B) = \frac{2}{6} = \frac{1}{3}, \qquad P(A \cap B) = \frac{1}{6}$$

になる．$P(A)P(B) = \frac{1}{2} \times \frac{1}{3} = \frac{1}{6}$ なので，

$P(A \cap B) = P(A)P(B)$ となる．よって，事象 A，B は独立である．　【解終】

POINT $P(A)$，$P(B)$，$P(A \cap B)$ を求めて
$P(A \cap B)$ と $P(A)P(B)$ を比べる

演習 15

> 1 から 10 までの数字が 1 つずつかいてある 10 枚のカードから無作為に 1 枚引くとき，次のように事象 A, B, C を定める．
>
> 　　事象 A：偶数のカードを引く．
>
> 　　事象 B：3 の倍数のカードを引く．
>
> 　　事象 C：5 の倍数のカードを引く．
>
> 事象 A と B は独立か．また，事象 A と C は独立か．　解答は p.228

解答　$A =$ ㋐ ＿＿，$B =$ ㋑ ＿＿，$C =$ ㋒ ＿＿，

$A \cap B =$ ㋓ ＿＿，$A \cap C =$ ㋔ ＿＿　なので，

　　$P(A) =$ ㋕ ＿＿，$P(B) =$ ㋖ ＿＿，$P(C) =$ ㋗ ＿＿

　　$P(A \cap B) =$ ㋘ ＿＿，　$P(A \cap C) =$ ㋙ ＿＿

である．$P(A)P(B) =$ ㋚ ＿＿　なので，$P(A \cap B)$ ㋛ ＿＿ $P(A)P(B)$　である．

よって，事象 A と事象 B は独立で ㋜ ＿＿．

　$P(A) \times P(C) =$ ㋝ ＿＿　なので，$P(A \cap C)$ ㋞ ＿＿ $P(A)P(C)$　である．

よって，事象 A と事象 C は独立で ㋟ ＿＿．　【解終】

Column　変えるべきか，変えざるべきか
（モンティ・ホール問題）

　　ある日 H 教授は，TV 出演が趣味という F 氏から相談を受けた．かねてから豪華商品の当たる番組に応募していたところ，やっと抽選に当たり出演できることになったそうだ．その TV 番組では次のようにして出演者が豪華商品を当てるようになっている．

　　前もって 3 つの箱が用意されていて，その中の 1 つに商品名を書いた紙が入っている．他の 2 つの箱は空である．

　　まず出演者はその中から 1 つの箱を選ぶが開かない．

　　次に司会者が残った 2 つの箱のうち空の方を開けてくれる．

　　それを見た後，出演者は自分の選んだ箱を変えることができる．

　　「ここが問題なんですよ．

　　　このとき，このまま箱を変えない方がよいか

　　　はたまた，もう 1 つの方に変えた方がよいか

　　　どっちの方が当たりやすいんでしよう．

　　　教えてください」

　　「もうすでに 1 つの箱を選んでしまっているんですね」

　　「そうです」

　　「それは，条件付の確率になりますね」

　　H 教授は，さっそく計算し始めた．そして次のように説明をした．

この問題は
「モンティ・ホール問題」
といわれ，1960 年代
に始まったアメリカの
TV ショーに由来して
います．

変えるべきか，変えざるべきか？
みなさんはどちらだと
思いますか？

3つの箱をA，B，Cとし，Aが当たりで，2回目にAを選んだときを④と書くことにします．そして1回目と2回目に選んだ箱を(B, ④)などと直積の形でかくことにすると，標本空間は図のようになります．ただし，出演者は「箱を変える」と「箱を変えない」のどちらが当たりやすいか知らず，同様に確からしく起こるものとします．また，図の(A, B)は (A, C) でもよいです．

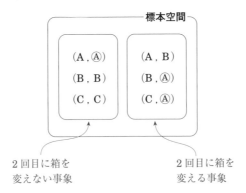

この図を見ながら箱を変えないで当たる確率を求めると

$$P(当たる\,|\,箱を変えない) = \frac{P(当たる \cap 箱を変えない)}{P(箱を変えない)} = \frac{\dfrac{1}{6}}{\dfrac{3}{6}} = \frac{1}{3}$$

箱を変えて当たる確率は

$$P(当たる\,|\,箱を変える) = \frac{P(当たる \cap 箱を変える)}{P(箱を変える)} = \frac{\dfrac{2}{6}}{\dfrac{3}{6}} = \frac{2}{3}$$

となります．

　この結果より，1回目に箱を選んだ後2回目に箱を変えた方が当たる確率は2倍高いという結論になりますね．

　F氏は，結果が自分の直感とは異なっていたらしく，少し驚いた様子だったが，何度もお礼を言って帰っていった．

確率分布

　確率を数学的に取り扱うには，偶然に起こる試行の結果である事象に，実数を対応させると便利である．

◆ 確率変数の定義 ◆

標本空間 U のすべての根元事象に，ある実数を対応させたとき，その対応，または対応させた実数を**確率変数**という．

　確率変数の厳密な定義はむずかしいので，単純化して説明しよう．
　　"サイコロを 1 回振る" という試行を考えてみよう．

　この試行の標本空間 U の根元事象は

　　　　　1 の目が出る，2 の目が出る，…，6 の目が出る

である．すでに本書では，これらの根元事象をそれぞれ

　　　　　　　　　1，2，…，6

で表していた．これがまさしく確率変数の考え方である．つまりこの試行の確率変数 X は

標本空間 U	$\xrightarrow{\quad X \quad}$	実数
事象 $A_1 = 1$ の目が出る	$\longmapsto$	1
事象 $A_2 = 2$ の目が出る	$\longmapsto$	2
$\vdots$	$\vdots$	$\vdots$
事象 $A_6 = 6$ の目が出る	$\longmapsto$	6

という対応関係のこと．

　しかし，この対応関係ではちょっとわかりづらいので，事象のとる値である実数を確率変数 X と解釈する場合も多い．つまり厳密には

$$X(A_1) = 1, \quad X(A_2) = 2 \quad, \cdots, \quad X(A_6) = 6$$

なのだが

　　　　　確率変数 X は 1，2，…，6 の値をとる

と表すことが多い．

このサイコロの例のように，確率変数 X のとりうる値が有限個または可算無限個の場合を

可算無限個とは自然数全体と同じレベルの無限のことです

離散型確率変数

という．

離散型確率変数の場合，確率の記号は

$P(X=a)$ 　　　 $= X$ の値が a となる（事象の起こる）確率

$P(a \leqq X \leqq b) = X$ の値が a 以上 b 以下となる（事象の起こる）確率

などと定める．

次に，"T大学の学生の身長を測る"という試行について考えてみよう．すると確率変数

標本空間 U	$\xrightarrow{\quad X \quad}$	実数
身長は 167.5 cm	$\longmapsto$	167.5
身長は 153.2 cm	$\longmapsto$	153.2
$\vdots$	$\vdots$	$\vdots$
身長は 175.1 cm	$\longmapsto$	175.1

は，原理的にはある範囲のすべての実数値をとりうる可能性がある．

このような確率変数 X を

連続型確率変数

という．

連続型確率変数の場合には，確率の記号は

$P(a \leqq X \leqq b) = X$ の値が a 以上 b 以下となる（事象の起こる）確率

$P(X \leqq b)$ 　　　 $= X$ の値が b 以下となる（事象の起こる）確率

などのように使い，後で学ぶように

$P(X=a) = 0$

となる．

【解説終】

確率変数は離散型と連続型があり，大文字の X を使って表すことが多いです

【1】 離散型確率分布

ここでは，確率変数 X が離散型で有限個の値をとる場合の確率分布について説明しよう．

離散型確率分布，確率分布表の定義と基本的性質

確率変数 X が $x_1,\ x_2,\ \cdots,\ x_n$ の有限個の実数値をとり，各 x_i について

$$P(X = x_i) = p_i \qquad (i = 1, 2, \cdots n)$$

とする．この対応関係を表にまとめると，下の表のようになる．

Xの値	x_1	x_2	$\cdots$	x_n	計
確率	p_1	p_2	$\cdots$	p_n	1

この表のように，確率変数 X のとる値 x_i にその値をとる確率 p_i を対応させたとき，この対応を X の**確率分布**という．また，上の表を**確率分布表**という．基本的な性質は，次の(1)，(2)である．

(1) $0 \leqq p_i \leqq 1 \qquad (i = 1, 2, \cdots, n)$

(2) $\displaystyle\sum_{i=1}^{n} p_i = p_1 + p_2 + \cdots + p_n = 1$

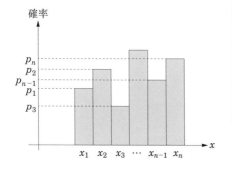

$X = x_i$ のとき，
底辺の長さ 1，高さ p_i の長方形を考えると，
$X = x_i$ のとる確率 p_i を
長方形の面積で表すことができます．
左図は X が連続した整数値 $x_1, \cdots, x_n$
をとる場合の確率分布を表した図で，
分布を視覚的に
とらえることが
できます．

解説 　上の基本的性質 (1)は，それぞれの値をとる確率は 0 以上 1 以下であることを意味している．

(2)は，全ての事象の確率を足し合わせれば 1 になることを意味している．別の言い方をすれば，上の図の色を付けた部分全ての面積の和が 1 であることを意味している．

【解説終】

問題 16　離散型確率分布表

例題

サイコロを1回振る試行を考える．出た目の数をXとするとき，Xの確率分布表を作成しよう．

解答　Xの取りうる値は$1, 2, 3, 4, 5, 6$であり，対応する確率はそれぞれ$\frac{1}{6}$なので，

$$P(X=k)=\frac{1}{6} \qquad (k=1, 2, 3, 4, 5, 6)$$

と表すことができ，確率分布表を作成すると以下のようになる．

k	1	2	3	4	5	6	計
$P(X=k)$	$\frac{1}{6}$	$\frac{1}{6}$	$\frac{1}{6}$	$\frac{1}{6}$	$\frac{1}{6}$	$\frac{1}{6}$	1

【解終】

POINT 確率変数Xの取りうる値をしっかり把握する

演習 16

離散型確率変数Xが次の確率分布に従っているとき，Xの確率分布表を作成しよう．

$$P(X=k)=\frac{k}{6} \qquad (k=1, 2, 3)$$

解答は p.228

解答　$P(X=1)=$ ㋐[　　], $P(X=2)=$ ㋑[　　], $P(X=3)=$ ㋒[　　] と確認できるので，Xの確率分布表は以下のようになる．

㋓[　　　　　　　　]

【解終】

離散型確率変数 X に対して

$$F(x) = P(X \le x) = \sum_{x_i \le x} P(X = x_i)$$

で定める関数 $F(x)$ を確率変数 X の**分布関数**または**累積分布関数**という.

解説　離散型確率変数 X について，$X \le x$ と
なる X の値が $X = x_1$, $\cdots$, x_m とすると

$$F(x) = P(X \le x) = P(X = x_1) + \cdots + P(X = x_m)$$

となる. つまり x 以下の X のとる確率を全部加
えたのが「分布関数 $F(x)$」であり，"累積分布
関数"という言葉の方が意味をよく表している.

また，確率が定義されていない x については
$P(X = x) = 0$ とすれば，分布関数 $F(x)$ は右図の
ような階段状のグラフをもつ.　　　　【解説終】

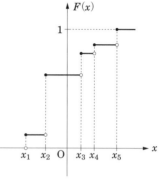

X が 5 個の値をとる場合の
分布関数 $F(x)$ の例

定理 1.3.1　離散型確率変数の分布関数の性質

離散型確率変数 X の分布関数 $F(x)$ について，次のことが成立する.

(1)　$a \le b$ ならば　$F(a) \le F(b)$

(2)　$P(a < X \le b) = F(b) - F(a)$

(3)　$\displaystyle\lim_{x \to -\infty} F(x) = 0,$　　$\displaystyle\lim_{x \to +\infty} F(x) = 1$

証明　(1)　$a \le b$ のとき，

$$F(b) = \sum_{x_i \le b} P(X = x_i)$$

$$= \sum_{x_i \le a} P(X = x_i) + \sum_{a < x_j \le b} P(X = x_j)$$

$$\ge \sum_{x_i \le a} P(X = x_i) = F(a)$$

$P(X = x_j) \ge 0 \therefore F(a) \le F(b)$

(2)　$\displaystyle F(b) - F(a) = \sum_{x_i \le b} P(X = x_i) - \sum_{x_i \le a} P(X = x_i) = \sum_{a < x_i \le b} P(X = x_i) = P(a < X \le b)$

(3)　$\displaystyle\lim_{x \to -\infty} F(x) - \lim_{x \to -\infty} \sum_{x_i \le x} P(X = x_i) = P(\varnothing) = 0$

$\displaystyle\lim_{x \to +\infty} F(x) = \lim_{x \to +\infty} \sum_{x_i \le x} P(X = x_i) = 全確率の和 = 1$　　　　【証明終】

Column 広義積分

通常の定積分は，$a \leqq x \leqq b$ の範囲で連続な関数 $f(x)$ について

$$\text{定積分} \int_a^b f(x)\,dx$$

を考えています．

これを $a < x \leqq b$ の範囲や，$f(x)$ が連続でなかったり，無限大に発散してしまう場合にも拡張して考えるのが**広義積分**です．

右下の図のような場合には，極限を使って

$$\int_a^b f(x)\,dx = \lim_{\varepsilon \to +0} \int_{a+\varepsilon}^b f(x)\,dx$$

と定義します．ですから，一番下の図のような $f(x)$ の場合には，極限値が存在しないこともあり，その場合には広義積分は不可能とします．

通常の定積分 $\int_a^b f(x)\,dx$

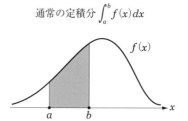

広義積分 $\int_a^b f(x)\,dx$

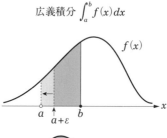

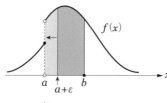

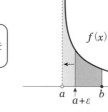

広義積分は
連続型確率分布（p.62）を
勉強するときに使います

p.67「Column 無限積分」
も見て下さい．

離散型確率変数の分布関数

例題

> サイコロを 1 回振る試行を考える. 出た目の数を X とするとき, X の分布関数を求め, グラフを描こう.

❖ 解 答 ❖ 問題 16 の例題 (p.53) で作成した X の確率分布表を利用して, 次の表を作成する.

	x	$P(X=k)$	$F(x) = \sum_{k \leq x} P(X=k)$
$x<1$ $\{$	$\vdots$		$F(x) = 0$
$1 \leq x < 2$ $\{$	1 $\vdots$	$\dfrac{1}{6}$	$F(x) = F(1) = P(X=1) = \dfrac{1}{6}$
$2 \leq x < 3$ $\{$	2 $\vdots$	$\dfrac{1}{6}$	$F(x) = F(2) = P(X=1) + P(X=2) = \dfrac{2}{6}$
$3 \leq x < 4$ $\{$	3 $\vdots$	$\dfrac{1}{6}$	$F(x) = F(3) = P(X=1) + P(X=2) + P(X=3) = \dfrac{3}{6}$
$4 \leq x < 5$ $\{$	4 $\vdots$	$\dfrac{1}{6}$	$F(x) = F(4) = P(X=1) + P(X=2) + P(X=3)$ $\quad + P(X=4) = \dfrac{4}{6}$
$5 \leq x < 6$ $\{$	5 $\vdots$	$\dfrac{1}{6}$	$F(x) = F(5) = P(X=1) + P(X=2) + P(X=3)$ $\quad + P(X=4) + P(X=5) = \dfrac{5}{6}$
$6 \leq x$ $\{$	6 $\vdots$	$\dfrac{1}{6}$ $\vdots$	$F(x) = F(6) = P(X=1) + P(X=2) + P(X=3)$ $\quad + P(X=4) + P(X=5) + P(X=6) = 1$

分布関数 $F(x)$ をグラフに描くと右のようになる.

【解終】

$F(x)$ の右端は 1 になることを確認しておきましょう

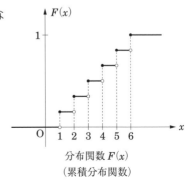

分布関数 $F(x)$
（累積分布関数）

演習17

離散型確率変数 X が次の確率分布に従っているとき，X の分布関数を求め，グラフを描こう．

$$P(X=k) = \frac{k}{6} \qquad (k = 1, 2, 3)$$

解答は p.228

⚫⚫**解 答**⚫⚫ p.53 演習16 で作成した X の確率分布表を用いて次の表を作成する．

㋐

	x	$P(X=k)$	$F(x) = \sum_{k \leq x} P(X=k)$
$x < 1$ {			
$1 \leq x < 2$ {			
$2 \leq x < 3$ {			
$3 \leq x$ {			

分布関数 $F(x)$ をグラフに描くと下のようになる．

㋑

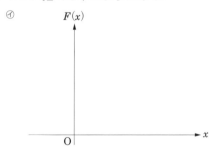

【解終】

離散型確率変数 X の分布関数 $F(x)$
$F(x) = P(X \leq x)$
$= P(X \leq x_1) + \cdots + P(X \leq x_m)$
（$X \leq x$ となる X の値が $X = x_1, \cdots, x_m$ のみのとき）

● 期待値(平均)と分散の定義 [離散型] ●

離散型確率変数 X が $x_1, x_2, \cdots, x_n$ という値をとるとき

$$E(X) = \sum_{i=1}^{n} x_i P(X=x_i) = x_1 P(X=x_1) + \cdots + x_n P(X=x_n)$$

を X の**期待値**または**平均**という．また，期待値を μ とするとき，

$$V(X) = \sum_{i=1}^{n} (x_i - \mu)^2 P(X=x_i) = (x_1 - \mu)^2 P(X=x_1) + \cdots + (x_n - \mu)^2 P(X=x_n)$$

を X の**分散**という．

 期待値または平均は μ，分散は σ^2 という記号を使うことが多い.

期待値 μ は，分布の中心となる変数 X の値を表している.

また分散 σ^2 は期待値 μ からの分布の離れ具合，つまりバラツキを表している.

σ^2 の正の平方根 σ を確率変数 X の

標準偏差

といい，これもバラツキを表す指標によく
使われる.

分散 σ^2，したがって標準偏差 σ も

　　小さければ期待値 μ 近くに多く分布

　　大きければ期待値 μ より離れて分布

していることを意味している.

また，定義における総和記号 $\sum\limits_{i=1}^{n}$ は $\sum$ と
省略することもある.　　　　【解説終】

分散 σ^2 (バラツキ) が小さい分布

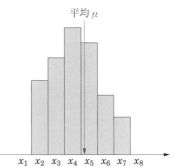

分散 σ^2 (バラツキ) が大きい分布

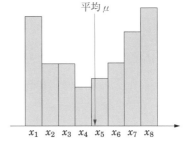

$E(X)$ は Expectation,
$V(X)$ は Variance
からきています.

「期待値」と「平均」という用語は,
数学的な概念を強調する際には
「期待値」を,
確率分布の特性を強調する際には
「平均」を,
それぞれ使用します.

58 ● 第1章 確　率

定理 1.3.2　離散型確率変数の期待値と分散

離散型確率変数 X に対して

期待値 $E(X) = \mu$,　分散 $V(X) = \sigma^2$

$$E(X^2) = \sum_{i=1}^{n} x_i^2 P(X = x_i)$$

とするとき

$$V(X) = E(X^2) - E(X)^2$$

が成立する.

$E(X^2)$ は
確率変数 X^2 の期待値
のことです.
左の定義の式をよく見て下さい.

証明　分散 $V(X)$ の定義の式から変形していこう.

$$V(X) = \sum_{i=1}^{n} (x_i - \mu)^2 P(X = x_i)$$

$$= \sum_{i=1}^{n} (x_i^2 - 2\mu x_i + \mu^2) P(X = x_i)$$

$$= \sum_{i=1}^{n} \{ x_i^2 P(X = x_i) - 2\mu x_i P(X = x_i) + \mu^2 P(X = x_i) \}$$

$$= \sum_{i=1}^{n} x_i^2 P(X = x_i) - \sum_{i=1}^{n} 2\mu x_i P(X = x_i) + \sum_{i=1}^{n} \mu^2 P(X = x_i)$$

定数 2μ, μ^2 を $\sum$ の外へ出すと

$$= \underbrace{\sum_{i=1}^{n} x_i^2 P(X = x_i)}_{E(X^2)} - 2\mu \underbrace{\sum_{i=1}^{n} x_i P(X = x_i)}_{E(X)} + \mu^2 \underbrace{\sum_{i=1}^{n} P(X = x_i)}_{1}$$

$E(X)$, $E(X^2)$ の定義式より

$$= E(X^2) - 2\mu \cdot E(X) + \mu^2 \cdot 1$$

$$= E(X^2) - 2E(X) \cdot E(X) + E(X)^2$$

$$= E(X^2) - 2E(X)^2 + E(X)^2$$

$$= E(X^2) - E(X)^2$$

$$\therefore \quad V(X) = E(X^2) - E(X)^2$$

【証明終】

$$E(X) = \mu = \sum_{i=1}^{n} x_i P(X = x_i)$$

$$E(X^2) = \sum_{i=1}^{n} x_i^2 P(X = x_i)$$

$$\sum_{i=1}^{n} P(X = x_i) = 全確率の和$$
$$= 1$$

離散型確率変数の期待値，分散，標準偏差

例題

> サイコロを 1 回振る試行で，出た目の数を確率変数 X とするとき，X の
>
> 期待値 μ，分散 σ^2，標準偏差 σ
>
> を求めよう.

解答 p.53 問題 16 の例題の確率分布表を思い出そう.

k	1	2	3	4	5	6	計
$P(X=k)$	$\dfrac{1}{6}$	$\dfrac{1}{6}$	$\dfrac{1}{6}$	$\dfrac{1}{6}$	$\dfrac{1}{6}$	$\dfrac{1}{6}$	1

よって,

$$\mu = E(X) = \sum x_i P(X=x_i)$$
$$\sigma^2 = V(X) = \sum (x_i - \mu)^2 P(X=x_i)$$

$$\mu = E(X) = \sum_{k=1}^{6} k P(X=k)$$

$$= 1 \times \frac{1}{6} + 2 \times \frac{1}{6} + 3 \times \frac{1}{6} + 4 \times \frac{1}{6} + 5 \times \frac{1}{6} + 6 \times \frac{1}{6}$$

$$= \frac{7}{2}$$

$$\sigma^2 = V(X) = \sum_{k=1}^{6} (k - \mu)^2 P(X=k)$$

$$= \left(1 - \frac{7}{2}\right)^2 \times \frac{1}{6} + \left(2 - \frac{7}{2}\right)^2 \times \frac{1}{6} + \left(3 - \frac{7}{2}\right)^2 \times \frac{1}{6}$$

$$+ \left(4 - \frac{7}{2}\right)^2 \times \frac{1}{6} + \left(5 - \frac{7}{2}\right)^2 \times \frac{1}{6} + \left(6 - \frac{7}{2}\right)^2 \times \frac{1}{6}$$

$$= \frac{35}{12}$$

$$\sigma = \sqrt{\frac{35}{12}}$$

また，分散 σ^2 を定理 1.3.2 (p.59) の式で求めてみる. まず,

$$E(X^2) = \sum_{k=1}^{6} k^2 P(X=k)$$

$$= 1^2 \times \frac{1}{6} + 2^2 \times \frac{1}{6} + 3^2 \times \frac{1}{6} + 4^2 \times \frac{1}{6} + 5^2 \times \frac{1}{6} + 6^2 \times \frac{1}{6}$$

$$= \frac{91}{6}$$

$$V(X) = E(X^2) - E(X)^2$$

なので,

$$\sigma^2 = V(X) = E(X^2) - E(X)^2 = \frac{91}{6} - \left(\frac{7}{2}\right)^2 = \frac{35}{12}$$

【解終】

POINT 離散型確率変数の期待値，分散，標準偏差の公式を使えるようになろう

演習 18

離散型確率変数 X が確率分布

$$P(X=k)=\frac{k}{6} \qquad (k=1,2,3)$$

に従っているとき，X の

期待値 μ，分散 σ^2，標準偏差 σ

を求めよう． 解答は p.228

解答 p.53 演習 16 の確率分布表を思い出そう．

k	1	2	3	計
$P(X=k)$	$\frac{1}{6}$	$\frac{1}{3}$	$\frac{1}{2}$	1

よって，

$$\mu=E(X)=\sum_{k=1}^{3}kP(X=k)$$

$$=㋐\square+㋑\square+㋒\square=㋓\square$$

$$\sigma^2=V(X)=\sum_{k=1}^{3}(k-\mu)^2P(X=k)=$$

$$=㋔\square+㋕\square+㋖\square=㋗\square$$

$$\sigma=㋘\square$$

また，分散 σ^2 を定理 1.3.2 (p.59) の式で求めてみる．まず，

$$E(X^2)=\sum_{k=1}^{3}k^2P(X=k)$$

$$=㋙\square+㋚\square+㋛\square=㋜\square$$

なので，

$$\sigma^2=V(X)=E(X^2)-E(X)^2$$

$$=㋝\square-㋞\square^2=㋟\square$$

【解終】

【2】 連続型確率分布

ここでは，確率変数 X が連続型の場合の確率分布について説明しよう.

● 連続型確率分布，確率密度関数の定義と基本的性質 ●

連続型確率変数 X が，任意の実数 a, b（$a<b$）に対して

$$P(a \leq X \leq b) = \int_a^b f(x)\,dx$$

と関数 $f(x)$ によって表される場合，X は連続型確率分布をもつという．このとき，$f(x)$ を X の**確率密度関数**（または単に**密度関数**）にという.

$f(x)$ は，次の基本的性質をもつ.

$$f(x) \geq 0 \qquad (-\infty < x < \infty),$$

$$\int_{-\infty}^{\infty} f(x)\,dx = 1$$

連続型確率変数では，区間に入る確率が，非負関数 $f(x)$ のその区間における面積で与えられる.

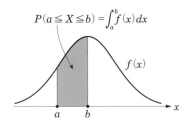

 $\displaystyle \int_{-\infty}^{\infty} f(x)\,dx = P(-\infty < X < \infty)$

と表されるので，全事象の確率が 1 となる.

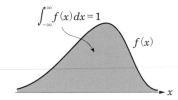

【解説終】

連続型確率変数 X に対応する確率について，次のことが成り立つ.

定理 1.3.3　連続型確率変数 X に対応する確率の性質

連続型確率変数 X の確率密度関数が $f(x)$ のとき，次のことが成り立つ.

(1)　任意の実数 a に対して $P(X=a)=0$

(2)　任意の a,b $(a<b)$ に対して
$$P(a \leq X \leq b) = P(a \leq X < b) = P(a < X \leq b) = P(a < X < b)$$

解説　無限区間での定積分は無限積分を，
また $f(x)$ が不連続なときや開区間
などでの積分は広義積分を考えているので
注意.

広義積分は p.55,
無限積分は p.67
を参照して下さい

証明

(1)　$P(X=a) = P(a \leq X \leq a)$
$$= \int_a^a f(x)\,dx$$
$$= 0$$

(2)　$P(a \leq X \leq b) = P(a \leq X < b) + P(X=b)$
$$= P(X=a) + P(a < X \leq b)$$
$$= P(X=a) + P(a < X < b) + P(X=b)$$

(1)より　$P(X=a) = P(X=b) = 0$　なので定理の式が示せる.　　【証明終】

区間の端は
あまり気にしなくて
いいんですね

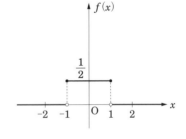

連続型確率変数の確率密度関数

例題

確率変数 X が確率密度関数

$$f(x) = \begin{cases} \dfrac{1}{2} & (-1 \leqq x \leqq 1) \\ 0 & (その他) \end{cases}$$

をもつとき

(1) $f(x)$ のグラフを描いてみよう.

(2) $P(0 \leqq X \leqq 2)$ を求めよう.

(3) $P(-\infty < X < \infty) = 1$ を示そう.

$$P(a \leqq X \leqq b) = \int_a^b f(x)\,dx$$

変数 X が
連続型の
場合です

解答 (1) 区間に気をつけてグラフを描くと, 右下図のようになる.

(2) 確率変数 X は連続型なので

$$P(0 \leqq X \leqq 2) = \int_0^2 f(x)\,dx$$

$x = 1$ のところで積分区間を分けて計算すると

$$= \int_0^1 \frac{1}{2}\,dx + \int_1^2 0\,dx$$

$$= \left[\frac{1}{2}x \right]_0^1 + 0 = \frac{1}{2}(1 - 0) = \frac{1}{2}$$

$$\therefore \quad P(0 \leqq X \leqq 2) = \frac{1}{2}$$

(3) $P(-\infty < X < \infty) = \displaystyle\int_{-\infty}^{\infty} f(x)\,dx$

$x = -1$ と $x = 1$ のところで積分区間を分けて計算すると

$$= \int_{-\infty}^{-1} 0\,dx + \int_{-1}^{1} \frac{1}{2}\,dx + \int_1^{\infty} 0\,dx$$

$$= 0 + \left[\frac{1}{2}x \right]_{-1}^{1} + 0 = \frac{1}{2}\{1 - (-1)\} = 1$$

$$\therefore \quad P(-\infty < X < \infty) = 1$$

【解終】

POINT > $P(a \leqq X \leqq b) = \int_a^b f(x)\,dx$ を使う

演習 19

確率変数 X が確率密度関数

$$f(x) = \begin{cases} \dfrac{1}{2}x & (0 \leqq x \leqq 2) \\ 0 & (\text{その他}) \end{cases}$$

をもつとき

(1) $f(x)$ のグラフを描いてみよう.

(2) $P(-1 \leqq X \leqq 1)$ を求めよう.

(3) $P(-\infty < X < \infty) = 1$ を示そう.

解答は p.229

覚えていますか？
$n \neq -1$ のとき
$\int x^n dx = \dfrac{1}{n+1} x^{n+1} + C$

解答 (1) $f(x)$ のグラフは

$0 \leqq x \leqq 2$ で $y =$ ㋑□ の直線

他の x では値は 0

なので右のようになる.

㋐

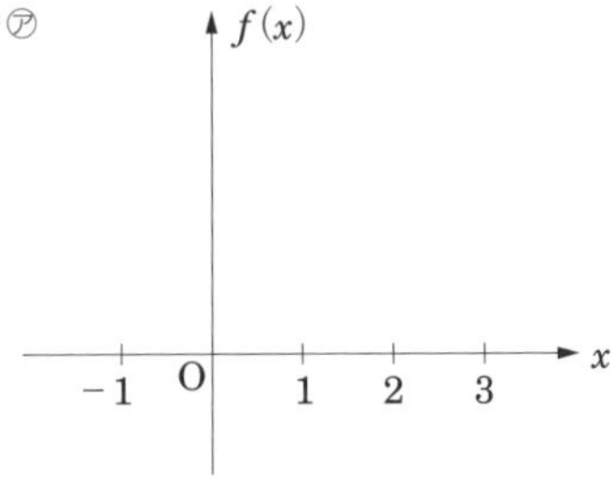
$f(x)$
x
-1
O
1
2
3

(2) $P(-1 \leqq X \leqq 1) = \int_{㋓\square}^{㋒\square} f(x)\,dx$

$x = 0$ で区間を分けて積分の計算をすると

$=$ ㋔□ $+$ ㋕□

$=$ ㋖□

$\therefore$ $P(-1 \leqq X \leqq 1) =$ ㋗□

(3) $P(-\infty < X < \infty) = \int_{㋙\square}^{㋘\square} f(x)\,dx$

$x = 0$ と $x = 2$ のところで積分区間を分けて計算すると

$=$ ㋚□ $+$ ㋛□ $+$ ㋜□

$=$ ㋝□

$\therefore$ $P(-\infty < X < \infty) =$ ㋞□

【解終】

連続型確率変数 X の確率密度関数 $f(x)$ に対し

$$F(x) = P(X \leq x) = \int_{-\infty}^{x} f(t)\,dt$$

で定める関数 $F(x)$ を確率変数 X の**分布関数**または**累積分布関数**という.

 解説　連続型確率変数 X の分布関数 $F(x)$ は密度関数 $f(x)$ の無限積分で定義され, 下右図のようなグラフをもつ.　　　　　　　　　　　　　【解説終】

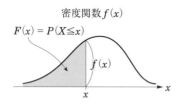

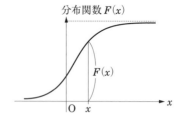

定理 1.3.5　連続型確率変数の分布関数の性質

連続型確率変数 X の分布関数 $F(x)$ について次のことが成立する.

(1)　$a \leq b$　ならば　$F(a) \leq F(b)$

(2)　$P(a < X \leq b) = F(b) - F(a)$

(3)　$\displaystyle \lim_{x \to -\infty} F(x) = 0, \quad \lim_{x \to +\infty} F(x) = 1$

証明　　(1)　$a \leq b$ のとき, 積分範囲を分けて

$$F(b) = \int_{-\infty}^{b} f(t)\,dt$$

$$= \int_{-\infty}^{a} f(t)\,dt + \int_{a}^{b} f(t)\,dt$$

$$\geq \int_{-\infty}^{a} f(t)\,dt = F(a)$$

$$\therefore \quad F(b) \geq F(a)$$

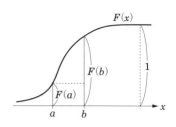

(2)　$\displaystyle F(b) - F(a) = \int_{-\infty}^{b} f(t)\,dt - \int_{-\infty}^{a} f(t)\,dt = \int_{a}^{b} f(t)\,dt = P(a < X \leq b)$

(3)　$\displaystyle \lim_{x \to -\infty} F(x) = \lim_{x \to -\infty} \int_{-\infty}^{x} f(t)\,dt = 0$

$\displaystyle \lim_{x \to +\infty} F(x) = \lim_{x \to +\infty} \int_{-\infty}^{x} f(t)\,dt = \int_{-\infty}^{+\infty} f(t)\,dt = 1$ （p.62 の定義より）　　　　【証明終】

Column　無限積分

通常の定積分の積分範囲は

$$\int_a^b f(x)\,dx$$

のように有限な x の範囲 $a \leq x \leq b$ です.

この範囲をたとえば

$$0 \leq x, \qquad -\infty < x < +\infty$$

のように無限の範囲にまで広げて考えるのが**無限積分**です.

無限積分は極限を使って

$$\int_a^{+\infty} f(x) = \lim_{b \to +\infty} \int_a^b f(x)\,dx$$

$$\int_{-\infty}^{+\infty} f(x)\,dx = \lim_{\substack{a \to -\infty \\ b \to +\infty}} \int_a^b f(x)\,dx$$

のように定義します.

極限で定義するため,極限値が存在しない場合には無限積分は不可能とします.

通常の定積分 $\displaystyle\int_a^b f(x)\,dx$

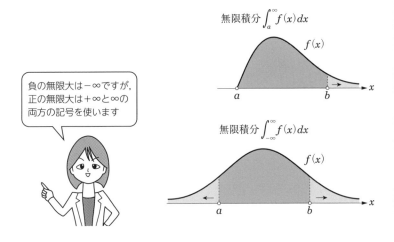

無限積分 $\displaystyle\int_a^{\infty} f(x)\,dx$

無限積分 $\displaystyle\int_{-\infty}^{\infty} f(x)\,dx$

> 負の無限大は $-\infty$ ですが,
> 正の無限大は $+\infty$ と ∞ の
> 両方の記号を使います

問題 20 連続型確率変数の分布関数

例題

問題 19 の例題（p.64）の確率密度関数

$$f(x) = \begin{cases} \dfrac{1}{2} & (-1 \leqq x \leqq 1) \\ 0 & （その他） \end{cases}$$

をもつ確率変数 X について，分布関数 $F(x)$ を求め，それをグラフに描こう．

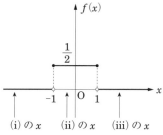

(i) の x　　(ii) の x　　(iii) の x

⁘ 解 答 ⁘　分布関数 $F(x)$ は

$$F(x) = \int_{-\infty}^{x} f(t)\,dt$$

を計算することによって求められるが，x の値により $f(t)$ の式が異なるので場合分けをして考えよう（右上図参照）．

> 分布関数の積分
> $$\int_{-\infty}^{x} f(t)\,dt$$
> の記号に注意してください．積分の中の変数は t に変えてあります．

(i)　$x < -1$ のとき

$$F(x) = \int_{-\infty}^{x} 0\,dt = 0$$

(ii)　$-1 \leqq x \leqq 1$ のとき，積分区間を分けて

$$F(x) = \int_{-\infty}^{x} f(t)\,dt = \int_{-\infty}^{-1} 0\,dt + \int_{-1}^{x} \frac{1}{2}\,dt$$
$$= 0 + \left[\frac{1}{2}t\right]_{-1}^{x} = \frac{1}{2}(x+1)$$

(iii)　$1 < x$ のときも積分区間を分けて

$$F(x) = \int_{-\infty}^{x} f(t)\,dt$$
$$= \int_{-\infty}^{-1} 0\,dt + \int_{-1}^{1} \frac{1}{2}\,dt + \int_{1}^{x} 0\,dt = 1$$

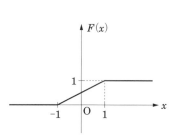

以上より $F(x)$ は下の式となり，グラフは右上のようになる．

$$F(x) = \begin{cases} 0 & (x < -1) \\ \dfrac{1}{2}(x+1) & (-1 \leqq x \leqq 1) \\ 1 & (1 < x) \end{cases}$$

【解終】

POINT $F(x)=\int_{-\infty}^{x} f(t)\,dt$ を使う．x の場合分けをするとき，必要ならば積分区間を分けて計算する．

演習 20

演習 19 (p.65) の確率密度関数

$$f(x)=\begin{cases}\dfrac{1}{2}x & (0 \leqq x \leqq 2)\\ 0 & (\text{その他})\end{cases}$$

をもつ確率変数 X について，分布関数 $F(x)$ を求め，そのグラフを描こう．

解答は p.229

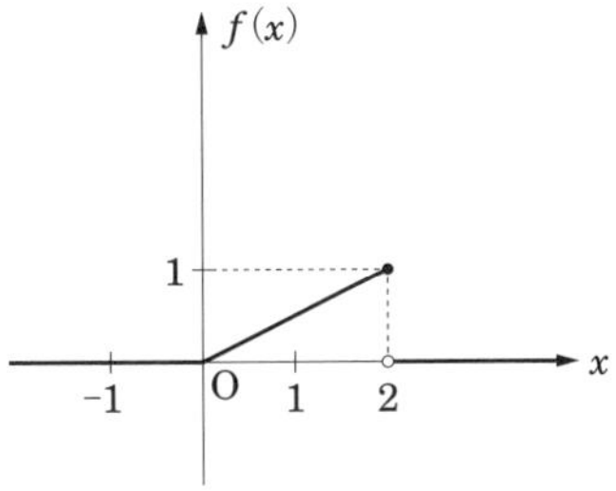

解答 場合分けをして分布関数 $F(x)$ を計算する．

分布関数

$F(x)=\int_{-\infty}^{x} f(t)\,dt$

(i) $x <$ ㋐□ のとき

$F(x)=\int_{-\infty}^{x}$ ㋑□ $dt=$ ㋒□

(ii) ㋓□ $\leqq x \leqq$ ㋔□ のとき，積分区間を分けて計算すると

$F(x)=\int_{-\infty}^{x} f(t)\,dt=\int_{-\infty}^{㋕□}$ ㋖□ $dt+\int_{㋗□}^{x}$ ㋘□ dt

$=$ ㋙□

(iii) ㋚□ $< x$ のとき，やはり積分区間を分けて計算すると

$F(x)=\int_{-\infty}^{x} f(t)\,dt=$ ㋛□ $+$ ㋜□ $+$ ㋝□

$=$ ㋞□

以上より

$F(x)=\begin{cases}㋟□ & (x < ㋠□)\\ ㋡□ & (㋢□ \leqq x \leqq ㋣□)\\ ㋤□ & (㋥□ < x)\end{cases}$

となる．グラフは右のとおり． 【解終】

㋦

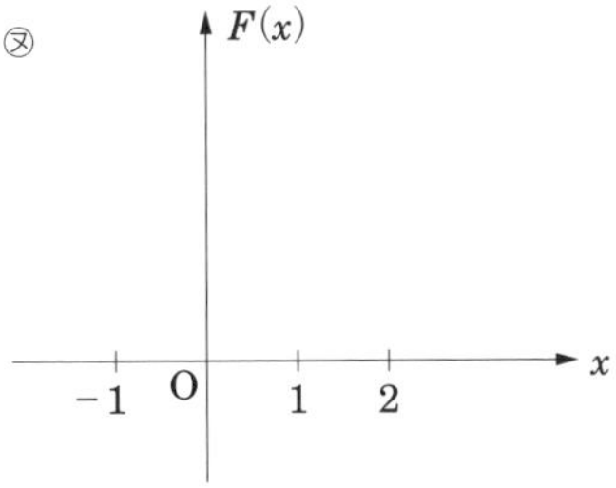

● 期待値（平均）と分散の定義 ［連続型］ ●

連続型確率変数 X が確率密度関数 $f(x)$ をもつとき

$$E(X) = \int_{-\infty}^{\infty} x f(x)\, dx$$

を X の**期待値**または**平均**という．また期待値を μ とするとき，

$$V(X) = \int_{-\infty}^{\infty} (x - \mu)^2 f(x)\, dx$$

を X の**分散**という．

無限積分が存在する場合だけを考えます

解説 離散型の場合と同様に期待値または平均 $E(X)$ は μ，分散 $V(X)$ は σ^2 という記号を使うので，覚えておこう．

期待値，分散とも，離散型の場合には

　　変数 X の全部の値について加える

$$\cdots\cdots \sum_{i=1}^{n} x_i\, P(X = x_i), \quad \sum_{i=1}^{n} (x_i - \mu)^2 P(X = x_i)$$

であった．連続型の場合には

　　変数 X の全範囲について積分する

$$\cdots\cdots \int_{-\infty}^{\infty} x f(x)\, dx, \quad \int_{-\infty}^{\infty} (x - \mu)^2 f(x)\, dx$$

となっていて，離散型も連続型も

　　期待値 μ：分布の中心となる変数 X の値

　　分散 σ^2　：分布のバラツキ

を表している．

またσ² の正の平方根 σ を変数 X の**標準偏差**という．　　　　　　　　【解説終】

分散 σ^2 が小さい

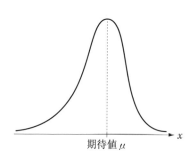

期待値 μ

分散 σ^2 が大きい

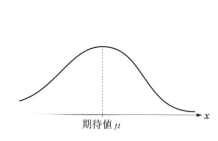

期待値 μ

定理 1.3.6

連続型確率変数 X が確率密度関数 $f(x)$ をもち,

期待値 $E(X) = \mu$, 　分散 $V(X) = \sigma^2$

とする.

$$E(X^2) = \int_{-\infty}^{\infty} x^2 f(x)\,dx$$

とするとき

$$V(X) = E(X^2) - E(X)^2$$

が成立する.

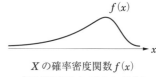

X の確率密度関数 $f(x)$
（X は確率分布 $f(x)$ に従う）

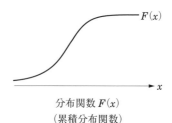

分布関数 $F(x)$
（累積分布関数）

証明　分散 $V(X)$ の定義の式を変形してゆく.

$$V(X) = \int_{-\infty}^{\infty} (x - \mu)^2 f(x)\,dx$$

$$= \int_{-\infty}^{\infty} (x^2 - 2\mu x + \mu^2) f(x)\,dx$$

$$= \int_{-\infty}^{\infty} \{x^2 f(x) - 2\mu x f(x) + \mu^2 f(x)\}\,dx$$

無限積分が存在すると仮定して，積分をバラバラにすると

$$= \underbrace{\int_{-\infty}^{\infty} x^2 f(x)\,dx}_{E(X^2)} - 2\mu \underbrace{\int_{-\infty}^{\infty} x f(x)\,dx}_{E(X)} + \mu^2 \underbrace{\int_{-\infty}^{\infty} f(x)\,dx}_{1}$$

$$= E(X^2) - 2\mu E(X) + \mu^2 \cdot 1$$

$$= E(X^2) - 2E(X) \cdot E(X) + E(X)^2$$

$$= E(X^2) - 2E(X)^2 + E(X)^2$$

$$= E(X^2) - E(X)^2$$

$$\therefore \quad V(X) = E(X^2) - E(X)^2$$

【証明終】

$E(X^2)$ は
確率変数 X^2 の期待値
のことです.
X の期待値を $E(X)$ の定義式
における X に X^2 を代入
するという意味ではないので
注意して下さい.

問題 21　連続型確率変数の期待値，分散

例題

問題 19 の例題（p.64）の確率密度関数

$$f(x) = \begin{cases} \dfrac{1}{2} & (-1 \leq x \leq 1) \\ 0 & (その他) \end{cases}$$

をもつ確率変数 X について，期待値 μ，
分散 σ^2，標準値差 σ を求めよう．

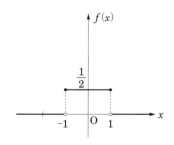

∷ 解 答 ∷　期待値 μ は定義を使って求めると

$$\mu = E(X) = \int_{-\infty}^{\infty} x f(x)\, dx$$

$f(x)$ は区間によって値が異なるので，積
分区間を分けて考えると

> **期待値と分散の定義**
>
> 期待値 $\mu = E(X) = \displaystyle\int_{-\infty}^{\infty} x f(x)\, dx$
>
> 分散 $\sigma^2 = V(X) = \displaystyle\int_{-\infty}^{\infty} (x - \mu)^2 f(x)\, dx$

$$= \int_{-\infty}^{-1} x \cdot 0\, dx + \int_{-1}^{1} x \cdot \frac{1}{2}\, dx + \int_{1}^{\infty} x \cdot 0\, dx$$

$$= \int_{-1}^{1} \frac{1}{2}\, x\, dx = \left[\frac{1}{4}\, x^2 \right]_{-1}^{1}$$

$$= \frac{1}{4} \{ 1^2 - (-1)^2 \} = 0$$

期待値 $\mu = E(X) = 0$ なので，分散 σ^2 を求めるには，定義を使っても定理 1.3.6
（p.71）を使っても同じ計算となる．定義の方を使うと

$$\sigma^2 = V(X) = \int_{-\infty}^{\infty} (x - 0)^2 f(x)\, dx = \int_{-\infty}^{\infty} x^2 f(x)\, dx$$

積分区間を分けて $f(x)$ の値を代入すると

$$= \int_{-\infty}^{-1} x^2 \cdot 0\, dx + \int_{-1}^{1} x^2 \cdot \frac{1}{2}\, dx + \int_{1}^{\infty} x^2 \cdot 0\, dx$$

$$= \int_{-1}^{1} \frac{1}{2}\, x^2\, dx = \left[\frac{1}{6}\, x^3 \right]_{-1}^{1} = \frac{1}{6} \{ 1^3 - (-1)^3 \} = \frac{2}{6} = \frac{1}{3}$$

$$\sigma = \sqrt{\frac{1}{3}} = \frac{1}{\sqrt{3}}$$

∴　期待値 $\mu = 0$，　　　分散 $\sigma^2 = \dfrac{1}{3}$，　　　標準偏差 $\sigma = \dfrac{1}{\sqrt{3}}$　　　【解終】

POINT 連続型確率変数の期待値，分散の定義を使えるようになろう

演習 21

演習 19(p.65)の確率密度関数

$$f(x)=\begin{cases}\dfrac{1}{2}x & (0 \leqq x \leqq 2)\\ 0 & (\text{その他})\end{cases}$$

をもつ確率変数 X について，期待値 μ，分散 σ^2，標準偏差 σ を求めよう．

解答は p.230

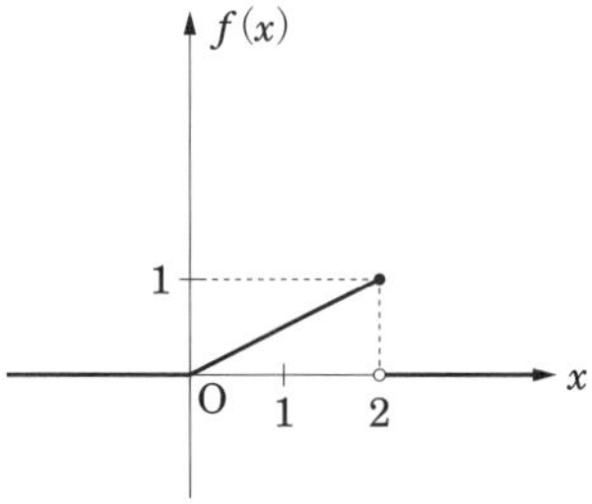

解答 定義の式に代入して期待値 μ を求める．

区間によって $f(x)$ の式は異なるので

$$\mu=E(X)=\mu=\int_{-\infty}^{\infty}xf(x)\,dx$$

$$=\int_{-\infty}^{\text{㋐}\square}x\cdot\text{㋑}\square\,dx+\int_{\text{㋓}\square}^{\text{㋒}\square}x\cdot\text{㋔}\square\,dx+\int_{\text{㋕}\square}^{\infty}x\cdot\text{㋖}\square\,dx$$

$$=\text{㋗}\square$$

次に定理 1.3.6 を使って分散 σ^2 を求めるために $E(X^2)$ を先に求めておく．

定理 1.3.6

$V(X)=E(X^2)-E(X)^2$

$$E(X^2)=\int_{-\infty}^{\infty}x^2f(x)\,dx$$

積分区間を分けて $f(x)$ の式を代入すると

$$=\text{㋘}\square+\text{㋙}\square+\text{㋚}\square$$

$$=\text{㋛}\square$$

$$\therefore\quad \sigma^2=V(X)=E(X^2)-E(X)^2$$

$$=\text{㋜}\square-\text{㋝}\square^2=\text{㋞}\square$$

$$\sigma=\text{㋟}\square$$

以上より

期待値 $\mu=$ ㋠□，　分散 $\sigma^2=$ ㋡□，　標準偏差 $\sigma=$ ㋢□　【解終】

【3】 モーメント母関数

　モーメント母関数はちょっとむずかしいが，確率分布の情報がたくさんつまっている重要な関数である.

　まずはモーメントの定義から.

● モーメントの定義 ●

　確率変数 X に対し，$\mu = E(X)$ とする. このとき

　　　$E(X^k)$　　　　　　を X の原点のまわりの k 次**モーメント**

　　　$E[(X-\mu)^k]$　　　を X の期待値 μ のまわりの k 次**モーメント**

　という.

 "モーメント" という言葉は力学の "慣性モーメント" からきたものである.

　$k=1$ のときの $E(X^k)$，つまり $E(X)$ は X の期待値 μ にほかならない.

　また $k=2$ のときの $E[(X-\mu)^k]$，つまり $E[(X-\mu)^2]$ は X の分散 σ^2 である.

　X が離散型の場合と連続型の場合に分けて，それぞれのモーメントを式で表しておこう. ただし，$f(x)$ は連続型確率変数 X の確率密度関数である.

$$E(X^k) = \begin{cases} \sum_{i=1}^{n} x_i^k P(X=x_i) & (X：離散型) \\ \int_{-\infty}^{\infty} x^k f(x)\,dx & (X：連続型) \end{cases}$$

$$E[(X-\mu)^k] = \begin{cases} \sum_{i=1}^{n} (x_i-\mu)^k P(X=x_i) & (X：離散型) \\ \int_{-\infty}^{\infty} (x-\mu)^k f(x)\,dx & (X：連続型) \end{cases}$$

　さらに一般的に，$\varphi(X)$ を X の関数とするとき

$$E[\varphi(X)] = \begin{cases} \sum_{i=1}^{n} \varphi(x_i) P(X=x_i) & (X：離散型) \\ \int_{-\infty}^{\infty} \varphi(x) f(x)\,dx & (X：連続型) \end{cases}$$

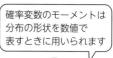

確率変数のモーメントは
分布の形状を数値で
表すときに用いられます

と定義する.　　　　　　　　　　　　　　　　　【解説終】

確率変数 X の 1 次式 $aX + b$ の期待値，分散

a, b を定数とするとき，次の式が成立する.

$$E(aX+b) = a\,E(X) + b$$

$$V(aX+b) = a^2 V(X)$$

解答は p.230

期待値 $E(X)$ と分散 $V(X)$ の定義，覚えていますか？

解説 確率変数 X に対し新しい確率変数 $Y = aX + b$ を考えたとき，その期待値と分散がどうなるかを表した式である. X が離散型の場合と連続型の場合に分けて示そう. 期待値，分散が存在する場合のみ考える. 【解説終】

証明

X が離散型の場合

$$E(aX+b) = \sum_{i=1}^{n}(ax_i+b)P(X=x_i)$$

$$= \sum_{i=1}^{n}\{ax_i P(X=x_i) + bP(X=x_i)\}$$

$$= \sum_{i=1}^{n}ax_i P(X=x_i) + \sum_{i=1}^{n}bP(X=x_i)$$

$$= a\sum_{i=1}^{n}x_i P(X=x_i) + b\underbrace{\sum_{i=1}^{n}P(X=x_i)}_{\text{全確率の和}}$$

$$= aE(X) + b\cdot 1$$

$$= aE(X) + b$$

$E(X) = \mu$ とおくと

$E(aX+b) = a\mu + b$ なので

$$V(aX+b) = \boxed{}^{\textcircled{\scriptsize ウ}}$$

X が連続型の場合

$$E(aX+b) = \boxed{}^{\textcircled{\scriptsize イ}}$$

$E(X) = \mu$ とおくと

$E(aX+b) = a\mu + b$ なので

$V(aX+b)$

$$= \int_{-\infty}^{\infty}\{(ax+b) - (a\mu+b)\}^2 f(x)\,dx$$

$$= \int_{-\infty}^{\infty}\{a(x-\mu)\}^2 f(x)\,dx$$

$$= \int_{-\infty}^{\infty}a^2(x-\mu)^2 f(x)\,dx$$

$$= a^2\int_{-\infty}^{\infty}(x-\mu)^2 f(x)\,dx$$

$$= a^2 V(X)$$

いずれの場合も定理の式が証明された. 【証明終】

━━━ ● モーメント母関数（積率母関数）の定義 ● ━━━

確率変数 X と定数 θ に対し

$$M(\theta) = E[e^{\theta X}]$$

を X の**モーメント母関数**または**積率母関数**という.

X が離散型の場合と連続型の場合とに分けてモーメント母関数を式でかいてみると

$$M(\theta) = E[e^{\theta X}] = \begin{cases} \displaystyle\sum_{i=1}^{n} e^{\theta x_i} P(X = x_i) & (X：離散型) \\ \displaystyle\int_{-\infty}^{\infty} e^{\theta x} f(x)\, dx & (X：連続型) \end{cases}$$

となる.（ただし，モーメント母関数 $M(\theta)$ は $\theta = 0$ を含む区間で定義される場合のみ考えるものとする.）

モーメント母関数を次のように変形してみよう.

e^x のマクローリン展開

$$e^x = 1 + \frac{1}{1!}x + \frac{1}{2!}x^2 + \cdots + \frac{1}{n!}x^n + \cdots$$

において，x に θX を代入してみると

$$e^{\theta X} = 1 + \frac{1}{1!}(\theta X) + \frac{1}{2!}(\theta X)^2 + \cdots + \frac{1}{n!}(\theta X)^n + \cdots$$

$$= 1 + \frac{X}{1!}\theta + \frac{X^2}{2!}\theta^2 + \cdots + \frac{X^n}{n!}\theta^n + \cdots$$

となる.

ここで，X が連続型であるとすると，

$$M(\theta) = E[e^{\theta X}]$$

$$= E\left[1 + \frac{X}{1!}\theta + \frac{X^2}{2!}\theta^2 + \cdots + \frac{X^n}{n!}\theta^n + \cdots \right]$$

たとえば
『[改訂]新版 すぐわかる微分積分』
p.69 を参照してください

$f(x)$ のマクローリン展開

$$f(x) = f(0) + \frac{f'(0)}{1!}x + \frac{f''(0)}{2!}x^2 + \cdots + \frac{f^{(n)}(0)}{n!}x^n + \cdots$$

$$= \int_{-\infty}^{\infty} \left(1 + \frac{x}{1!}\theta + \frac{x^2}{2!}\theta^2 + \cdots + \frac{x^n}{n!}\theta^n + \cdots\right) f(x)\,dx$$

$$= \int_{-\infty}^{\infty} f(x)\,dx + \frac{\theta}{1!}\int_{-\infty}^{\infty} xf(x)\,dx + \frac{\theta^2}{2!}\int_{-\infty}^{\infty} x^2 f(x)\,dx + \cdots + \frac{\theta^n}{n!}\int_{-\infty}^{\infty} x^n f(x)\,dx + \cdots$$

p.74 の下の，$\varphi(X)$ を X の関数としたときの $E[\varphi(X)]$ の表現方法を用いると

$$= 1 + \frac{\theta}{1!}E(X) + \frac{\theta^2}{2!}E(X^2) + \cdots + \frac{\theta^n}{n!}E(X^n) + \cdots$$

となる．（期待値は確率変数 X について考えているので，θ は定数の扱いになることに注意．また X が離散型のときも同様に証明できる．）

$M(\theta)$ を θ で微分すると，

$$M'(\theta) = E(X) + \frac{\theta}{1!}E(X^2) + \frac{\theta^2}{2!}E(X^3) + \cdots + \frac{\theta^{k-1}}{(k-1)!}E(X^k) + \frac{\theta^k}{k!}E(X^{k+1}) + \cdots$$

$$M''(\theta) = E(X^2) + \frac{\theta}{1!}E(X^3) + \cdots + \frac{\theta^{k-2}}{(k-2)!}E(X^k) + \frac{\theta^{k-1}}{(k-1)!}E(X^{k+1}) + \cdots$$

同じように，$k \geq 3$ に対しては

$$M^{(k)}(\theta) = E(X^k) + \frac{\theta}{1!}E(X^{k+1}) + \cdots$$

よって，θ を 0 に近づけると，

$$M'(0) = E(X)$$

$$M''(0) = E(X^2)$$

$k \geq 3$ に対しては，$M^{(k)}(0) = E(X^k)$

以上をまとめると，

$$M^{(k)}(0) = E(X^k) \qquad (k = 1, 2, 3, \cdots)$$

として求まることになる（左頁下のマクローリン展開の式参照）．

このように $M(\theta)$ より確率分布のいろいろな情報を取り出すことができるので，$M(\theta)$ をモーメント母関数という．

さらに，モーメント母関数が一致する 2 つの確率分布は同一の分布となることもわかっている（モーメント母関数の一意性）．

【解説終】

> モーメント母関数 $M(\theta)$ から，すべての n 次モーメント
> $E(X^n)$ の値がわかります．
> ・1 次モーメントは分布の期待値
> ・2 次モーメントは分布の分数
> ・3 次モーメントは分布の歪度という指標
> ・4 次モーメントは分布の尖度という指標
> など，モーメントの数値により分布の形状
> を表したり，2 つの分布を比較したりする
> ことができます．

Section 1.4

基本的な1次元の確率分布

ここでは代表的な確率分布をいくつか紹介しよう.

【1】 二項分布

● 二項分布の定義 ●

$0, 1, 2, \cdots, n$ のいずれかの値をとる離散型確率変数 X について

$$P(X=x) = {}_nC_x\, p^x q^{n-x} \qquad (x = 0, 1, 2, \cdots, n \,;\, 0 < p < 1,\ p + q = 1)$$

と表せる確率分布を**二項分布**という. また, このとき確率変数 X は二項分布 $Bin(n, p)$ に従うといい, $X \sim Bin(n, p)$ と書く.

解説　"サイコロを5回振る"という試行を考えてみよう.

　5回のうち1の目が出る回数を確率変数 X とするとき, 1がちょうど x 回出る確率 $P(X=x)$ を求めてみる.

　1が出る x 回は5回のうちのどこでもよく, ${}_5C_x$ 通り考えられるので

$$P(X=x) = {}_5C_x \left(\frac{1}{6}\right)^x \left(\frac{5}{6}\right)^{5-x}$$

これは $n = 5$, $p = \dfrac{1}{6}$ $\left(q = 1 - p = \dfrac{5}{6}\right)$

の場合の二項分布 $Bin\left(5, \dfrac{1}{6}\right)$ の例である.

　このように, 二項分布 $Bin(n, p)$ はある事象 A の起こる確率 $P(A) = p$ が与えられているとき, n 回の独立な試行中, 事象 A が起こる回数 X が従う分布である.　　【解説終】

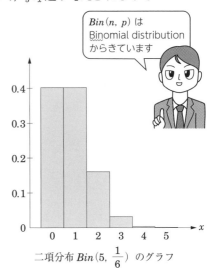

$Bin(n, p)$ は Binomial distribution からきています

二項分布 $Bin\left(5, \dfrac{1}{6}\right)$ のグラフ

二項分布の平均と分散

確率変数 X が二項分布 $Bin(n, p)$ に従うとき，

平均：$E(X) = np$

分散：$V(X) = npq$

である（$p + q = 1$）. 解答は p.230

モーメント母関数

$$M(\theta) = E(e^{\theta X}) = \sum_{i=1}^{n} e^{\theta x_i} P(X = x_i)$$

$$E(X) = M'(0), \quad E(X^2) = M''(0)$$
$$V(X) = E(X^2) - E(X)^2$$

証明 　$X \sim Bin(n, p)$ のモーメント母関数 $M(\theta)$ を使って平均と分散を求めてみよう.

$$P(X = x) = {}_nC_x \, p^x q^{n-x} \qquad (x = 0, 1, 2, \cdots, n)$$

なので

$$M(\theta) = E(e^{\theta X}) = \sum_{x=0}^{n} e^{\theta x} ({}_nC_x \, p^x q^{n-x})$$

$$= \sum_{x=0}^{n} {}_nC_x (pe^{\theta})^x q^{n-x}$$

二項定理の式と比べて（$a = pe^{\theta}, \quad b = q$）

$$= (pe^{\theta} + q)^n$$

$$\therefore \quad M(\theta) = (pe^{\theta} + q)^n$$

二項定理

$$(a + b)^n = \sum_{r=0}^{n} {}_nC_r \, a^r b^{n-r}$$

二項係数

$$\begin{cases} {}_nC_r = \dfrac{n(n-1)\cdots(n-r+1)}{r!} \\ {}_nC_0 = 1 \end{cases}$$

$E(X), E(X^2)$ を求めるために $M(\theta)$ を θ で 2 回微分すると

$$M'(\theta) = {}^{\textcircled{?}}\boxed{}$$

$$= npe^{\theta}(pe^{\theta} + q)^{n-1}$$

$$M''(\theta) = {}^{\textcircled{?}}\boxed{}$$

$$= npe^{\theta}(pe^{\theta} + q)^{n-2}\{(pe^{\theta} + q) + e^{\theta}(n-1)p\}$$

$$= npe^{\theta}(pe^{\theta} + q)^{n-2}(npe^{\theta} + q)$$

$p + q = 1$

$$\therefore \quad E(X) = M'(0) = {}^{\textcircled{?}}\boxed{} = np$$

$$E(X^2) = M''(0) = {}^{\textcircled{?}}\boxed{} = np(np + q)$$

$$\therefore \quad V(X) = E(X^2) - E(X)^2 = {}^{\textcircled{?}}\boxed{} = npq$$

以上より，$E(X) = np, \quad V(X) = npq$ 【証明終】

二項分布 $Bin(n, p)$

例題

> サイコロを 4 回振ったとき，1 の目が出た回数を確率変数 X とする．この
> とき X の確率分布を求めよう．また，平均 $E(X)$，分散 $V(X)$ を求めよう．

∷ 解 答 ∷ p.78 の二項分布のところで解説したように $X \sim Bin\left(4, \dfrac{1}{6}\right)$ なので

$$P(X = x) = {}_4\mathrm{C}_x \left(\frac{1}{6}\right)^x \left(\frac{5}{6}\right)^{4-x}$$

$x = 0, 1, 2, 3, 4$ について各値を計算し，
グラフを描くと右下のようになる．計算は
スマホや関数電卓などを活用しよう．

また，今の場合

$$n = 4, \quad p = \frac{1}{6}, \quad q = 1 - \frac{1}{6} = \frac{5}{6}$$

なので，定理 1.4.1（p.79）より

$$E(X) = np$$
$$= 4 \times \frac{1}{6} = \frac{4}{6} \fallingdotseq 0.6667$$

$$V(X) = npq$$
$$= 4 \times \frac{1}{6} \times \frac{5}{6} = \frac{25}{36} \fallingdotseq 0.5556$$

となる．　　　　　　　　　　【解終】

x	$P(X = x) = {}_5\mathrm{C}_x \left(\dfrac{1}{6}\right)^x \left(\dfrac{5}{6}\right)^{4-x}$
0	${}_4\mathrm{C}_0 \left(\dfrac{1}{6}\right)^0 \left(\dfrac{5}{6}\right)^4 \fallingdotseq 0.4823$
1	${}_4\mathrm{C}_1 \left(\dfrac{1}{6}\right)^1 \left(\dfrac{5}{6}\right)^3 \fallingdotseq 0.3858$
2	${}_4\mathrm{C}_2 \left(\dfrac{1}{6}\right)^2 \left(\dfrac{5}{6}\right)^2 \fallingdotseq 0.1157$
3	${}_4\mathrm{C}_3 \left(\dfrac{1}{6}\right)^3 \left(\dfrac{5}{6}\right)^1 \fallingdotseq 0.0154$
4	${}_4\mathrm{C}_4 \left(\dfrac{1}{6}\right)^4 \left(\dfrac{5}{6}\right)^0 \fallingdotseq 0.0008$

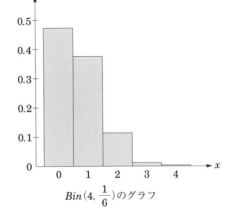

$Bin\left(4, \dfrac{1}{6}\right)$ のグラフ

$X \sim Bin(n, p)$ のとき

$E(X) = np, \quad V(X) = npq$

POINT> n と p がどうなるのかを意識して，二項分布の定義，平均，分散の公式を使う

演習 22

バスケットボール部に所属する K 君のシュート成功率は 0.6 である．K 君が 10 回シュートをして，成功した回数を確率変数 X とするとき

(1) X の確率分布を求めよう．

(2) 平均 $E(X)$，分散 $V(X)$ を求めよう．

(3) 8 回以上成功する確率を求めよう．　解答は p.231

解答 (1) はじめの x 回は成功し，後の $(10-x)$ 回は失敗する確率は

(㋐□)^x(1 − ㋑□)$^{10-x}$

= (㋒□)^x(㋓□)$^{10-x}$

なので，10 回のうち x 回成功する確率は

$P(X=x)$ = ㋔□

ゆえに，X は二項分布

Bin(㋕□，㋖□)

に従う．

各値を計算して表を作ると㋗のようになり，グラフを描くと右下のようになる．

㋗

x	

(小数第 4 位まで)

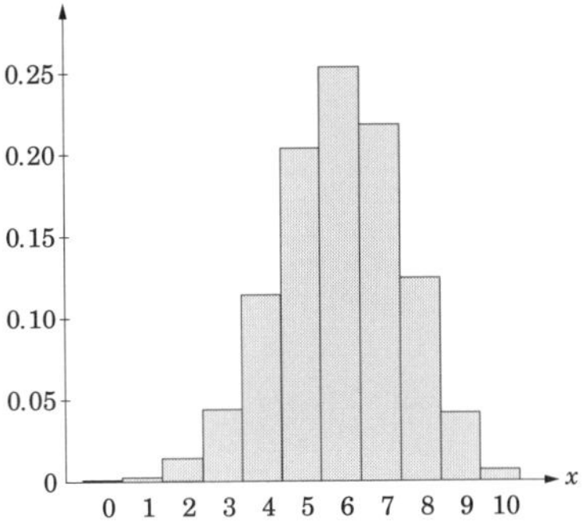

$Bin(10,\ 0.6)$ のグラフ

(2) n = ㋘□，p = ㋙□，q = ㋚□

なので

$E(X)$ = ㋛□

$V(X)$ = ㋜□

(3) 8 回以上成功する確率は

$P(X \geqq 8)$

$= P(X=$ ㋝□$) + P(X=$ ㋞□$) + P(X=$ ㋟□$)$

右上の表の数値を入れると

= ㋠□

【解終】

【2】 ポアソン分布

━━━━━・ポアソン分布の定義・━━━━━

$0, 1, 2, \cdots$ のいずれかの値をとる離散型確率変数 X について

$$P(X=x) = e^{-\lambda}\frac{\lambda^x}{x!} \qquad (x = 0, 1, 2, \cdots ; \lambda > 0)$$

と表せる確率分布をパラメータ λ の**ポアソン分布**という. また, このとき確率変数 X はポアソン分布 $Po(\lambda)$ に従うといい, $X \sim Po(\lambda)$ と書く.

解説　ポアソン分布は

　　　　　　　めったに起こらない事象　や　ポツポツ起こる事象

の確率分布をよく表していて, 次のように二項分布より導くことができる.

　X が二項分布に従うとき,

$$P(X=x) = {}_n\mathrm{C}_x\, p^x(1-p)^{n-x} \qquad (x = 0, 1, 2, \cdots, n)$$

であった. これは

　　　　n 回の独立した試行のうち, ある事象 A が x 回起こる確率

を表していて, 平均は

$$E(X) = np$$

であった. ここで

　　　　平均 $= np = \lambda$ （一定）

を保ちながら, $n \to \infty$, $p \to 0$ のときの状態を考えてみよう.

　つまり, 試行回数を十分増やし, 事象 A の確率が十分 0 に近くなるような場合を考える.

　二項分布の確率分布を変形して

$$P(X=x) = {}_n\mathrm{C}_x\, p^x(1-p)^{n-x} = \frac{n(n-1)\cdots(n-x+1)}{x!}p^x(1-p)^{n-x}$$

$n(n-1)(n-2)\cdots(n-x+1)$ の各因数より無理矢理 n をくくり出すと

$$= \frac{n^x}{x!} \cdot 1 \cdot \left(1 - \frac{1}{n}\right)\left(1 - \frac{2}{n}\right)\cdots\left(1 - \frac{x-1}{n}\right)p^x(1-p)^{n-x}$$

$np = \lambda$ より $p = \dfrac{\lambda}{n}$ なので, 代入すると

$$= \frac{n^x}{x!}\left(1 - \frac{1}{n}\right)\cdots\left(1 - \frac{x-1}{n}\right)\left(\frac{\lambda}{n}\right)^x\left(1 - \frac{\lambda}{n}\right)^{n-x}$$

$$= \frac{1}{x!}\left(1 - \frac{1}{n}\right)\cdots\left(1 - \frac{x-1}{n}\right)\lambda^x\left(1 - \frac{\lambda}{n}\right)^n\left(1 - \frac{\lambda}{n}\right)^{-x}$$

ここで，$n \to \infty$ としてみる．つまり試行回数を無限回にしてみる．x は事象 A の起こった回数なので有限の正の整数値であり，λ も定数なので

$$\lim_{n \to \infty}\left(1 - \frac{1}{n}\right) = \lim_{n \to \infty}\left(1 - \frac{2}{n}\right) = \cdots = \lim_{n \to \infty}\left(1 - \frac{x-1}{n}\right) = 1$$

$$\lim_{n \to \infty}\frac{\lambda}{n} = 0$$

問題は次の極限値．変形してゆくと

$$\lim_{n \to \infty}\left(1 - \frac{\lambda}{n}\right)^n = \lim_{n \to \infty}\left\{\left(1 - \frac{\lambda}{n}\right)^{-\frac{n}{\lambda}}\right\}^{-\lambda}$$

$$\lim_{x \to \infty}\left(1 + \frac{1}{x}\right)^x = e$$

$$\lim_{x \to 0}(1 + x)^{\frac{1}{x}} = e$$

$\dfrac{\lambda}{n} = p$ なので，$n \to \infty$ のとき $p \to 0$ となる．ゆえに

$$= \lim_{n \to 0}\left\{\left((1-p)^{-\frac{1}{p}}\right)\right\}^{-\lambda} = e^{-\lambda}$$

となる．これより

$$\lim_{n \to \infty}P(X = x) = \frac{1}{x!}\cdot 1 \cdot 1 \cdot \ \cdots \ \cdot \lambda^x\cdot e^{-\lambda}\cdot 1^{-x} = e^{-\lambda}\frac{\lambda^x}{x!}$$

つまり，二項分布 $Bin(n, p)$ に従う確率変数 X について，n が大きければ X の確率分布はパラメータ λ のポアソン分布で近似できる．

$np = \lambda$（一定）という条件より，試行回数 n を十分大きくし，事象 A の生じる確率が 0 に極めて近くなるような現象の解明に使われる．

たとえば，1 台の車が交通事故を起こす確率 p は小さいが，ある交差点ではたくさんの車（n 台）が通るとすると，この交差点での交通事故の件数 X は，パラメータ $\lambda(= np)$ のポアソン分布を使って計算できる．

ポアソン分布 $Po(\lambda)$ の確率分布のグラフは次頁． 【解説終】

定理 1.4.2　　ポアソン分布の平均と分数

確率変数 X がポアソン分布 $Po(\lambda)$ に従うとき，

　　平均：$E(X) = \lambda$

　　分散：$V(X) = \lambda$

である．

平均も分散も
同じλです

証明　ポアソン分布のモーメント母関数 $M(\theta)$ を用いても $E(X)$，$V(X)$ が求まるが，ここでは二項分布の平均，分散の極限としてポアソン分布の平均，分散を求めてみよう．

二項分布 $Bin(n, p)$ に従う X の平均 $E_B(X)$，分散 $V_B(X)$ は定理 1.4.1（p.79）より

　　$E_B(X) = np, \quad V_B(X) = npq \qquad (p + q = 1)$

であった．二項分布に従う確率変数 X において $np = \lambda$（一定）とし，$n \to \infty$ としたとき，X はポアソン分布 $Po(\lambda)$ に従うので $Po(\lambda)$ の平均 $E_P(X)$，分散 $V_P(X)$ は

$$E_P(X) = \lim_{n \to \infty} E_B(X) = \lim_{n \to \infty} np = \lim_{n \to \infty} \lambda = \lambda$$

$$V_P(X) = \lim_{n \to \infty} V_B(X) = \lim_{n \to \infty} npq = \lim_{n \to \infty} np(1 - p)$$

$$= \lim_{n \to \infty} \lambda(1 - p) = \lim_{n \to \infty} \lambda\left(1 - \frac{\lambda}{n}\right) = \lambda$$

ゆえにポアソン分布 $Po(\lambda)$ の平均，分散とも λ である．　　　　　【証明終】

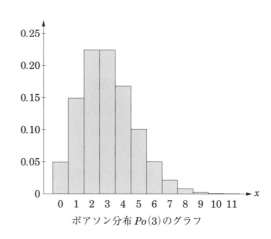

パラメータ λ の値が
大きくなるにつれ，
分布の山は小さくなり
すそ野が広がっていきます

ポアソン分布 $Po(3)$ のグラフ

Column 不思議な数 e

"e" という数は実にいろいろなところに使われています.

この数は

$$e = \lim_{n \to \infty} \left(1 + \frac{1}{n}\right)^n$$

という, 極限の値として定義された無理数で

ネピアの数, オイラー数, 自然対数の底

などの名前をもっています.

ネピア (1550 ~ 1617) は対数の考え方とともに e の発見に大きく貢献した数学者です.

オイラー (1707 ~ 1783) は数学の多くの分野に重要な業績を残し, 物理学や工学などにも多大な影響を与えた科学者です. そして, 虚数単位 i や円周率 π とともに, この不思議な数に "e" という特別な記号を与えました. この 3 つの記号を含む「オイラーの公式」は特に有名です.

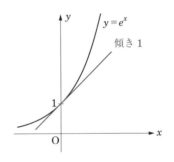

いろいろな指数関数 $y = a^x$ の中で

$x = 0$ における接線の傾きが 1

という特徴をもっているのが

$$y = e^x$$

です.

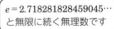

$e = 2.718281828459045\cdots$
と無限に続く無理数です

さらにこの関数は, 微分しても積分してもまったく変わらない

$$(e^x)' = e^x, \qquad \int e^x dx = e^x + C$$

という不思議な性質をもっているのです.

オイラーの公式
$$e^{\pi i} = -1$$

ポアソン分布 $Po(\lambda)$

例題

> 保険会社に勤めている Z 氏は大都市 C 市の交通事故について調べていた.
> C 市では,1 日平均 2 人が交通事故で死亡している.
> 1 日に交通事故で死亡する人数を確率変数 X とし,X が平均 2 のポアソン分布 $Po(2)$ に従っているとするとき
> (1) X の確率分布を求めよう.
> (2) 1 日に 5 人以上が交通事故で死亡する確率を求めよう.

解答 (1) ポアソン分布 $Po(\lambda)$ の式に $\lambda = 2$ を代入して

$$P(X = x) = e^{-2} \frac{2^x}{x!}$$

（0! = 1）

となる.$x = 0, 1, 2, 3, 4, 5, \cdots$ の値を代入して（エクセルや電卓で）計算すると右の表のようになり,グラフは下図のようになる.

(2) 求める確率は $P(X \geq 5)$.全事象の確率は 1 であることを使うと

$P(X \geq 5)$

$= 1 - P(X < 5)$

$= 1 - \{P(4) + P(3) + P(2) + P(1) + P(0)\}$

$\fallingdotseq 1 - \{0.0902 + 0.1804 + 0.2707 + 0.2707 + 0.1353\}$

$= 1 - 0.9473$

$= 0.0527$

ゆえに,1 日に 5 人以上が交通事故で死亡する確率は約 0.05 である. 【解終】

x	$P(X=x) = e^{-2}\dfrac{2^x}{x!}$
0	$e^{-2} \cdot \dfrac{2^0}{0!} = 0.1353$
1	$e^{-2} \cdot \dfrac{2^1}{1!} = 0.2707$
2	$e^{-2} \cdot \dfrac{2^2}{2!} = 0.2707$
3	$e^{-2} \cdot \dfrac{2^3}{3!} = 0.1804$
4	$e^{-2} \cdot \dfrac{2^4}{4!} = 0.0902$
5	$e^{-2} \cdot \dfrac{2^5}{5!} = 0.0361$
6	$e^{-2} \cdot \dfrac{2^6}{6!} = 0.0120$
⋮	

ポアソン分布 $Po(\lambda)$

$$P(X = x) = e^{-\lambda} \frac{\lambda^x}{x!}$$

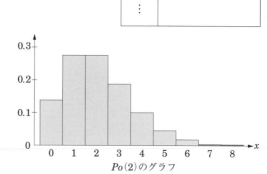

$Po(2)$ のグラフ

POINT λがどうなるのかを意識して，ポアソン分布の定義を使う

演習 23

外資系の会社に就職したばかりの英語が得意な L さんは，研修として事務所の電話番をすることになった．英語でかかってくる電話は 1 時間に平均 1.5 件だと先輩に教えられた．
1 時間に英語でかかってくる電話の回数を確率変数 X とするとき，X は平均 1.5 のポアソン分布に従っているとする．
(1)　X の確率分布を求め，表を完成させよう．
(2)　1 時間に 3 回以上英語の電話がかかってくる確率を求めよう．

解答は p.231

解答　(1)　X は平均 $\lambda = 1.5$ のポアソン分布に従うので，

$P(X=x) =$ ㋐ □

$x = 0, 1, 2, 3, 4, 5, \cdots$ の値を代入して計算すると右の表㋑のようになり，グラフは下図のようになる．

㋑

x	
0	
1	
2	
3	
4	
5	
⋮	

（小数第 4 位まで）

(2)　求める確率は

$P($㋒ □$) = 1 - P($㋓ □$)$

$= 1 - \{$㋔ □ $+$ ㋕ □ $+$ ㋖ □$\}$

$= 1 - ($㋗ □$)$

$= 1 -$ ㋘ □ $=$ ㋙ □

ゆえに，1 時間に 3 回以上英語による電話がかかってくる確率は約㋚ □ である．【解終】

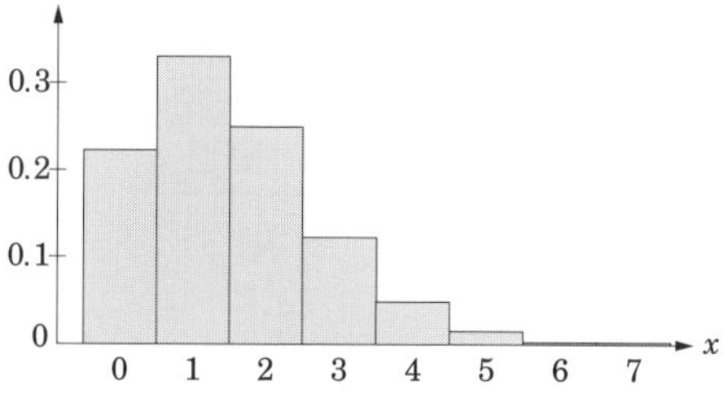

$Po(1.5)$ のグラフ

【3】　一様分布

一様分布には離散型と連続型がある．順に紹介しよう．

● 離散一様分布の定義 ●

$1, 2, \cdots, n$ のいずれかの値をとる離散型確率変数 X について

$$P(X=k) = \frac{1}{n} \quad (k = 1, 2, \cdots, n)$$

と表せる確率分布を，**離散一様分布**という．

 これを表にすると次のようになり，グラフは右のようになる．

k	1	2	$\cdots$	n	計
$P(X=k)$	$\dfrac{1}{n}$	$\dfrac{1}{n}$	$\cdots$	$\dfrac{1}{n}$	1

確率変数 X の取りうる値は，$1, 2, \cdots, n$ とは限らない（演習 24 参照）．一般的に言うと，離散型確率変数 X が取りうるすべての値を等しい確率で取る場合，X は離散一様分布に従うというのである．

【解説終】

● 連続一様分布の定義 ●

連続型確率変数 X の確率密度関数が

$$f(x) = \begin{cases} \dfrac{1}{b-a} & (a < x < b) \\ 0 & (その他の\ x) \end{cases}$$

で与えられる分布を**連続一様分布**という．

 密度関数が右のようなグラフをしている分布である．

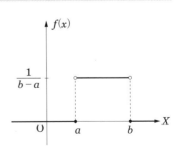

$f(x) \neq 0$ である区間は

$$a \leqq x < b, \quad a < x \leqq b, \quad a \leqq x \leqq b$$

のいずれかでもよい． 【解説終】

定理 1.4.3　連続一様分布の平均と分散

左ページ下の連続一様分布は，次の平均，分散をもつ．

$$E(X)=\frac{1}{2}(a+b),\qquad V(X)=\frac{1}{12}(a-b)^2$$

解答は p.231

[証明]　$E(X)$と$V(X)$の定義より直接求めてみよう．

$$E(X)=\int_{-\infty}^{\infty}xf(x)\,dx=\int_{㋑\square}^{㋐\square}x\cdot{}^{㋒}\boxed{\quad}\,dx$$

$$=㋓\boxed{\qquad\qquad}$$

$$=\frac{1}{2}(a+b)$$

$$E(X^2)=\int_{-\infty}^{\infty}x^2f(x)\,dx=\int_{㋕\square}^{㋔\square}x^2\cdot{}^{㋖}\boxed{\quad}\,dx$$

$$=㋗\boxed{\qquad\qquad}$$

$\therefore$　$V(X)=E(X^2)-E(X)^2$

$$=㋘\boxed{\qquad\qquad}$$

$$=\frac{1}{12}(a-b)^2$$

【証明終】

$a^3+b^3=(a+b)(a^2-ab+b^2)$

$a^3-b^3=(a-b)(a^2+ab+b^2)$

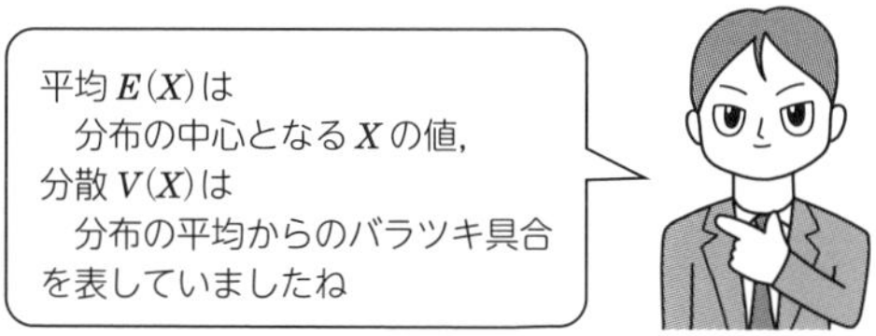
平均 $E(X)$は
分布の中心となるXの値,
分散 $V(X)$は
分布の平均からのバラツキ具合
を表していましたね

一様分布の確率計算，平均，分散

例題

> S さんの家の近くからは，20 分おきにショッピングモール行きのバスが出ている．S さんがぶらりとバス停に行ったときの待ち時間 X（分）を確率変数とするとき，X の密度関数を求めよう．また平均何分待たされるだろうか？

:: **解答** :: 待たされる時間 X（分）の従う確率密度関数を $f(x)$ とする．X は連続型の確率変数である．今，$0 \leq p < q \leq 20$ とし，S さんがバスを p 分以上 q 分以内待つ確率

$$P(p \leq X \leq q)$$

を求めてみよう．時間の長さを線分の長さで考えてみると

直感では 10 分くらい
待てば来そうですが

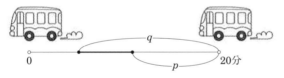

S さんが太線の時間内にバス停に来る確率は

$$P(p \leq X \leq q) = \int_p^q f(x)\,dx = \frac{q-p}{20} \quad \cdots ⊛$$

となる．これをみたす $f(x)$ を 1 つ見つければよい．
一様分布の密度関数

$$f(x) = \begin{cases} \dfrac{1}{20} & (0 \leq x \leq 20) \\ 0 & （その他の x） \end{cases}$$

は ⊛ 式をみたすので，これが X の密度関数である．定理 1.4.3 より（$a=0,\ b=20$）

$$E(X) = \frac{1}{2}(0+20) = 10$$

ゆえに平均待ち時間は 10 分． 【解終】

一様分布（連続型）

$$f(x) = \begin{cases} \dfrac{1}{b-a} & (a \leq x \leq b) \\ 0 & （その他） \end{cases}$$

$$E(X) = \frac{1}{2}(a+b)$$

$$V(X) = \frac{1}{12}(a-b)^2$$

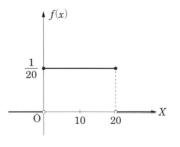

POINT 全確率の和は 1. 平均，分散の公式を使う．

演習 24

離散型確率変数 X が $0, 2, 3$ の値をとる一様分布に従うとき，その確率分布を求めよう．また平均と分散も求めよう．

解答は p.232

∷ 解 答 ∷ 確率変数 X は一様分布に従うので，$0, 2, 3$ の各値をとる確率は同じである．全確率の和が 1 であることを使って確率分布表を作成すると．

k	0	㋐	㋑	計
$P(X=k)$	㋒	㋓	㋔	㋕

となり，下図のグラフをもつ．

次に平均と分散を求めると

$$E(X) = 0 \times P(X=0) + 2 \times P(X=2) + 3 \times P(X=3)$$

$$= \text{㋖}$$

$$V(X) = E(X^2) - E(X)^2$$

$$= \{0^2 \times P(X=0) + 2^2 \times P(X=2) + 3^2 \times P(X=3)\} - E(X)^2$$

$$= \text{㋗} - \text{㋘}^2$$

$$= \text{㋙}$$

【解終】

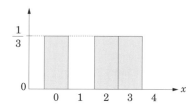

【4】 指数分布

● 指数分布の定義 ●

連続型確率変数 X の確率密度関数が

$$f(x) = \begin{cases} \lambda e^{-\lambda x} & (x \geq 0) \quad (\lambda：正の定数) \\ 0 & (x < 0) \end{cases}$$

で与えられる分布を，**指数分布**という．

解説 この分布はサービスの待ち時間や，製品の寿命などの時間分布として利用される．

密度関数 $f(x)$ のグラフの曲線は

　　λ が大きければゆっくりと x 軸に近づき

　　λ が小さければ急激に x 軸に近づく

という特性をもっている．　　　　　　【解説終】

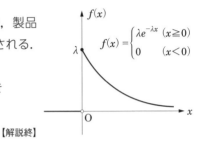

定理 1.4.4　指数分布の平均と分数

確率変数 X が指数分布に従っているとき，次の平均と分散をもつ．

$$E(X) = \frac{1}{\lambda}, \qquad\qquad V(X) = \frac{1}{\lambda^2}$$

解答は p.232

証明 モーメント母関数 $M(\theta)$ を使って求めてみよう．

$$M(\theta) = E(e^{\theta X}) = \int_{-\infty}^{\infty} e^{\theta x} f(x)\, dx$$

$$= \int_{0}^{\infty} e^{\theta x} \cdot \lambda e^{-\lambda x}\, dx$$

$$= \lambda \int_{0}^{\infty} e^{(\theta - \lambda)x}\, dx$$

無限積分なので $\lim$ を使ってかき直すと

$$= \lim_{a \to \infty} \lambda \int_{0}^{a} e^{(\theta - \lambda)x}\, dx$$

後で $\theta = 0$ のときの $M'(\theta)$, $M''(\theta)$ の値がほしいので $\theta \neq \lambda$ として積分すると

$$M(\theta) = \lim_{a \to \infty} \lambda \cdot \left[\frac{1}{\theta - \lambda} e^{(\theta - \lambda)x} \right]_0^a$$

$$= \lim_{a \to \infty} \frac{\lambda}{\theta - \lambda} \{ e^{(\theta - \lambda)a} - e^0 \} = \lim_{a \to \infty} \frac{\lambda}{\theta - \lambda} \{ e^{(\theta - \lambda)a} - 1 \}$$

$a \to \infty$ のとき，$\theta - \lambda < 0$ の場合のみ収束するので，$\theta - \lambda < 0$ とすると

$$= \frac{\lambda}{\theta - \lambda} (0 - 1) = -\frac{\lambda}{\theta - \lambda}$$

$$\therefore \quad M(\theta) = -\frac{\lambda}{\theta - \lambda} \qquad (\text{ただし } \theta < \lambda)$$

$$\lambda^{-n} = \frac{1}{\lambda^n}$$

微分しやすいように $M(\theta)$ を変形してから微分すると

$$M(\theta) = -\lambda (\theta - \lambda)^{-1}$$

$$M'(\theta) = {}^{\textcircled{7}}\boxed{} = \lambda (\theta - \lambda)^{-2}$$

$$M''(\theta) = {}^{\textcircled{1}}\boxed{} = -2\lambda (\theta - \lambda)^{-3}$$

$\theta = 0$ を代入して

$$M'(0) = {}^{\textcircled{9}}\boxed{} = \frac{1}{\lambda}$$

$$M''(0) = {}^{\textcircled{1}}\boxed{} = \frac{2}{\lambda^2}$$

以上より

$$E(X) = M'(0) = \frac{1}{\lambda}$$

$$V(X) = E(X^2) - E(X)^2$$

$$= {}^{\textcircled{7}}\boxed{} = \frac{1}{\lambda^2} \qquad \text{【証明終】}$$

θ で微分するとき，λ が定数であることに注意しましょう

$M(\theta)$：モーメント母関数
$E(X) = M'(0)$
$E(X^2) = M''(0)$

指数分布の確率計算

例題

> ある市立病院はとても混んでいて，外来患者が待たされる時間はほぼ平均
> 1 時間 15 分の指数分布に従っていることがわかった．外来患者が 1 時間以
> 上待たされる確率を求めよう．

∷ 解 答 ∷ 外来患者が待たされる時間 X（単位：時間）の従う確率分布が，平均
1.25 時間の指数分布なので

$$E(X) = \frac{1}{\lambda} = 1.25 \text{（時間）} \quad \text{より} \quad \lambda = \frac{1}{1.25} = 0.8$$

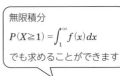

15 分間 $= \dfrac{15}{60}$ 時間

$ = \dfrac{1}{4}$ 時間 $= 0.25$ 時間

ゆえに X の確率密度関数は

$$f(x) = \begin{cases} 0.8\,e^{-0.8x} & (x \geq 0) \\ 0 & (x < 0) \end{cases}$$

無限積分
$P(X \geq 1) = \displaystyle\int_1^\infty f(x)dx$
でも求めることができます

求めたい確率は $P(X \geq 1)$ である．

$$\begin{aligned}
P(X \geq 1) &= 1 - P(0 \leq X < 1) \\
&= 1 - \int_0^1 0.8\,e^{-0.8x}dx \\
&= 1 - \left[\frac{0.8}{-0.8}\,e^{-0.8x} \right]_0^1 = 1 + (e^{-0.8} - e^0) \\
&= 1 + e^{-0.8} - 1 = e^{-0.8} \doteqdot 0.4493
\end{aligned}$$

ゆえに，1 時間以上待たされる確率は約 0.45. 【解終】

指数分布

$$f(x) = \begin{cases} \lambda e^{-\lambda x} & (x \geq 0) \\ 0 & (x < 0) \end{cases}$$

$$E(X) = \frac{1}{\lambda}, \qquad V(X) = \frac{1}{\lambda^2}$$

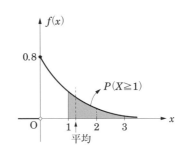

$$P(a \leq X \leq b) = \int_a^b f(x)dx$$

POINT > 平均からλの値を求めて，確率密度関数を積分して，確率を求める

演習 25

動物園で飼育されているオランウータンの寿命を調べたところ，平均 45 年の指数分布に従っていた．動物園でオランウータンが 50 年以上生きる確率を求めよう．

解答は p.232

解答 オランウータンの寿命 X(年)は平均 45 の指数分布に従っているので

$$E(X)=\frac{1}{\lambda}=㋐\square \quad より \quad \lambda=\frac{1}{㋑\square}$$

ゆえに X の確率密度関数は

$$f(x)=㋒\square$$

$$\int e^{ax}dx=\frac{1}{a}e^{ax}+C \quad (a\neq 0)$$

求めたい確率は

$$P(X\geqq ㋓\square)=1-P(㋔\square)$$

$$=㋕\square$$

ゆえに 50 年以上生きる確率は約㋖$\square$．

【解終】

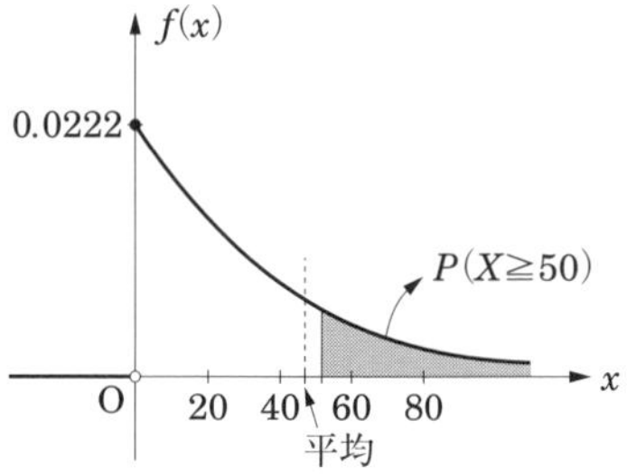

f(x)
0.0222
P(X≧50)
O
20
40
60
80
x
平均

スマホやパソコンで
計算してみて下さい

【5】 正規分布

● 正規分布の定義 ●

連続型確率変数 X の確率密度関数が

$$f(x) = \frac{1}{\sqrt{2\pi}\,\sigma}\,e^{-\frac{(x-\mu)^2}{2\sigma^2}}$$

で与えられる分布を**正規分布**という．またこのとき，確率変数 X は正規分布 $N(\mu, \sigma^2)$ に従うといい，$X \sim N(\mu, \sigma^2)$ と書く．

 正規分布は**ガウス分布**ともよばれ，古くから利用されている重要な分布である．

正規分布の密度関数 $f(x)$ は下図のような山の形をしていて，定理 1.4.5（p.98）で示すように，μ は平均，σ^2 は分散，σ は標準偏差となっている．測定値や測定誤差などが近似的に正規分布に従うと考えられ，検定や推定の理論的基礎に使われている．

特に平均 $\mu = 0$，分散 $\sigma^2 = 1$ の正規分布

$$N(0, 1)$$

を**標準正規分布**といい，一般の正規分布は変数を変換することによりすべて標準正規分布 $N(0, 1)$ に変換させることができる．

この分布をもつ確率変数は連続型なので，確率を求めるときは

$$P(a \leq X \leq b) = \int_a^b f(x)\,dx$$

と定積分で求めるが，正規分布の密度関数の不定積分は初等関数では表せないので，巻末の数表 1 を使って確率を求めることになる． 【解説終】

$\displaystyle\int_{-\infty}^{\infty} e^{-x^2}dx$ **の値**

確率・統計でよく出てくる

$$I=\int_{-\infty}^{\infty} e^{-x^2}dx$$

の値はどうやって求めるのでしょうか？

関数 $f(x)=e^{-x^2}$ は偶関数ですので

$$I=2\int_{0}^{\infty} e^{-x^2}dx=2\lim_{b\to\infty}\int_{0}^{b} e^{-x^2}dx$$

を求めればよいことになります.

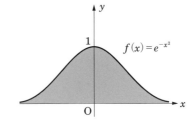

もし e^{-x^2} の不定積分が求まれば，それを使って I の値を求めることができます. しかし残念ながら e^{-x^2} の不定積分は私達のよく使っている x^n, $\sin x$, $\cos x$, e^x, $\log x$ などの初等関数を使っては表すことはできないのです.

そこで工夫が必要となります.

1 つの方法は，I^2 をつくり

$$I^2=4\left(\int_{0}^{\infty} e^{-x^2}dx\right)^2$$

$$=4\left(\int_{0}^{\infty} e^{-x^2}dx\right)\left(\int_{0}^{\infty} e^{-y^2}dy\right)$$

$$=4\int_{0}^{\infty}\int_{0}^{\infty} e^{-(x^2+y^2)}dx\,dy$$

と，重積分の計算にもっていく方法です.

なかなか大変な計算になりますが

$$I^2=4\times\frac{\pi}{4}$$

ということがわかり

$$I=\sqrt{\pi}$$

となるのです.

詳しい求め方は
『改訂新版 すぐわかる微分積分』
p.258 問題 66 を見てください

$$\int_{-\infty}^{\infty} e^{-x^2}dx=\sqrt{\pi}$$

確率変数 X が正規分布 $N(\mu, \sigma^2)$ に従うとき

$$E(X) = \mu, \qquad V(X) = \sigma^2$$

である.

解答は p.232

> 密度関数のどこに
> 平均 μ, 分数 σ^2, 標準偏差 σ
> があるか, よく覚えて
> おきましょう

証明　　$X \sim N(\mu, \sigma^2)$ のモーメント母関数 $M(\theta)$ を求め, それを利用して $E(X)$, $V(X)$ を計算してみよう.

X の確率密度関数は

$$f(x) = \frac{1}{\sqrt{2\pi}\,\sigma} e^{-\frac{(x-\mu)^2}{2\sigma^2}}$$

なので,

モーメント母関数（連続型）

$$M(\theta) = E(e^{\theta x})$$
$$= \int_{-\infty}^{\infty} e^{\theta x} f(x)\, dx$$

$$M(\theta) = E(e^{\theta X}) = \int_{-\infty}^{\infty} e^{\theta x} \frac{1}{\sqrt{2\pi}\,\sigma} e^{-\frac{(x-\mu)^2}{2\sigma^2}}\, dx = \frac{1}{\sqrt{2\pi}\,\sigma} \int_{-\infty}^{\infty} e^{\theta x - \frac{(x-\mu)^2}{2\sigma^2}}\, dx$$

e の肩にのっている部分を変形すると

$$\begin{aligned}
\theta x - \frac{(x-\mu)^2}{2\sigma^2} &= \frac{1}{2\sigma^2}\{2\sigma^2\theta x - (x-\mu)^2\} \\
&= -\frac{1}{2\sigma^2}\{(x-\mu)^2 - 2\sigma^2\theta x\} \\
&= -\frac{1}{2\sigma^2}\{x^2 - 2(\mu + \sigma^2\theta)x + \mu^2\} \\
&= -\frac{1}{2\sigma^2}\left[\{x - (\mu + \sigma^2\theta)\}^2 + \mu^2 - (\mu + \sigma^2\theta)^2\right] \\
&= -\frac{1}{2\sigma^2}\left[\{x - (\mu + \sigma^2\theta)\}^2 - \sigma^2(2\mu\theta + \sigma^2\theta^2)\right] \\
&= -\frac{\{x - (\mu + \sigma^2\theta)\}^2}{2\sigma^2} + \mu\theta + \frac{1}{2}\sigma^2\theta^2
\end{aligned}$$

なので

$$\begin{aligned}
M(\theta) &= \frac{1}{\sqrt{2\pi}\,\sigma} \int_{-\infty}^{\infty} e^{-\frac{\{x-(\mu+\sigma^2\theta)\}^2}{2\sigma^2} + \mu\theta + \frac{1}{2}\sigma^2\theta^2}\, dx \\
&= \frac{1}{\sqrt{2\pi}\,\sigma} \int_{-\infty}^{\infty} e^{-\frac{\{x-(\mu+\sigma^2\theta)\}^2}{2\sigma^2}} e^{\mu\theta + \frac{1}{2}\sigma^2\theta^2}\, dx \\
&= e^{\mu\theta + \frac{1}{2}\sigma^2\theta^2} \frac{1}{\sqrt{2\pi}\,\sigma} \int_{-\infty}^{\infty} e^{-\frac{\{x-(\mu+\sigma^2\theta)\}^2}{2\sigma^2}}\, dx
\end{aligned}$$

$$e^{A+B} = e^A e^B$$

ここで $\dfrac{x-(\mu+\sigma^2\theta)}{\sqrt{2\pi}\,\sigma}=t$ とおくと $dx=\sqrt{2}\,\sigma dt$

また $\sigma>0$ より x：$-\infty\to\infty$ のとき t：$-\infty\to\infty$ なので

$$\int_{-\infty}^{\infty} e^{-\frac{\{x-(\mu+\sigma^2\theta)\}^2}{2\sigma^2}}dx=\sqrt{2}\,\sigma\int_{-\infty}^{\infty} e^{-t^2}dt=\sqrt{2}\,\sigma\sqrt{\pi}=\sqrt{2\pi}\,\sigma$$

となる．ゆえに

$$M(\theta)=e^{\mu\theta+\frac{1}{2}\sigma^2\theta^2}\frac{1}{\sqrt{2\pi}\,\sigma}\cdot\sqrt{2\pi}\,\sigma$$
$$=e^{\mu\theta+\frac{1}{2}\sigma^2\theta^2}$$

> $\int_{-\infty}^{\infty} e^{-x^2}dx=\sqrt{\pi}$
> (p.97より)

$\therefore\quad M(\theta)=e^{\mu\theta+\frac{1}{2}\sigma^2\theta^2}$

$E(X)$，$E(X^2)$ を求めるために $M(\theta)$ を θ で 2 回微分すると

$M'(\theta)=$ ㋐ $\boxed{\qquad\qquad}$

$\quad=M(\theta)\cdot(\mu+\sigma^2\theta)$

$M''(\theta)=\{M(\theta)(\mu+\sigma^2\theta)\}'$

$\quad=M'(\theta)(\mu+\sigma^2\theta)+M(\theta)(\mu+\sigma^2\theta)'$

$\quad=M'(\theta)(\mu+\sigma^2\theta)+M(\theta)\cdot\sigma^2$

$\theta=0$ とおくことにより

$E(X)=M'(0)=$ ㋑ $\boxed{\qquad\qquad}$ $=\mu$

$E(X)=M''(0)=$ ㋒ $\boxed{\qquad\qquad}$ $=\mu^2+\sigma^2$

$\therefore\quad V(X)=E(X^2)-E(X)^2=$ ㋓ $\boxed{\qquad}$ $=\sigma^2$

以上より

$E(X)=\mu,\qquad V(X)=\sigma^2$ 【証明終】

合成関数の微分公式

$\{e^{f(x)}\}'=e^{f(x)}\cdot f'(x)$

積の微分公式

$\{f(x)\cdot g(x)\}'=f'(x)\cdot g(x)+f(x)\cdot g'(x)$

> $M(\theta)$：モーメント母関数
> $E(X)=M'(0)$
> $E(X^2)=M''(0)$
> $V(X)=E(X^2)-E(X)^2$

標準正規分布の確率計算

例題

> 確率変数 X が $N(0, 1)$ に従うとき,巻末の数表 1 を用いて次の値を求めよう.
>
> (1) $P(0 \leq X \leq 1.25)$ (2) $P(X \leq 1.25)$ (3) $P(X \geq 1.25)$
>
> (4) $P(-1 \leq X \leq 2)$

 解説 数表 1 には標準正規分布 $N(0, 1)$ に従う確率変数 X の確率 $P(0 \leq X \leq a)$,つまり右図の斜線の部分の面積が示されている.

密度関数のグラフは $x = 0$ に関して左右対称であることや,$P(-\infty < X < \infty) = 1$ であることを使って各確率を計算する.

【解説終】

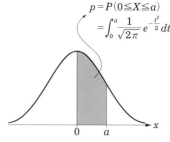

$$p = P(0 \leq X \leq a)$$
$$= \int_0^a \frac{1}{\sqrt{2\pi}} e^{-\frac{t^2}{2}} dt$$

a	$\cdots$	0.05	$\cdots$	←小数第 2 位
$\vdots$		$\vdots$		
1.2	$\cdots$	0.3944		
$\vdots$		$\vdots$		

↑
小数第 1 位まで

❖ 解 答 ❖ (1) 数表の左側は a の小数第 1 位まで,上段は小数第 2 位の値がかいてあるので $a = 1.25$ のところを調べると

$$P(0 \leq X \leq 1.25) = 0.3944$$

(2) 数表が使えるよう変形して求める.

$P(X \leq 1.25) = $ [図] $= 0.5000 + $ [図]
$$= 0.5000 + 0.3944 = 0.8944$$

(3) 数表が使えるよう変形して

$P(X \geq 1.25) = $ [図] $= 0.5000 - $ [図]
$$= 0.5000 - 0.3944 = 0.1056$$

(4) $P(-1 \leq X \leq 2) = $ [図] $=$ [図] $+$ [図]
$$= 0.4773 + 0.3413 = 0.8186$$

【解終】

POINT 巻末の $P(0 \leqq X \leqq a)$ の形が現れるように直して，数表 1 を用いて，確率を求める

演習 26

確率変数 X が $N(0, 1)$ に従うとき，数表 1 を用いて次の値を求めよう．

(1)　$P(0 \leqq X \leqq 2.15)$　　(2)　$P(X \geqq 3)$　　(3)　$P(1.5 \leqq X \leqq 2.5)$

(4)　$P(0 \leqq X \leqq k) = 0.4505$ となる k の値

解答は p.233

解答　数表 1 が使えるように工夫しよう．

(1)　$P(0 \leqq X \leqq 2.15) =$ ㋐

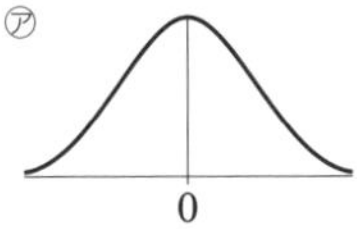

$=$ ㋑ □

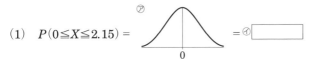

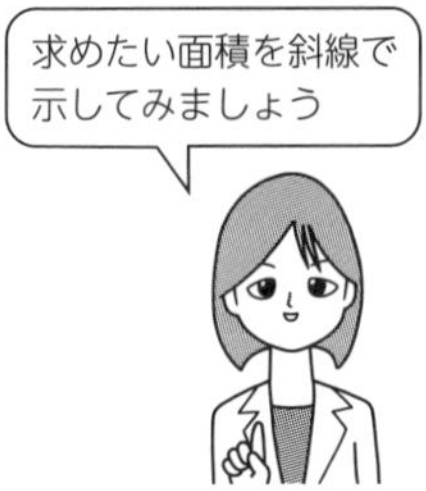
求めたい面積を斜線で
示してみましょう

(2)　$P(X \geqq 3) =$ ㋒

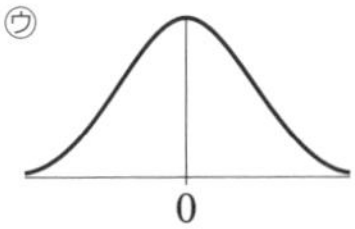

$= 0.5000 -$ ㋓

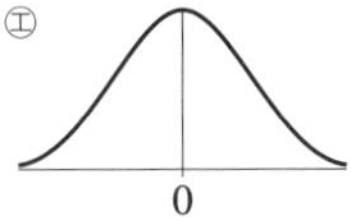

$= 0.5000 -$ ㋔ □ $=$ ㋕ □

(3)　$P(1.5 \leqq X \leqq 2.5) =$ ㋖

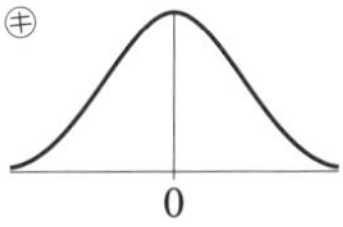

$=$ ㋗

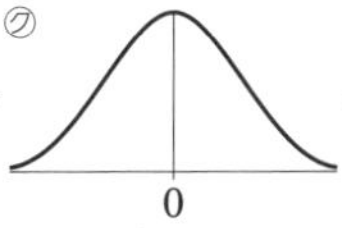

$-$ ㋘

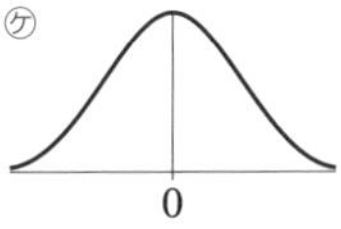

$=$ ㋙ □ $-$ ㋚ □ $=$ ㋛ □

(4)　数表 1 を，今までとは逆に利用して k の値を求める．

$P(0 \leqq X \leqq k) =$

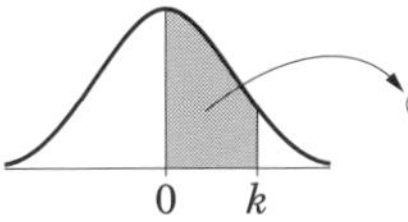

㋜ □

a	…	㋝ □
⋮		⋮
㋞ □	…	0.4505
⋮		⋮

数表 1 の中から 0.4505 のところをさがし出すと

$k =$ ㋟ □

【解終】

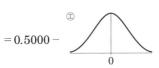

確率変数 X が $N(\mu, \sigma^2)$ に従うとき，確率変数 $Z = \dfrac{X - \mu}{\sigma}$ は $N(0, 1)$ に従う.

 解説　一般の正規分布 $N(\mu, \sigma^2)$ に従う確率変数を，この変換により，標準正規分布 $N(0, 1)$ に従う確率変数に変換することができる．このことを**正規分布の標準化**という．標準化により，すべての正規分布に従う確率変数の確率を巻末の数表 1 より求めることができる．　　　　　　　　　　　【解説終】

証明　X の標準密度関数は

$$f(x) = \frac{1}{\sqrt{2\pi}\,\sigma} e^{-\frac{(x - \mu)^2}{2\sigma^2}}$$

なので

$$Z = \frac{X - \mu}{\sigma}$$

とおくと

$$
\begin{aligned}
P(a \le Z \le b) &= P\left(a \le \frac{X - \mu}{\sigma} \le b\right) \\
&= P(a\sigma + \mu \le X \le b\sigma + \mu) \\
&= \frac{1}{\sqrt{2\pi}\,\sigma} \int_{a\sigma + \mu}^{b\sigma + \mu} e^{-\frac{1}{2}\left(\frac{x - \mu}{\sigma}\right)^2} dx
\end{aligned}
$$

ここで変数変換

$$z = \frac{x - \mu}{\sigma}$$

を行うと，$x = \mu + z\sigma$（標準偏差 $\sigma > 0$）なので

$$dx = \sigma dz$$

x	$a\sigma + \mu \longrightarrow b\sigma + \mu$
z	$a \longrightarrow b$

> 密度関数より
> 平均，分散，標準偏差
> を読みとります

$$
\begin{aligned}
\therefore \quad P(a \le Z \le b) &= \frac{1}{\sqrt{2\pi}\,\sigma} \int_a^b e^{-\frac{1}{2}z^2} \cdot \sigma dz \\
&= \frac{1}{\sqrt{2\pi} \cdot 1^2} \int_a^b e^{-\frac{(z - 0)^2}{2 \cdot 1^2}} dz
\end{aligned}
$$

これより Z は平均 0，分散 1 の標準正規分布 $N(0, 1)$ に従う.　　　　　　　　【証明終】

問題 27　正規分布の確率計算

例題

確率変数 X が $N(50, 10^2)$ に従うとき，$P(50 \leqq X \leqq 70)$ を求めよう.

解答　$N(50, 10^2)$ は平均 $\mu = 50$，標準偏差 $\sigma = 10$ なので，定理 1.4.6 より

$$Z = \frac{X-\mu}{\sigma} = \frac{X-50}{10}$$

は $N(0,1)$ に従う．このことを使うと

$$P(50 \leqq X \leqq 70) = P\left(\frac{50-50}{10} \leqq \frac{X-50}{10} \leqq \frac{70-50}{10}\right) = P\left(0 \leqq \frac{X-50}{10} \leqq 2\right)$$

$$= P(0 \leqq Z \leqq 2)$$

数表 1 を使うと

$=$ 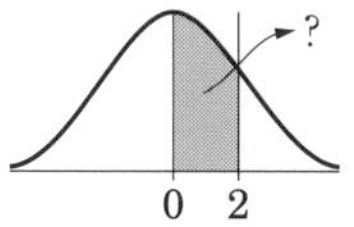

$= 0.4773$　【解終】

POINT　与えられた確率変数を標準化した Z を用いて，$P(0 \leqq Z \leqq a)$ の形が現れるようにかきかえ，数表 1 を用いる

演習 27

確率変数 X が $N(5, 2^2)$ に従うとき，$P(X \geqq 7)$ を求めよう.

解答は p.233

解答　X は平均 $\mu =$ ㋐□，標準偏差 $\sigma =$ ㋑□ の正規分布に従うので

$Z =$ ㋒□

は $N(0,1)$ に従う.

$\therefore$　$P(X \geqq 7) = P($㋓□$) = P(Z \geqq$ ㋔□$)$

$=$ ㋕ 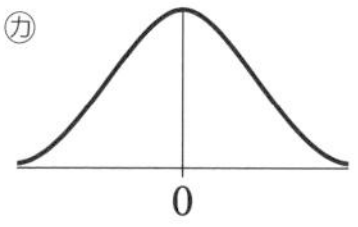

$= 0.5000 -$ ㋖ 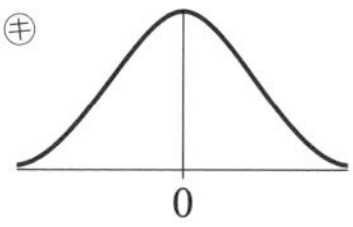

$= 0.5000 -$ ㋗□ $=$ ㋘□　【解終】

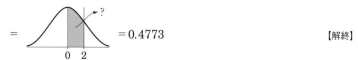

【6】 二項分布の正規近似，半整数補正

ここでは，次の問題に取り組もう.

【問題】 ストライクを投げる確率が 7 割である O 投手が 10 球ボールを投げる. このとき，O 投手が 6 球以上ストライクを投げる確率を求めよう.

X をストライクを投げる球数とすると，確率変数 X は $n=10$，$p=0.7$ の二項分布 $Bin(10, 0.7)$ に従う. 求める確率は $P(X \geq 6)$ で表されるので，

$$P(X \geq 6) = P(X=6) + P(X=7) + \cdots + P(X=10)$$
$$= 0.200 + 0.267 + \cdots + 0.028 = 0.8497 \fallingdotseq 0.850$$

この場合，正確に計算ができるが，計算量が多いと感じる読者も多いだろう. つまり，試行回数 n が大きくなると二項分布 $Bin(n,p)$ の確率を計算することは難しいことが予想される. このことを解決するために，まず，n が十分に大きいとき，二項分布は正規分布に近似できるという次の定理を紹介する.

定理 1.4.7　ド・モアブル−ラプラスの中心極限定理

X が $Bin(n,p)$ に従うとする. n が十分に大きい（$np > 3$）ならば，X は（近似的に）正規分布 $N(np, np(1-p))$ に従う.

 上記の問題においてストライクを投げる球数 X は $Bin(10, 0.7)$ に従う. $n=10$，$p=0.7$ に注意して X の平均と分散を求めると

$E(X) = np = 7$

$V(X) = np(1-p) = 2.1$

であり，この分布は右図の色のついたグラフをもっている.

今，この X と同じ平均と分散をもつ正規分布 $N(7, 2.1)$ のグラフを一緒に描くと図の曲線になり，$Bin(10, 0.7)$ の分布をよく近似していることが見てとれる. このことを一般化したのが定理 1.4.7 で

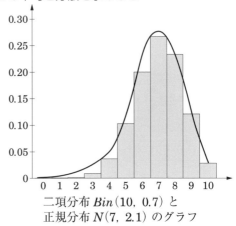

二項分布 $Bin(10, 0.7)$ と
正規分布 $N(7, 2.1)$ のグラフ

ある. np の値が大きければ $N(np,\, np(1-p))$ のグラフは $Bin(n,p)$ のグラフを
よりよく近似する.

【解説終】

次に, $X \sim Bin(10,\, 0.7)$ の場合と $X \sim N(7,\, 2.1)$ の場合について, $p(X \ge 6)$ の
値を比較してみよう.

$X \sim Bin(10,\, 0.7)$ のとき, $Z = \dfrac{X - np}{\sqrt{np(1-p)}} = \dfrac{X - 7}{\sqrt{2.1}}$ が(近似的に)標準正規分布
$N(0,1)$ に従うことから,

$$
\begin{aligned}
P(X \ge 6) &= P\left(\frac{X-7}{\sqrt{2.1}} \ge \frac{6-7}{\sqrt{2.1}} \right) = P(Z \ge -0.69) \\
&= P(-0.69 \le Z \le 0) + P(Z \ge 0) = P(0 \le Z \le 0.69) + P(Z \ge 0) \\
&= 0.2549 + 0.5 \\
&= 0.7549
\end{aligned}
$$

となる. しかし, この値は二項分布より直接求めた確率 0.850 から離れた値であ
る. ここで, グラフをみると $P(X \ge 6)$ を正規分布で求めるときには, 正規分布
の曲線の下で $x = 5$ と $x = 6$ の中間ということで, $x = 5.5$ の右側の面積を求める
と考えて, $P(X \ge 6 - 0.5) = P(X \ge 5.5)$ を求めると

$$
\begin{aligned}
P(X \ge 5.5) &= P\left(\frac{X-7}{\sqrt{2.1}} \ge \frac{5.5-7}{\sqrt{2.1}} \right) = P(Z \ge -1.04) \\
&= P(-1.04 \le Z \le 0) + P(Z \ge 0) = P(0 \le Z \le 1.04) + P(Z \ge 0) \\
&= 0.3508 + 0.5 = 0.8508
\end{aligned}
$$

となり, 良い近似となっている. このように近似することを**半整数補正**といい,
考えらえる全てのパターンをまとめると次のようになる.

公式 1.4.8 （二項分布の正規近似の）半整数補正

X は二項分布 $Bin(n,p)$ に従っているとする. n が十分大きく $(np > 3)$, a, b
を整数とするとき,

二項分布
の確率
$\left\{\begin{array}{l} P(X \le a) \\ P(a \le X \le b) \\ P(b \le X) \end{array}\right.$
は, 正規分布
$N(np, np(1-p))$
の確率
$\left\{\begin{array}{l} P(X \le a+0.5) \\ P(a-0.5 \le X \le b+0.5) \\ P(b-0.5 \le X) \end{array}\right.$

で補正できる.

問題 28　二項分布の確率に対する正規分布の半整数補正による近似

例題

偏りのないコインを 100 回投げるとき，表が出る回数を X とする．正規分布による近似を用いて，次の確率を求めよう．

(1) $P(47 \leq X \leq 55)$ 　　　　(2) $P(X \leq 41)$

解答 X は二項分布 $Bin\left(100, \dfrac{1}{2}\right)$ に従う． $n = 100$, $p = \dfrac{1}{2}$ のとき，p.79 の定理 1.4.1 より

$$E(X) = 100 \times \frac{1}{2} = 50, \qquad V(X) = 100 \times \frac{1}{2} \times \left(1 - \frac{1}{2}\right) = 25$$

なので，p.104 定理 1.4.7 より $Z = \dfrac{X - np}{\sqrt{np(1-p)}} = \dfrac{X - 50}{5}$ は近似的に $N(0, 1)$ に従う．

(1) p.105 公式 1.4.8 より， X の区間を左右に 0.5 ずつ広げる半整数補正を行う（下左図）と，求める確率の近似値は

$$P(47 - 0.5 \leq X \leq 55 + 0.5) = P(46.5 \leq X \leq 55.5)$$

$$= P\left(\frac{46.5 - 50}{5} \leq \frac{X - 50}{5} \leq \frac{55.5 - 50}{5}\right) = P(-0.7 \leq Z \leq 1.1)$$

$$= P(-0.7 \leq Z \leq 0) + P(0 \leq Z \leq 1.1) = P(0 \leq Z \leq 0.7) + P(0 \leq Z \leq 1.1)$$

$$= 0.2580 + 0.3643 = 0.6223$$

(2) p.105 公式 1.4.8 より， X の区間を右に 0.5 広げる半整数補正を行う（下右図）と，求める確率の近似値は

$$P(X \leq 41 + 0.5) = P(X \leq 41.5)$$

$$= P\left(\frac{X - 50}{5} \leq \frac{41.5 - 50}{5}\right) = P(Z \leq -1.7) = P(Z \geq 1.7)$$

$$= P(0 \leq Z) - P(0 \leq Z \leq 1.7) = 0.5 - 0.45543 = 0.04457$$ 【解終】

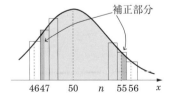

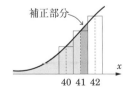

[POINT] n が大きいとき，二項分布の確率は半整数補正を行ってから，正規近似することで計算できる

演習 28

サイコロを 180 回振るとき，1 の目が出る回数を X とする．正規分布による近似を用いて，次の問に答えよう．

(1)　$P(28 \leqq X)$ を求めよう．

(2)　$P(X \leqq n) = 0.758$　となる正の整数 n を求めよう．　解答は p.233

解答　X は二項分布 $Bin\left(180, \dfrac{1}{6}\right)$ に従う．$n = 180$，$p = \dfrac{1}{6}$ のとき，p.79 定理 1.4.1 より

$$E(X) = 180 \times \frac{1}{6} = 30, \qquad V(X) = 180 \times \frac{1}{6} \times \left(1 - \frac{1}{6}\right) = 25$$

なので，p.104 定理 1.4.7 より $Z = \dfrac{X - np}{\sqrt{np(1-p)}} = \dfrac{X - 30}{5}$ は近似的に $N(0, 1)$ に従う．

(1)　p.105 公式 1.4.8 より，X の区間を左に 0.5 広げる半整数補正を行うと，求める確率の近似値は

[ア] $\boxed{\qquad\qquad\qquad\qquad\qquad\qquad}$

(2)　p.105 公式 1.4.8 より，X の区間を右に 0.5 広げる半整数補正を行う（下図）と，

[イ] $\boxed{\qquad\qquad\qquad}$

をみたす正の整数を求める問題になる．したがって，

図を参考にしながら
補正を行って
下さい

$$P\left(\frac{X-30}{5} \leqq [ウ]\boxed{\qquad}\right) = 0.758$$

$$P(Z \leqq [ウ]\boxed{\qquad}) = 0.758$$

$$P(Z \leqq 0) + P(0 \leqq Z \leqq [ウ]\boxed{\qquad}) = 0.758$$

$$[エ]\boxed{\quad} + P(0 \leqq Z \leqq [ウ]\boxed{\qquad}) = 0.758$$

$$P(0 \leqq Z \leqq [ウ]\boxed{\qquad})$$

$$= 0.758 - [エ]\boxed{\quad} = [オ]\boxed{\quad}$$

巻末の数表 1 より，[ウ] $\boxed{\qquad}$ = [カ] $\boxed{\quad}$

よって，$n =$ [キ] $\boxed{\quad}$　　【解終】

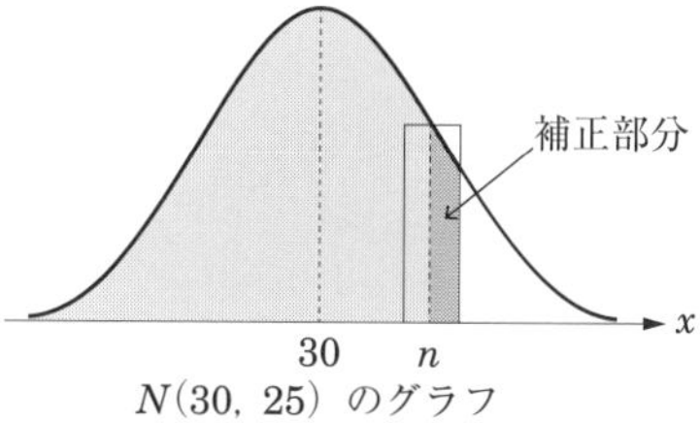
補正部分
30
n
x

$N(30, 25)$ のグラフ

Section 1.5

多次元の確率分布

【1】 同時確率分布

今までは確率変数が1つの場合を扱ってきたが，第2章の統計の準備も兼ね，ここからは複数の確率変数を同時に扱う．

・同時確率分布の定義 ［離散型］・

2つの離散型確率変数 X, Y に対して

$$P(X = x_i, \ Y = y_j) = p_{ij} \quad \begin{pmatrix} i = 1, 2, \cdots, m \\ j = 1, 2, \cdots, n \end{pmatrix}$$

を確率変数 X, Y の**同時確率分布**と呼ぶ．

 2つの確率変数 $X, \ Y$ の同時確率分布表は次のようになる．

X＼Y	y_1	y_2	$\cdots$	y_n	計
x_1	p_{11}	p_{12}	$\cdots$	p_{1n}	$P(X = x_1)$
x_2	p_{21}	p_{22}	$\cdots$	p_{2n}	$P(X = x_2)$
$\vdots$	$\vdots$	$\vdots$	$\ddots$	$\vdots$	$\vdots$
x_m	p_{m1}	p_{m2}	$\cdots$	p_{mn}	$P(X = x_m)$
計	$P(Y = y_1)$	$P(Y = y_2)$	$\cdots$	$P(Y = y_n)$	1

【解説終】

よって，次の定理 1.5.1 が示される．

上記 X と Y の離散型同時確率分布について，以下のことが成立する．

(1)　$p_{ij} \geqq 0, \quad \sum_{i,j} p_{ij} = 1$

(2)　$P(X = x_i) = \sum_{j=1}^{n} p_{ij} \qquad (i = 1, 2, \cdots, m)$

(3)　$P(Y = y_j) = \sum_{i=1}^{m} p_{ij} \qquad (j = 1, 2, \cdots, n)$

次に，連続型を考えよう．

● 同時確率密度関数の定義 [連続型] ●

2つの連続型確率変数 X, Y に対して

$$P(a \leqq X \leqq b, \ c \leqq Y \leqq d) = \iint_D h(x, y)\,dx\,dy = \int_a^b \int_c^d h(x, y)\,dy\,dx$$

$$D = \{(x, y) \mid a \leqq x \leqq b, \ c \leqq y \leqq d\}$$

となる $h(x, y)$ が存在するとき，$h(x, y)$ を確率変数 X, Y の**同時確率密度関数**という．

 解説　$h(x, y)$ は x と y の2変数関数なので，$h(x, y)$ のグラフは3次元空間の曲面となる．

この定義より，確率

$$P(a \leqq X \leqq b, \ c \leqq Y \leqq d)$$

は xy 平面上の長方形領域 D 上にある立体の体積を表す重積分

$$\iint_D h(x, y)\,dx\,dy$$

で求められることになる．　　　　【解説終】

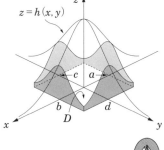

上のグラフは2次元正規分布です

定理 1.5.2　連続型確率密度関数の性質

上記の連続型確率密度関数について，以下のことが成り立つ．

(1)　$h(x, y) \geqq 0$

(2)　$\displaystyle\int_{-\infty}^{\infty} \int_{-\infty}^{\infty} h(x, y)\,dx\,dy = 1$

確率変数 X, Y の関数 $\varphi(X, Y)$ について

・X, Y が離散型のとき

$$E[\varphi(X, Y)] = \sum_{i,j} \varphi(x_i, y_i) P(X = x_i, Y = y_j)$$

・X, Y が連続型で，同時確率密度関数を $h(x, y)$ とするとき

$$E[\varphi(X, Y)] = \int_{-\infty}^{\infty} \int_{-\infty}^{\infty} \varphi(x, y) h(x, y) dx\, dy$$

と定義する．

 確率変数 X の平均を求めたいときは

$$E(X) = \begin{cases} \sum_{i,j} x_i P(X = x_i, Y = y_j) & (X, Y : \text{離散型}) \\ \displaystyle\int_{-\infty}^{\infty} \int_{-\infty}^{\infty} x\, h(x, y)\, dx\, dy & (X, Y : \text{連続型}) \end{cases}$$

確率変数 Y の平均を求めたいときは

$$E(Y) = \begin{cases} \sum_{i,j} y_j P(X = x_i, Y = y_j) & (X, Y : \text{離散型}) \\ \displaystyle\int_{-\infty}^{\infty} \int_{-\infty}^{\infty} y\, h(x, y)\, dx\, dy & (X, Y : \text{連続型}) \end{cases}$$

を計算すればよい． 【解説終】

━━━━━━ • 共分散の定義 • ━━━━━━

確率変数 $X,\ Y$ について，$E(X) = \mu_1$，$E(Y) = \mu_2$ とするとき

$$Cov(X, Y) = E\left[(X - \mu_1)(Y - \mu_2)\right]$$

を X と Y の**共分散**という．

 共分散は 2 つの確率変数 X と Y の間の関係の強さを測る指標の 1 つ．

$X = Y$ のときは

$$Cov(X, X) = E[(X - \mu_1)^2] = V(X)$$

となる．つまり，自分自身との共分散は分散である． 【解説終】

確率変数 X, Y の共分散について次の式が成立する.

$$Cov(X, Y) = E(XY) - E(X)E(Y)$$

証明

X, Y が離散型の場合, $E(X) = \mu_1$, $E(Y) = \mu_2$ とすると

$$
\begin{aligned}
Cov(X, Y) &= \sum_{i,j} (x_i - \mu_1)(y_j - \mu_2) P(X = x_i, Y = y_j) \\
&= \sum_{i,j} x_i y_j P(X = x_i, Y = y_j) - \mu_1 \sum_{i,j} y_j P(X = x_i, Y = y_j) \\
&\quad - \mu_2 \sum_{i,j} x_i P(X = x_i, Y = y_j) + \mu_1 \mu_2 \sum_{i,j} P(X = x_i, Y = y_j) \\
&= E(XY) - \mu_1 E(Y) - \mu_2 E(X) + \mu_1 \mu_2 \cdot 1 \\
&= E(XY) - \mu_1 \mu_2 - \mu_2 \mu_1 + \mu_1 \mu_2 \\
&= E(XY) - \mu_1 \mu_2
\end{aligned}
$$

X, Y が連続型の場合も同様に示される. 【証明終】

a, b を定数とするとき, 確率変数 X, Y について次の式が成立する.

(1)　$E(aX + bY) = aE(X) + bE(Y)$

(2)　$V(aX + bY) = a^2 V(X) + 2ab\, Cov(X, Y) + b^2 V(Y)$

証明

(2)のみ示す.

X, Y が連続型の場合, 同時確率密度関数を $h(x, y)$ とし,

$E(X) = \mu_1$, $E(Y) = \mu_2$ とおくと, (1)より $E(ax + bY) = a\mu_1 + b\mu_2$ なので

$$
\begin{aligned}
V(aX + bY) &= \int_{-\infty}^{\infty} \int_{-\infty}^{\infty} \{(ax + by) - (a\mu_1 + b\mu_2)\}^2 h(x, y)\, dx\, dy \\
&= a^2 \int_{-\infty}^{\infty} \int_{-\infty}^{\infty} (x - \mu_1)^2 h(x, y)\, dx\, dy \\
&\quad + 2ab \int_{-\infty}^{\infty} \int_{-\infty}^{\infty} (x - \mu_1)(y - \mu_2) h(x, y)\, dx\, dy \\
&\quad + b^2 \int_{-\infty}^{\infty} \int_{-\infty}^{\infty} (y - \mu_2)^2 h(x, y)\, dx\, dy \\
&= a^2 V(X) + 2ab\, Cov(X, Y) + b^2 V(Y)
\end{aligned}
$$

X, Y が離散型の場合も, 同様に示される. 【証明終】

2次元離散型確率分布

例題

> X と Y は離散型確率変数で，X と Y の同時確率分布が C を定数として
>
> $$P(X=i, Y=j) = Cij \qquad (i=1, 2, 3,\ j=1, 2, 3)$$
>
> で与えられるとき，次の値を求めよう．
>
> (1)　定数 C　　　　　　　　　(2)　$P(X=i)$，$P(Y=j)$
>
> (3)　$E(X)$，$E(Y)$　　　　　(4)　$V(X)$，$V(Y)$

解答 (1)　p.109 定理 1.5.1 (1) を使う．全確率の和は，

$$\sum_{i=1}^{3}\sum_{j=1}^{3} P(X=i, Y=j) = \sum_{i=1}^{3}\sum_{j=1}^{3} Cij = C\left(\sum_{i=1}^{3} i\right)\left(\sum_{j=1}^{3} j\right) = 36C$$

これが，1 となるので，$C = \dfrac{1}{36}$

(2)　$P(X=i, Y=y_j) = \dfrac{1}{36}ij$ に注意して，p.109 定理 1.5.1 (2)，(3) より

$$P(X=i) = \sum_{j=1}^{3} P(X=i, Y=j) = \frac{1}{36}i\sum_{j=1}^{3} j = \frac{i}{6} \qquad (i=1, 2, 3)$$

$$P(Y=j) = \sum_{i=1}^{3} P(X=i, Y=j) = \frac{1}{36}j\sum_{i=1}^{3} i = \frac{j}{6} \qquad (j=1, 2, 3)$$

(3)　$E(X) = \displaystyle\sum_{i=1}^{3} iP(X=i) = \sum_{i=1}^{3} \frac{i^2}{6} = \frac{7}{3}$

$E(Y) = \displaystyle\sum_{j=1}^{3} jP(Y=j) = \sum_{j=1}^{3} \frac{j^2}{6} = \frac{7}{3}$

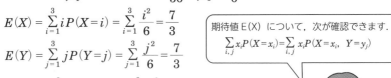

期待値 E(X) について，次が確認できます．
$$\sum_{i,j} x_i P(X=x_i) = \sum_{i,j} x_i P(X=x_i,\ Y=y_j)$$

(4)　$E(X^2) = \displaystyle\sum_{i=1}^{3} i^2 P(X=i) = \sum_{i=1}^{3} \frac{i^3}{6} = 6$

$E(Y^2) = \displaystyle\sum_{j=1}^{3} j^2 P(Y=j) = \sum_{j=1}^{3} \frac{j^3}{6} = 6$

で，p.59 定理 1.3.2 より

$$V(X) = E(X^2) - E(X)^2 = 6 - \left(\frac{7}{3}\right)^2 = \frac{275}{9}$$

$$V(Y) = E(Y^2) - E(Y)^2 = 6 - \left(\frac{7}{3}\right)^2 = \frac{275}{9}$$

【解終】

POINT $E(XY)$，$Cov(X, Y)$，$V(aX+bY)$ の求め方を確認して，解こう

演習 29

X と Y は離散型確率変数で，X と Y の同時確率分布が

$$P(X=i, Y=j) = \frac{1}{36} ij \qquad (i=1, 2, 3,\ j=1, 2, 3)$$

で与えられるとき，次の値を求めよう.

(1)　$E(XY)$　　(2)　$Cov(X, Y)$　　(3)　$V(2X+3Y)$　　解答は p.234

解答　(1)　$E(XY)$の定義より

$E(XY) =$ ㋐ [　　　　]

(2)　p.111 定理 1.5.3 と，左頁の例題(3)と，上の(1)より

$Cov(X, Y) =$ ㋑ [　　　　]

(3)　p.111 定理 1.5.4 と，左頁の例題(4)と，上の(2)より

$V(2X+3Y) =$ ㋒ [　　　　]

【解終】

定理 1.5.3

$Cov(X, Y) = E(XY) - E(X)E(Y)$

定理 1.5.4

$E(aX+bY) = aE(X) + bE(Y)$

$V(aX+bY) = a^2 V(X) + 2ab\,Cov(X, Y) + b^2 V(Y)$

平均は線形性が成り立ちますが
分散については共分散が
影響してくるので注意が
必要です

【2】 確率変数の独立

ここでは 2 つの確率変数 X と Y の独立性について考えよう.

X と Y はともに離散型か, またはともに連続型としておく.

- X, Y が離散型確率変数のとき,

$$P(X = x_i, Y = y_j) = P(X = x_i) \cdot P(Y = y_j)$$

が成り立つとき, X と Y は**独立**であるという.

- X, Y が連続型確率変数のとき,

$$h(x, y) = f(x)g(y)$$

が成り立つとき, X と Y は**独立**であるという. ただし, $h(x, y)$ は, X と Y の同時確率密度関数, $f(x)$ と $g(y)$ はそれぞれ X と Y の確率密度関数である.

たとえば, 1 から 5 までの数字が書かれた同じ形のカードが入った箱から無作為に 2 回カードを取り出す試行を考える.

　1 回目に取り出したカードの数字を確率変数 X

　2 回目に取り出したカードの数字を確率変数 Y

とすると, 1 回目に取り出したカードを箱にもどしてから 2 回目のカードを取り出す試行の場合, X の値は全く Y の値に影響を与えず, また Y の値も X の値に影響を与えず, X と Y は独立している.

　一方, 1 回目に取り出したカードを箱にもどさず 2 回目のカードを取り出す試行の場合, X の値により Y の取り得る値が異なり, X は Y に影響を与えている.

　カードをもどした試行のように, お互いが生じる確率に影響を与えない確率変数 X と Y を独立であるという.

　一般に n 個の確率変数 $X_1, X_2, \cdots, X_n$ についても独立性が同様に定義される.

【解説終】

確率変数 X, Y が独立なとき次式が成立する.

$$E(XY) = E(X)E(Y)$$

解説　いずれの期待値 $E(XY)$, $E(X)$, $E(Y)$ も存在する場合のみ考える.

この定理の逆は成立しない. つまり $E(XY) = E(X)E(Y)$ が成立しても X と Y が独立とは限らない.　【解説終】

証明　X, Y がともに離散型の場合と連続型の場合に分けて証明しよう.

（1）　X, Y が離散型の場合, X と Y が独立なので,

$$P(X = x_i, Y = y_j)$$
$$P(X = x_i) \cdot P(Y = y_j)$$

である. よって,

$$E(XY) = \sum_{i, j} x_i y_j P(X = x_i, Y = y_j)$$

$$= \sum_{j=1}^{n} \sum_{i=1}^{m} x_i y_j P(X = x_i) \cdot P(Y = y_j)$$

$$= \sum_{i=1}^{m} x_i P(X = x_i) \cdot \sum_{j=1}^{n} y_j P(Y = y_j)$$

$$= E(X)E(Y)$$

（2）　X, Y が連続型の場合, X と Y が独立なので, $h(x, y) = f(x)g(y)$ である. よって,

$$E(XY) = \int_{-\infty}^{\infty} \int_{-\infty}^{\infty} xy\, h(x, y)\, dx\, dy = \int_{-\infty}^{\infty} \left\{ \int_{-\infty}^{\infty} xy\, f(x)g(y)\, dx \right\} dy$$

$$= \int_{-\infty}^{\infty} x f(x)\, dx \cdot \int_{-\infty}^{\infty} y g(y)\, dy$$

$$= E(X)E(Y)$$

いずれの場合も

$$E(XY) = E(X)E(Y)$$

が成り立つ.　【証明終】

$$E[\varphi(X, Y)] = \begin{cases} \displaystyle\sum_{i, j}^{n} \varphi(x_i, y_j) P(X = x_i, Y = y_j) & \text{（離散型）} \\ \displaystyle\int_{-\infty}^{\infty} \int_{-\infty}^{\infty} \varphi(x, y) h(x, y)\, dx\, dy & \text{（連続型）} \end{cases}$$

確率変数 X と Y が独立なとき，次式が成立する.

(1)　$Cov(X, Y) = 0$　　　　　　(2)　$V(aX + bY) = a^2 V(X) + b^2 V(Y)$

証明　(1)　定理 1.5.3 (p.111) と X, Y が独立であることを使って

$$Cov(X, Y) = E(XY) - E(X)E(Y) = E(X)E(Y) - E(X)E(Y) = 0$$

(2)　定理 1.5.4 (p.111) より

$$V(aX + bY) = a^2 V(X) + 2ab\, Cov(X, Y) + b^2 V(Y)$$

$X,\ Y$ は独立なので (1) の結果を使えば

$$= a^2 V(X) + b^2 V(Y)$$

【証明終】

> X と Y が独立でなくとも
> $$E(XY) = E(X)E(Y),\ \ Cov(X, Y) = 0$$
> が成立する例

サイコロを 1 回振る試行を考える. 確率変数 X を
　　　サイコロの目が 1 または 2 のとき　$X = -1$
　　　サイコロの目が 3 または 4 のとき　$X = 0$
　　　サイコロの目が 5 または 6 のとき　$X = 1$
とし，もう 1 つの確率変数 Y を $Y = |X|$ で定めると
X と Y の同時確率分布は左下の表のようになる.

X \ Y	0	1
-1	0	$\frac{1}{3}$
0	$\frac{1}{3}$	0
1	0	$\frac{1}{3}$

この 2 つの確率変数は互いに関係して
いて独立ではないが，
$$E(X) = 0,\ E(Y) = \frac{2}{3},\ E(XY) = 0$$
$$Cov(X, Y) = 0$$
となり，
$$E(XY) = E(X)E(Y)$$
$$Cov(X, Y) = 0$$
が成立している.

X と Y が独立なら
共分散＝0 ですが，
共分散＝0 でも X と Y は
独立とは限りません

【3】 正規分布に関連した分布

　ここでは，正規分布に関連した確率分布の例をあげる．これらは，§2.2 の区間推定や §2.3 の検定において，重要な役割を果たす．

> **定理 1.5.7** | **正規分布 $N(\mu, \sigma^2)$ に従う独立な確率変数群の $\overline{X}$ の分布**
>
> 互いに独立な確率変数 $X_1, X_2, \cdots, X_n$ がすべて同一の正規分布 $N(\mu, \sigma^2)$ に従うとき，$\overline{X} = \dfrac{1}{n}(X_1 + X_2, + \cdots + X_n)$ は正規分布 $N\left(\mu, \dfrac{\sigma^2}{n}\right)$ に従う．ただし，$\overline{X}$ は標本平均という．（改めて p.152 で定義する．）

証明　互いに独立な n 個の確率変数 $X_1, X_2, \cdots, X_n$ が正規分布 $N(\mu, \sigma^2)$ に従うので，$X_i (i = 1, 2, \cdots, n)$ の確率密度関数は

$$f_X(x_i) = \frac{1}{\sqrt{2\pi}\,\sigma}\, e^{-\frac{(x_i - \mu)^2}{2\sigma^2}}$$

で，モーメント母関数 $M_{X_i}(\theta)$ は，p.76 より

$$M_{X_i}(\theta) = E[e^{\theta X_i}] = \frac{1}{\sqrt{2\pi}\,\sigma} \int_{-\infty}^{\infty} e^{\theta x_i - \frac{(x_i - \mu)^2}{2\sigma^2}}\, dx_i$$

p.98 の 11 行目〜 p.99 の 7 行目までの計算で x を x_i にかきかえて計算すると

$$= e^{\mu\theta + \frac{1}{2}\sigma^2\theta^2}$$

となる．ここで，$\overline{X}$ のモーメント母関数 $M_{\overline{X}}(\theta)$ を計算する．

$$M_{\overline{X}}(\theta) = E[e^{\theta \overline{X}}] = \int_{-\infty}^{\infty}\int_{-\infty}^{\infty} \cdots \int_{-\infty}^{\infty} e^{\theta \overline{x}} f_{\overline{X}}(x_1, x_2, \cdots, x_n)\, dx_1\, dx_2 \cdots dx_n$$

ただし，$f_{\overline{X}}(x_1, x_2, \cdots, x_n)$ は $\overline{X}$ の確率密度関数（$x_1, \cdots, x_n$ の同時確率密度関数）で，

$$\overline{x} = \frac{1}{n}\sum_{i=1}^{n} x_i = \frac{1}{n}(x_1 + x_2 + \cdots + x_n)$$

であることと，$X_1, X_2, \cdots, X_n$ が互いに独立なので

$$f_{\overline{X}}(x_1, x_2, \cdots, x_n) = f_X(x_1) \cdot f_X(x_2) \cdots f_X(x_n)$$

であることを用いると，

$$M_{\overline{X}}(\theta) = \int_{-\infty}^{\infty}\int_{-\infty}^{\infty} \cdots \int_{-\infty}^{\infty} e^{\theta \overline{x}} f_X(x_1) \cdot f_X(x_2) \cdots f_X(x_n)\, dx_1\, dx_2 \cdots dx_n$$

$$= \int_{-\infty}^{\infty} e^{\frac{\theta}{n} x_1} f_X(x_1)\, dx_1 \cdot \int_{-\infty}^{\infty} e^{\frac{\theta}{n} x_2} f_X(x_2)\, dx_2 \cdots \int_{-\infty}^{\infty} e^{\frac{\theta}{n} x_n} f_X(x_n)\, dx_n$$

$$= M_{X_1}\left(\frac{\theta}{n}\right) \cdot M_{X_2}\left(\frac{\theta}{n}\right) \cdots M_{X_n}\left(\frac{\theta}{n}\right) = \left\{ e^{\mu\frac{\theta}{n} + \frac{1}{2}\sigma^2\left(\frac{\theta}{n}\right)^2} \right\}^n = e^{\mu\theta + \frac{1}{2}\left(\frac{\sigma^2}{n}\right)\theta^2}$$

なので，$\overline{X}$ は正規分布 $N\left(\mu, \dfrac{\sigma^2}{n}\right)$ に従う．　　　　　　　　　【証明終】

1 χ^2（カイ2乗）分布

定理 1.5.8 Z が $N(0,1)$ に従うとき，Z^2 が従う分布

確率変数 Z が標準正規分布 $N(0,1)$ に従うとき，確率変数 $X = Z^2$ は次の確率密度関数をもつ．

$$f(x) = \frac{1}{\sqrt{2}\,\Gamma\left(\dfrac{1}{2}\right)} x^{-\frac{1}{2}} e^{-\frac{x}{2}}$$

 この分布は自由度 1 の χ^2 分布とよばれ，次頁に出てくる自由度 n の χ^2 分布へと一般化されるので，Γ（ガンマ）関数を用いて表してある（Γ 関数については p.121 参照）．

モーメント母関数から求めることもできます．

 $X = Z^2$ とおくと X の密度関数 $f(x)$ とは

$$P(c < X \leqq d) = \int_c^d f(x)\,dx$$

と表せる関数のことである（ただし，$0 \leqq c \leqq d$）

左辺を Z を使ってかき直していくと

$$P(c < X \leqq d) = P(c < Z^2 \leqq d)$$
$$= P(-\sqrt{d} \leqq Z < -\sqrt{c}) + P(\sqrt{c} < Z \leqq \sqrt{d})$$

Z は $N(0,1)$ に従うので Z の密度関数 $g(z)$ は

$$g(z) = \frac{1}{\sqrt{2\pi}} e^{-\frac{z^2}{2}} \qquad (-\infty < z < \infty)$$

である．したがって

$$P(c < X \leqq d) = \int_{-\sqrt{d}}^{-\sqrt{c}} \frac{1}{\sqrt{2\pi}} e^{-\frac{z^2}{2}}\,dz + \int_{\sqrt{c}}^{\sqrt{d}} \frac{1}{\sqrt{2\pi}} e^{-\frac{z^2}{2}}\,dz$$

ここで $x = z^2$ であるから

$$= \int_c^d \frac{1}{\sqrt{2\pi}} x^{-\frac{1}{2}} e^{-\frac{x}{2}}\,dx$$

となり，

$$f(x) = \frac{1}{\sqrt{2}\,\Gamma\left(\dfrac{1}{2}\right)} x^{-\frac{1}{2}} e^{-\frac{x}{2}}$$

であることが導ける． 【略証明終】

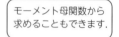

$N(0,1)$ **の分布**

$$g(z) = \frac{1}{\sqrt{2\pi}} e^{-\frac{z^2}{2}}$$

ガンマ関数 $\Gamma(p)$

$\Gamma(1) = 1$

$\Gamma\left(\dfrac{1}{2}\right) = \sqrt{\pi}$

$\Gamma(n+1) = n!$

● χ² （カイ２乗） 分布の定義とその確率密度関数 ●

$Z_1, Z_2, \cdots, Z_n$ を互いに独立で同じ標準正規分布 $N(0, 1)$ に従う確率変数とする. このとき,

$$X = Z_1^2 + Z_2^2 + \cdots + Z_n^2$$

は**自由度** n の $\overset{\text{カイじじょう}}{\chi^2}$ **分布**に従うという. このとき, X の確率密度関数は

$$f(x) = \begin{cases} \dfrac{1}{2^{\frac{n}{2}} \Gamma\left(\dfrac{n}{2}\right)} x^{\frac{n}{2}-1} e^{-\frac{x}{2}} & (x \geqq 0) \\ \\ 0 & (x < 0) \end{cases}$$

となる.

 解説
第２章で勉強する母分散の区間推定や検定で使われる重要な分布である.

密度関数 $f(x)$ は複雑な式であるが, 下のようなグラフをもっている.

左頁の定理 1.5.8 は, $n = 1$ （自由度 1） の場合である.

【解説終】

χ² 分布のグラフ

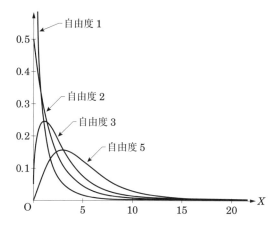

自由度 1
自由度 2
自由度 3
自由度 5

Γ関数については
p.121 を見てください

確率変数 X が自由度 n の χ^2 分布に従うとき，次の平均，分散をもつ.

$$E(X) = n, \qquad V(X) = 2n$$

証明
(略)

X のモーメント母関数を求めると

$$M(\theta) = K_n \int_0^\infty x^{\frac{n}{2}-1} e^{-\left(\frac{1}{2}-\theta\right)x} dx \qquad \left(K_n = \frac{1}{2^{\frac{n}{2}}\Gamma\left(\frac{n}{2}\right)}\right)$$

となるので，$\left(\dfrac{1}{2}-\theta\right)x = t$ とおいて変数変換すると

$$= \frac{K_n}{\left(\frac{1}{2}-\theta\right)^{\frac{n}{2}}} \int_0^\infty t^{\frac{n}{2}-1} e^{-t} dt = \frac{K_n}{\left(\frac{1}{2}-\theta\right)^{\frac{n}{2}}} \Gamma\left(\frac{n}{2}\right)$$

K_n をもとにもどして計算すると

$$M(\theta) = (1-2\theta)^{-\frac{n}{2}}$$

となる．これを θ で微分すると

$$M'(\theta) = n(1-2\theta)^{-\frac{n}{2}-1}$$
$$M''(\theta) = n(n+2)(1-2\theta)^{-\frac{n}{2}-2}$$

$\theta = 0$ とおくと

$$M'(0) = n, \qquad M''(0) = n(n+2)$$

これらより

$$E(X) = M'(0) = n,$$
$$V(X) = E(X^2) - E(X^2) = M''(0) - \{M'(0)\}^2 = 2n$$

が求まる．　　　　　　　　　　　　　　　　　　　【略証明終】

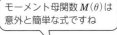

モーメント母関数 $M(\theta)$ は
意外と簡単な式ですね

モーメント母関数

$$M(\theta) = E(e^{\theta X})$$
$$= \int_{-\infty}^\infty e^{\theta x} f(x) dx$$

ガンマ関数 $\Gamma(p)$ とベータ関数 $B(p,q)$

p を正の数とするとき，無限積分で定義された p の関数

$$\Gamma(p) = \int_0^\infty x^{p-1}e^{-x}dx$$

を，**ガンマ関数**といいます．

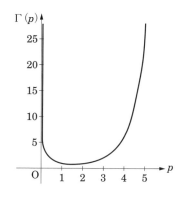

p を定数とみなして x で積分しますが，$p \leqq 0$ のときは無限積分が発散してしまうので，発散しない $p > 0$ のときだけを考えます．

p が特別な値のとき以外は積分計算はできないので，値がほしいときは数値計算で求めます．

ガンマ関数 $\Gamma(p)$ の性質と特別な p に関する値は次のようになっています．

$\Gamma(p+1) = p\Gamma(p)$

$\Gamma(1) = 1$

$\Gamma\left(\dfrac{1}{2}\right) = \sqrt{\pi}$

$\Gamma(n+1) = n!$ $(n = 1, 2, 3, \cdots)$

$$\Gamma\left(\frac{n}{2}\right) = \begin{cases} \left(\dfrac{n}{2}-1\right)! & (n：正の偶数) \\ \left(\dfrac{n}{2}-1\right)\left(\dfrac{n}{2}-2\right)\cdots\dfrac{1}{2}\sqrt{\pi} & (n：正の奇数) \end{cases}$$

また，p と q を正の数とするとき，定積分で定義された p と q の関数

$$B(p,q) = \int_0^1 x^{p-1}(1-x)^{q-1}dx$$

を**ベータ関数**といいます．

p, q の値によってはこの積分は広義積分になりますが，正の p, q に対して存在することがわかっていて，

$$B(p,q) = B(q,p)$$

が成り立っています．

さらに，ベータ関数とガンマ関数の間には次の関係式が成り立っています．

$$B(p,q) = \frac{\Gamma(p)\Gamma(q)}{\Gamma(p+q)}$$

2 t 分布

• t 分布の定義とその確率密度関数 •

Y は標準正規分布 $N(0,1)$ に従い，Z は自由度 n の χ^2 分布に従う独立な確率変数とする．このとき，

$$X = \frac{Y}{\sqrt{\dfrac{Z}{n}}}$$

は自由度 n の **t 分布**に従うという．このとき，X の確率密度関数は

$$f(x) = \frac{\Gamma\left(\dfrac{n+1}{2}\right)}{\sqrt{n\pi}\,\Gamma\left(\dfrac{n}{2}\right)}\left(1 + \frac{x^2}{n}\right)^{-\frac{n+1}{2}} \qquad (-\infty < x < \infty)$$

となる．

解説 第 2 章で学ぶ母平均の区間推定や検定などに使われる重要な分布．
密度関数 $f(x)$ は一見複雑そうであるが，はじめの部分は定数なので K_n とおき直せば

$$f(x) = K_n\left(1 + \frac{x^2}{n}\right)^{-\frac{n+1}{2}}$$

となる．下図のような正規分布と似た形のグラフをもつ． 【解説終】

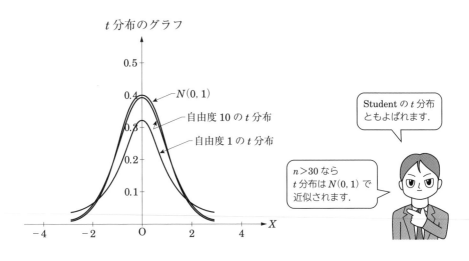

t 分布のグラフ

Student の t 分布ともよばれます．

$n > 30$ なら t 分布は $N(0,1)$ で近似されます．

定理 1.5.10　t 分布の平均と分散

確率変数 X が自由度 n の t 分布に従うとき，次の平均と分散をもつ.

$$E(X) = 0 \quad (n \geqq 2), \qquad V(X) = \frac{n}{n-2} \quad (n \geqq 3)$$

証明（略） $E(X), V(X)$ の定義式より求める.

t 分布の密度関数を

$$f(x) = K_n \left(1 + \frac{x^2}{n}\right)^{-\frac{n+1}{2}} \qquad \left(K_n = \frac{\Gamma\left(\dfrac{n+1}{2}\right)}{\sqrt{n\pi}\,\Gamma\left(\dfrac{n}{2}\right)}\right)$$

とおく.

平均 $E(X)$ について

$$E(X) = K_n \int_{-\infty}^{\infty} x \left(1 + \frac{x^2}{n}\right)^{-\frac{n+1}{2}} dx$$

$n = 1$ のとき，この無限積分は存在しないので，このときの $E(X)$ は存在しない.

$n \geqq 2$ のとき，無限積分は存在し，積分区間を $-\infty < x < 0$ と $0 \leqq x < \infty$ とに分け，$1 + \dfrac{x^2}{n} = t$ とおきかえることにより 0 となることがわかる.

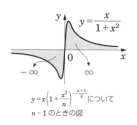

$y = x\left(1 + \frac{x^2}{n}\right)^{-\frac{n+1}{2}}$ について
$n - 1$ のときの図

次に分散 $V(X)$ について，$\left(1 + \dfrac{x^2}{n}\right)^{-1} = y$ とおくことにより

$$V(X) = K_n \int_{-\infty}^{\infty} x^2 \left(1 + \frac{x^2}{n}\right)^{-\frac{n+1}{2}} dx = n\sqrt{n}\, K_n \int_0^1 y^{\left(\frac{n}{2}-1\right)-1} (1-y)^{\frac{3}{2}-1} dy$$

となる. この積分は $\dfrac{n}{2} - 1 > 0$ のとき，つまり $n \geqq 3$ のとき存在して

$$= n\sqrt{n}\, K_n \cdot B\left(\frac{n}{2} - 1, \frac{3}{2}\right) = \frac{n}{2} \cdot \frac{\Gamma\left(\dfrac{n}{2} - 1\right)}{\Gamma\left(\dfrac{n}{2}\right)} = \frac{n}{n-2}$$

と求まる.

【略証明終】

③ **F 分布**

• F 分布の定義とその確率密度関数 •

Y は自由度 m の χ^2 分布に従い，Z は自由度 n の χ^2 分布に従う独立な確率変数とする．このとき，

$$X = \dfrac{\dfrac{Y}{m}}{\dfrac{Z}{n}}$$

は自由度 (m, n) の **F 分布**に従うという．このとき，X の確率密度関数は

$$f(x) = \begin{cases} \dfrac{\Gamma\left(\dfrac{m+n}{2}\right)}{\Gamma\left(\dfrac{m}{2}\right)\Gamma\left(\dfrac{n}{2}\right)}\left(\dfrac{m}{n}\right)^{\frac{m}{2}}\dfrac{x^{\frac{m}{2}-1}}{\left(1+\dfrac{m}{n}x\right)^{\frac{m+n}{2}}} & (x \geqq 0) \\[4mm] 0 & (x < 0) \end{cases}$$

となる．

解説 F 分布の密度関数 $f(x)$ のはじめの係数をベータ関数 $B(p, q)$ を用いてかくと

$$f(x) = \dfrac{1}{B\left(\dfrac{m}{2}, \dfrac{n}{2}\right)}\left(\dfrac{m}{n}\right)^{\frac{m}{2}}\dfrac{x^{\frac{m}{2}-1}}{\left(1+\dfrac{m}{n}x\right)^{\frac{m+n}{2}}} \qquad (x > 0)$$

となる．また次のような表現も使われる．

$$B(p, q) = \dfrac{\Gamma(p)\Gamma(q)}{\Gamma(p+q)}$$

$$f(x) = \dfrac{m^{\frac{m}{2}} n^{\frac{n}{2}}}{B\left(\dfrac{m}{2}, \dfrac{n}{2}\right)}\dfrac{x^{\frac{m}{2}-1}}{(n+mx)^{\frac{m+n}{2}}} \qquad (x > 0)$$

F 分布は第 2 章で勉強する等分散性の検定などに使われ，右のようなグラフをもっている．

【解説終】

F 分布のグラフ

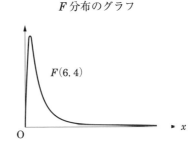

$F(6, 4)$

確率変数 X が自由度 (m, n) の F 分布に従うとき，次の平均と分散をもつ．

$$E(X) = \frac{n}{n-2} \quad (n \geq 3), \qquad V(X) = \frac{2n^2(m+n-2)}{m(n-2)^2(n-4)} \quad (n \geq 5)$$

証明
(略)

$E(X)$ と $E(X^2)$ を求めるために $E(X^r)$ $(r = 1, 2)$ を計算しておこう． $f(x)$ の表現として

$$f(x) = \frac{m^{\frac{m}{2}} n^{\frac{n}{2}}}{B\left(\dfrac{m}{2}, \dfrac{n}{2}\right)} \frac{x^{\frac{m}{2}-1}}{(n+mx)^{\frac{m+n}{2}}} \qquad (x > 0)$$

の式を使うと

$$E(X^r) = \int_{-\infty}^{\infty} x^r f(x) \, dx = \int_0^{\infty} \frac{n^{\frac{n}{2}}}{B\left(\dfrac{m}{2}, \dfrac{n}{2}\right)} \frac{(mx)^{\frac{m}{2}} x^r x^{-1}}{(n+mx)^{\frac{m}{2}} (n+mx)^{\frac{n}{2}}} \, dx$$

ここで $u = \dfrac{mx}{n+mx}$ とおくと $x = \dfrac{n}{m} \dfrac{u}{1-u}$ で，

$$dx = \frac{n}{m} \frac{1}{(1-u)^2} \, du, \qquad (n+mx)^{\frac{n}{2}} = \frac{n^{\frac{n}{2}}}{(1-u)^{\frac{n}{2}}}$$

これらを $E(X^r)$ の式に代入し，u の積分に直すと

$$E(X^r) = \frac{1}{B\left(\dfrac{m}{2}, \dfrac{n}{2}\right)} \left(\frac{m}{n}\right)^r \int_0^1 u^{\frac{m}{2}+r-1} (1-u)^{\frac{n}{2}-r-1} du$$

$$= \frac{1}{B\left(\dfrac{m}{2}, \dfrac{n}{2}\right)} \left(\frac{m}{n}\right)^r B\left(\frac{m}{2}+r, \frac{n}{2}-r\right) \qquad \left(\text{ただし } \frac{n}{2}-r > 0\right)$$

$$= \frac{\Gamma\left(\dfrac{m}{2}+r\right) \Gamma\left(\dfrac{n}{2}-r\right)}{\Gamma\left(\dfrac{m}{2}\right) \Gamma\left(\dfrac{n}{2}\right)} \left(\frac{n}{m}\right)^r$$

$$B(p, q) = \int_0^1 x^{p-1}(1-x)^{q-1} dx$$
$$(p > 0, \ q > 0)$$

（略証明次頁へつづく）

$$B(p, q) = \frac{\Gamma(p)\Gamma(q)}{\Gamma(p+q)}$$

得られた式において $r=1$ を代入すると

$$E(X) = \frac{\Gamma\left(\dfrac{m}{2}+1\right)\Gamma\left(\dfrac{n}{2}-1\right)}{\Gamma\left(\dfrac{m}{2}\right)\Gamma\left(\dfrac{n}{2}\right)}\left(\frac{n}{m}\right)^1$$

ガンマ関数の性質を使って変形してゆくと

$$\Gamma(p+1) = p\Gamma(p)$$

$$= \frac{\dfrac{m}{2}}{\dfrac{n}{2}-1}\,\frac{n}{m} = \frac{n}{n-2}$$

となる．ベータ関数，ガンマ関数が収束する条件より $\dfrac{n}{2}-1 > 0$ なので，$E(X)$ が存在する条件は $n \geqq 3$ である．

次に $r=2$ を代入すると，同様にして

$$E(X^2) = \frac{\Gamma\left(\dfrac{m}{2}+2\right)\Gamma\left(\dfrac{n}{2}-2\right)}{\Gamma\left(\dfrac{m}{2}\right)\Gamma\left(\dfrac{n}{2}\right)}\left(\frac{n}{m}\right)^2 = \frac{\left(\dfrac{m}{2}+1\right)\left(\dfrac{m}{2}\right)}{\left(\dfrac{n}{2}-1\right)\left(\dfrac{n}{2}-2\right)}$$

$$= \frac{n^2(m+2)}{m(n-2)(n-4)}$$

ベータ関数，ガンマ関数の収束条件より $\dfrac{n}{2}-2 > 0$ なので $n \geqq 5$．

ゆえに分散は $n \geqq 5$ のとき存在して，求めた $E(X)$，$E(X^2)$ を代入すると

$$V(X) = E(X^2) - E(X)^2 = \frac{2n^2(m+n-2)}{m(n-2)^2(n-4)}$$

となる．

【略証明終】

Γ 関数，B 関数については，p.121 のコラムを見て下さい

ここでは同じ確率分布に従うたくさんの確率変数(多変数)

$$X_1, \ X_2, \ \cdots, \ X_n$$

についての定理を紹介しよう. p.117 の定理 1.5.7 でも紹介したが,

$$\overline{X} = \frac{1}{n}(X_1 + X_2 + \cdots + X_n) = \frac{1}{n}\sum_{i=1}^{n} X_i$$

は標本平均と呼ばれ, 第 2 章統計において重要な役割を果たす. 改めて p.152 で定義する.

定理 1.5.11 **$\overline{X}$ の平均と分散**

互いに独立な $X_1, \cdots, X_n$ が平均 μ, 分散 σ^2 の同一な確率分布に従うとき, 確率変数 $\overline{X}$ の平均と分散について

$$E(\overline{X}) = \mu, \qquad V(\overline{X}) = \frac{\sigma^2}{n}$$

が成立する.

解説 この定理は $X_1, \cdots, X_n$ が同じ確率分布に従うなら $\overline{X}$ の確率的な動きはもとの平均 μ を中心として分布し, バラツキはもとのバラツキ σ^2 よりもはるかに小さい $\dfrac{\sigma^2}{n}$ であることを意味している. p.117 定理 1.5.7 は互いに独立な $X_1, \cdots, X_n$ が正規分布 $N(\mu, \ \sigma^2)$ に従うときに限った話であった. 【解説終】

証明 仮定より

$$E(X_i) = \mu, \ \ V(X_i) = \sigma^2 \qquad (i = 1, 2, \cdots, n)$$

が成立しているので

$$E(\overline{X}) = E\left(\frac{1}{n}(X_1 + \cdots + X_n)\right)$$

$$= \frac{1}{n}\{E(X_1) + \cdots + E(X_n)\}$$

$$= \frac{1}{n}\mu \times n = \mu$$

> $E(aX + bY) = aE(X) + bE(Y)$
>
> X, Y:独立なら
>
> $V(aX + bY) = a^2V(X) + b^2V(Y)$

分散の方は, $X_1, X_2, \cdots, X_n$ が互いに独立であることを使うと同様に

$$V(\overline{X}) = V\left(\frac{1}{n}(X_1 + \cdots + X_n)\right) = \frac{1}{n^2}\sigma^2 \times n = \frac{\sigma^2}{n}$$

【証明終】

互いに独立な確率変数 $X_1, X_2, \cdots, X_n$ が平均 μ，分散 σ^2 の同一な確率分布に従うとき，確率変数

$$Y = \frac{\overline{X} - \mu}{\dfrac{\sigma}{\sqrt{n}}}$$

は $n \to \infty$ のとき $N(0, 1)$ に従う.

解説　この定理は，はじめの確率分布が何であっても，同一な分布に従っている限り n を十分大きくとれば

$$\overline{X} \text{ はほぼ } N\left(\mu, \frac{\sigma^2}{n}\right) \text{ に従う}$$

ことを示している.

$$\overline{X} = \frac{1}{n}(X_1 + \cdots + X_n)$$

この性質は統計でよく用いられ，$n \geqq 30$ 程度で

$\overline{X}$ はほぼ正規分布 $N\left(\mu, \dfrac{\sigma^2}{n}\right)$ に従っている.

証明は Y のモーメント母関数を各 X_i のモーメント母関数で表すことにより示される.

【解説終】

これで基本的な確率の勉強はおしまいです.

統計

データの整理

　ここでは，対象としているグループについて，ある特性値のデータが全部得られている場合を考えよう．これらのデータを要約してグループの特徴をつかむことを勉強していく．

　ここでの統計の扱い方は，確率の概念をまったく使わないので "**記述統計**" といわれる．

【1】　1 次元のデータ

　N 個のものからなるグループの全部から，ある特性値についてのデータが得られているとしよう．このデータを**母集団**という．

─ DATA ─
$x_1, x_2, \cdots$
$\cdots\cdots, x_i, x_{i+1}, \cdots$
$\cdots\cdots\cdots\cdots, x_{N-1}, x_N$
─ (母集団)

　これらの数値を適当な等間隔の階級に分け，それぞれの階級にはいくつのデータが属するか，その度数を調べ，さらに必要に応じて**相対度数**，**累積度数**，**累積相対度数**などを加えて一覧表にしたものを**度数分布表**という（右頁参照）．

　また，度数の分布を視覚的に表す方法として**ヒストグラム**や**度数折れ線**などが使われる．

> データの種類や，
> 自分が強調したい内容によって
> いろいろなグラフを使った表現
> が考えられます

度数分布表

階級	階級値	度数	相対度数	累積度数	累積相対度数
$a_0 \sim a_1$	m_1	f_1	$\dfrac{f_1}{N}$	f_1	$\dfrac{f_1}{N}$
$a_1 \sim a_2$	m_2	f_2	$\dfrac{f_2}{N}$	$f_1 + f_2$	$\dfrac{f_1 + f_2}{N}$
$\vdots$	$\vdots$	$\vdots$	$\vdots$	$\vdots$	$\vdots$
$a_{i-1} \sim a_i$	m_i	f_i	$\dfrac{f_i}{N}$	$f_1 + \cdots + f_i$	$\dfrac{f_1 + \cdots + f_i}{N}$
$\vdots$	$\vdots$	$\vdots$	$\vdots$	$\vdots$	$\vdots$
$a_{n-1} \sim a_n$	m_n	f_n	$\dfrac{f_n}{N}$	$f_1 + \cdots + f_n = N$	$\dfrac{f_1 + \cdots + f_n}{N} = 1$
計		N	1		

階級の数 n の目安

$N \fallingdotseq 50$　のとき　$n = 5 \sim 7$

$N \fallingdotseq 100$　のとき　$n = 8 \sim 12$

$N \geqq 100$　のとき　$n = 10 \sim 20$

階級値

$$m_i = \frac{1}{2}(a_{i-1} + a_i)$$

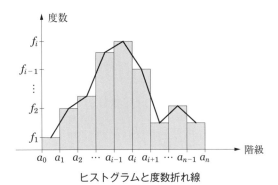

ヒストグラムと度数折れ線

度数分布表, ヒストグラム, 度数折れ線

例題

T銀行では毎年春に行員の健康診断で血液検査を行っている. 右のデータはある年のC支店45人のコレステロールの値である. このデータについて度数分布表を作ってみよう. また, ヒストグラムと度数折れ線を描いてみよう.

コレステロール (mg/dℓ)		
115	220	129
181	82	132
330	155	149
142	174	151
184	132	250
187	205	157
150	105	176
160	147	121
109	155	98
221	125	221
145	130	149
143	112	195
201	164	185
275	198	264
117	124	104

解答 まず階級をいくつに分けたらよいかデータを見て決めよう.

データの数　$N = 45$

なので

階級の数　　$n = 5 \sim 7$

が目安である.

データの最大値 $= 330$

データの最小値 $= 82$

と, コレステロールの正常値の範囲

$130 \sim 220$

を考え合わせ, 一例として右頁のように

$n = 6,$　　階級の幅 $= 50$

として度数分布表を作ってみると……

コレステロール値は,
だいたい 130〜220 mg/dℓ が正常
といわれています.
多過ぎると心筋梗塞や脳梗塞の
原因になります.

階級の境目の値がある
場合には,
どちらの階級に入れるか
決めておきましょう.

度数分布表

階級	階級値	カウント	度数	相対度数	累積度数	累積相対度数
以上　未満						
70 ～ 120	95	正下	8	0.178	8	0.178
120 ～ 170	145	正正正正	20	0.445*	28	0.623
170 ～ 220	195	正正一	11	0.244	39	0.867
220 ～ 270	245	下	4	0.089	43	0.956
270 ～ 320	295	一	1	0.022	44	0.978
320 ～ 370	345	一	1	0.022	45	1.000
計			45	1.000		

＊合計を1にするため，切り上げてある.

　上の度数分布表を見ながらヒストグラムと度数折れ線を描いてみると下図のようになる.

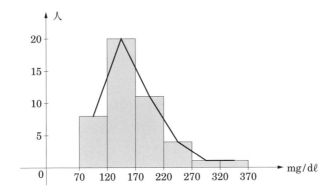

POINT▶ **度数のカウントに注意して，度数分布表を作成し，ヒストグラム，度数折れ線を描こう**

演習 30

> 右のデータは T 銀行 C 支店の行員 45 人の血液検査の一部である．このデータの度数分布表を作ってみよう．また，ヒストグラムと度数折れ線を描いてみよう． 解答は p.235

中性脂肪（mg/dℓ）		
67	84	133
155	35	115
91	120	201
132	118	83
80	29	155
145	82	44
68	154	95
77	78	100
169	99	75
37	124	102
185	65	71
45	172	173
233	92	150
56	84	83
25	140	151

∷解 答∷ データの数 $N = $ ㋐☐

なので

$$階級の数 \quad n = 5 \sim 7$$

が目安である．

$$データの最大値 = ㋑☐$$
$$データの最小値 = ㋒☐$$

と，中性脂肪の正常値の範囲

$$30 \sim 160$$

を考慮して

$$n = ㋓☐, \quad 階級の幅 = ㋔☐$$

として度数分布表を作ると右頁上のようになる．また，これよりヒストグラムと度数折れ線を作ると右頁下のようになる．

階級の個数 n と
階級の幅は好きなように
決めてください．

中性脂肪の値は，
だいたい 30～160 mg/dℓ が
正常の範囲です．
多過ぎるといろいろな成人病
を引き起こします．

度数分布表

階級	階級値	カウント	度数	相対度数	累積度数	累積相対度数
以上　未満						
					45	1.000
計			45	1.000		

（相対度数は小数第 3 位まで）

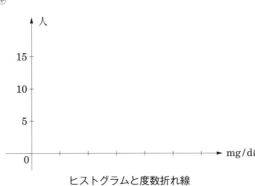

ヒストグラムと度数折れ線

【解終】

● 平均値，中央値，最頻値の定義 ●

N 個からなるデータの中心的な位置を表す値として
次の 3 つの値を定める．

（1） **平均値** $\bar{x}$

$$\bar{x} = \frac{1}{N}(x_1 + \cdots + x_n) = \frac{1}{N}\sum_{i=1}^{N} x_i$$

（2） **中央値**（メディアン）$\tilde{x}$

データを大きさの順に並べたとき

$$\tilde{x} = \begin{cases} \text{真ん中の値} & (N：奇数) \\ \text{真ん中 2 つの値の平均値} & (N：偶数) \end{cases}$$

（3） **最頻値**（モード）$\bar{x}_0$

$\bar{x}_0 =$ 回数が最も多く現れるデータの値

● 分散，標準偏差の定義 ●

N 個からなるデータのバラツキを表す量として次の 2 つの値を定める．

（1） **分散** σ^2

$$\sigma^2 = \frac{1}{N}\{(x_1 - \bar{x})^2 + \cdots + (x_N - \bar{x})^2\} = \frac{1}{N}\sum_{i=1}^{N}(x_i - \bar{x})^2$$

（2） **標準偏差** σ

$$\sigma = \sqrt{\sigma^2}$$

 解説　いずれも母集団の特徴を表す基本的な統計量である．それぞれの値の意
味をよく理解しておこう．

　バラツキを表す量として分散 σ^2 が用いられるが，
この値はもとのデータの単位と異なってしまうため，
標準偏差 σ もよく使われる．　　　　　【解説終】

Σの計算にも
慣れましょうね

定理 2.0.1　分散 σ^2 の別の表現

分散 σ^2 について次の式が成立する.

$$\sigma^2 = \frac{1}{N}\sum_{i=1}^{N} x_i^2 - \bar{x}^2$$

解答は p.235

確率分布の分散でも
似たような式を学びましたね.
このページの右下を
見て下さい.

[解説]　分散を求める実際の計算には,
こっちの式の方が便利である.　【解説終】

[証明]　分散の定義の式を変形していこう.

$$\sigma^2 = \frac{1}{N}\sum_{i=1}^{N} \text{㋐}\boxed{}^{\,2}$$

2 乗を展開して

$$= \frac{1}{N}\sum_{i=1}^{N} \text{㋑}\boxed{}$$

$$= \frac{1}{N}\left(\sum_{i=1}^{N} \text{㋒}\boxed{} - \sum_{i=1}^{N} \text{㋓}\boxed{} + \sum_{i=1}^{N} \text{㋔}\boxed{}\right)$$

$$= \frac{1}{N}\left(\sum_{i=1}^{N} x_i^2 - \text{㋕}\boxed{}\sum_{i=1}^{N} x_i + \text{㋖}\boxed{}\sum_{i=1}^{N} 1\right)$$

$\bar{x} = \text{㋗}\boxed{}$　より　$\displaystyle\sum_{i=1}^{N} x_i = \text{㋘}\boxed{}$

$\displaystyle\sum_{i=1}^{N} 1 = \underbrace{1 + 1 + \cdots + 1}_{\text{㋙}\boxed{}\text{個}} = \text{㋚}\boxed{}$

より

$$\sigma^2 = \frac{1}{N}\left(\sum_{i=1}^{N} x_i^2 - 2\bar{x}\ \text{㋛}\boxed{} + \bar{x}^2\ \text{㋜}\boxed{}\right)$$

$$= \text{㋝}\boxed{}$$

$$= \frac{1}{N}\sum_{i=1}^{N} x_i^2 - \bar{x}^2$$

【証明終】

確率分布の平均と分散

平均 $E(X) = \begin{cases} \displaystyle\sum_{i=1}^{N} x_i P(X = x_i) & [\text{離散型}] \\ \displaystyle\int_{-\infty}^{\infty} x f(x)\,dx & [\text{連続型}] \end{cases}$

分散 $V(X) = \begin{cases} \displaystyle\sum_{i=1}^{N} x_i^2 P(X = x_i) & [\text{離散型}] \\ \displaystyle\int_{-\infty}^{\infty} x^2 f(x)\,dx & [\text{連続型}] \end{cases}$

$$V(X) = E(X^2) - E(X)^2$$

例題

右のデータは I さんの友人 8 人の子供の数である. このデータの

中央値, 最頻値, 平均値, 分散, 標準偏差

を求めよう(小数第 2 位まで).

子供の数	
A子	1人
B菜	2人
C美	0人
D音	3人
E咲	1人
F葉	1人
G子	0人
H希	2人

∷ 解 答 ∷ まずデータを大きさの順に並べてみると, 小さい順に

$$0, 0, 1, 1, 1, 2, 2, 3$$

となる. これより (データの数が偶数個であることに注意して)

中央値 $\tilde{x} = \dfrac{1}{2}(1+1) = 1$

最頻値 $\bar{x}_0 = 1$

平均値と分散, 標準偏差を求めるには, 右のような表を作ると便利である.

平均値 $\bar{x} = \dfrac{1}{8} \times 10 = 1.25$

分散 $\sigma^2 = \dfrac{1}{8} \times 20 - 1.25^2 = 0.94$

標準偏差 $\sigma = \sqrt{0.94} = 0.97$

【解終】

x_i	x_i^2
1	1
2	4
0	0
3	9
1	1
1	1
0	0
2	4
計 10	20

平均値 $\bar{x} = \dfrac{1}{N} \displaystyle\sum_{i=1}^{N} x_i$

分散 $\sigma^2 = \dfrac{1}{N} \displaystyle\sum_{i=1}^{N} (x_i - \bar{x})^2 = \dfrac{1}{N} \displaystyle\sum_{i=1}^{N} x_i^2 - \bar{x}^2$

標準偏差 $\sigma = \sqrt{\sigma^2}$

POINT 中央値，最頻値，平均値，分散，標準偏差の定義を確認して解こう

演習 31

右のデータはIさんの友人9人が，生まれてから現在までに海外旅行に出かけた回数である．このデータの

中央値，最頻値，平均値，分散，標準偏差

を求めよう（小数第2位まで）． 解答は p.235

海外旅行の回数	
A衣	0 [回]
B子	1 [回]
C美	1 [回]
D奈	4 [回]
E晴	2 [回]
F希	10 [回]
G子	2 [回]
H咲	3 [回]
S葉	1 [回]

解答 データを大きさの順に並べると，小さい順に

㋐□

となる．これより

中央値 $\tilde{x} =$ ㋑□

最頻値 $\bar{x}_0 =$ ㋒□

また

平均値 $\bar{x} = \dfrac{1}{㋓\square} \times ㋔\square = ㋕\square$

分散 $\sigma^2 = \dfrac{1}{㋖\square} \times ㋗\square - ㋘\square^2$

$= ㋙\square$

標準偏差 $\sigma = \sqrt{㋚\square} = ㋛\square$

【解終】

㋜

	x_i	x_i^2
計		

このデータのように
他の値よりとび抜けて大きい値
があるときは，
平均値はその値にひっぱられて
大きくなってしまいます．
このようなときはデータの中心的な値として，
中央値や最頻値の方がふさわしい
と言えるでしょう．

【2】 2次元のデータ

今度は対応しているデータからなる母集団を考えよう.

全データが右の形をしている場合である. これらのデータより

変量 x と変量 y には
関係があるのだろうか？

ということを中心に考えてみる.

DATA

No.	変量 x	変量 y
1	x_1	y_1
2	x_2	y_2
⋮	⋮	⋮
i	x_i	y_i
⋮	⋮	⋮
N	x_N	y_N

● 散布図とは ●

N 個のデータ (x_i, y_i) を平面上にプロットした図を**散布図**という.

解説 散布図は対応のあるデータの視覚化である.

プロットした点の散らばり具合で変量 x と変量 y の大まかな関係をつかむことができる. 散布図の状態により次のように名前がついている.

点が右上がりに散らばっている………正の相関がある
点が右下がりに散らばっている………負の相関がある
右上がり, 右下がりの特徴がない……相関がない   【解説終】

散　布　図

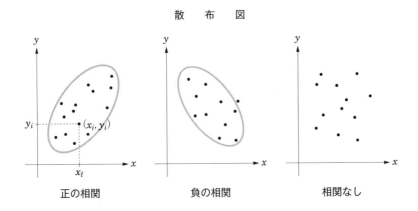

正の相関　　　　　　　　負の相関　　　　　　　　相関なし

• 共分散，相関係数の定義 •

変量 x, y に対して

$$\sigma_{xy} = \frac{1}{N} \sum_{i=1}^{N} (x_i - \bar{x})(y_i - \bar{y}) \quad \text{を } x \text{ と } y \text{ の共分散}$$

$$\rho_{xy} = \frac{\sigma_{xy}}{\sigma_x \sigma_y} \qquad\qquad \text{を } x \text{ と } y \text{ の相関係数}$$

という（ただし，σ_x, σ_y はそれぞれ変量 x, y の標準偏差）．

解説　いずれも 2 つの変量の傾向を表す大切な値である．

共分散 σ_{xy} の各項は $(x_i - \bar{x})(y_i - \bar{y})$ の形をしているので（下図参照）

①変量 x が増加すれば変量 y も増加する
③変量 x が減少すれば変量 y も減少する $\Big\}$ 傾向がある

$\qquad\qquad\qquad \Longleftrightarrow$ 共分散$\sigma_{xy} > 0$

④変量 x が増加すれば変量 y は減少する
②変量 x が減少すれば変量 y は増加する $\Big\}$ 傾向がある

$\qquad\qquad\qquad \Longleftrightarrow$ 共分散$\sigma_{xy} < 0$

変量 x と変量 y には上記のような傾向はない

$\qquad\qquad\qquad \Longleftrightarrow$ 共分散$\sigma_{xy} \fallingdotseq 0$

共分散σ_{xy} の値はデータの値の大小に左右されてしまう．そこで，それを指標化したのが相関係数ρ_{xy} である．ρ_{xy} は

$$-1 \leqq \rho_{xy} \leqq 1$$

という性質をもっていて，データの値の大小に左右されずに

1 に近いほど x と y の正の相関が強い

-1 に近いほど x と y の負の相関が強い

0 に近いほど x と y の相関はない

ことを示している．

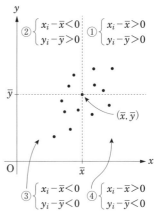

【解説終】

定理 2.0.2 　共分散の別の表現

$$\sigma_{xy} = \frac{1}{N}\sum_{i=1}^{N} x_i\, y_i - \bar{x}\,\bar{y}$$

解答は p.236

確率分布にも
共分散がありましたね

 共分散 σ_{xy} の実際の計算には
この式を用いると便利である.

【解説終】

確率分布

共分散 $Cov(X, Y) = E\big[(X - \mu_1)(Y - \mu_2)\big]$

$$\mu_1 = E(X), \quad \mu_2 = E(Y)$$

$$Cov(X, Y) = E(XY) - E(X)E(Y)$$

証明 　共分散 σ_{xy} の定義式を変形してゆく.

$$\sigma_{xy} = \frac{1}{N}\sum_{i=1}^{N} {}^{\text{㋐}}\boxed{}$$

展開すると

$$= \frac{1}{N}\sum_{i=1}^{N} {}^{\text{㋑}}\boxed{}$$

定数は Σ の外へ出すと

$$= \frac{1}{N}\left(\sum_{i=1}^{N} {}^{\text{㋒}}\boxed{} - {}^{\text{㋓}}\boxed{} \sum_{i=1}^{N} y_i - {}^{\text{㋔}}\boxed{} \sum_{i=1}^{N} x_i + {}^{\text{㋕}}\boxed{} \sum_{i=1}^{N} 1 \right)$$

$\displaystyle\sum_{i=1}^{N} x_i + {}^{\text{㋖}}\boxed{}\bar{x}, \quad \sum_{i=1}^{N} y_i = {}^{\text{㋗}}\boxed{}\bar{y}, \quad \sum_{i=1}^{N} 1 = {}^{\text{㋘}}\boxed{}$ を代入すると

$$= {}^{\text{㋙}}\boxed{}$$

$$= {}^{\text{㋚}}\boxed{}$$

$$= \frac{1}{N}\sum_{i=1}^{N} x_i y_i - \bar{x}\,\bar{y}$$

【証明終】

平均値
$\displaystyle\bar{x} = \frac{1}{N}\sum_{i=1}^{N} x_i$
$\displaystyle\bar{y} = \frac{1}{N}\sum_{i=1}^{N} y_i$

分散

$$\sigma_x^2 = \frac{1}{N}\sum_{i=1}^{N}(x_i - \bar{x})^2 = \frac{1}{N}\sum_{i=1}^{N} x_i^2 - \bar{x}^2$$

$$\sigma_y^2 = \frac{1}{N}\sum_{i=1}^{N}(y_i - \bar{y})^2 = \frac{1}{N}\sum_{i=1}^{N} y_i^2 - \bar{y}^2$$

N 個の点 (x_i, y_i) $(i = 1, 2, \cdots, N)$ より y 軸方向の距離の 2 乗和が最小となる直線を $y = ax + b$ とすると

$$a = \frac{\sigma_{xy}}{\sigma_x^2}, \qquad b = \bar{y} - a\bar{x}$$

である.

● 回帰直線 ●

上記の定理における直線 $y = ax + b$ を変量 y の変量 x に対する**回帰直線**といい，定数 a を**回帰係数**，b を**定数項**という.

 解説　散布図において各点 (x_i, y_i) より y 軸と平行に直線 $y = ax + b$ へ足を下ろしたとき，その長さを l_i とする.
そしてすべての l_i^2 の和

$$L = l_1^2 + l_2^2 + \cdots + l_N^2$$

が最小となるような直線の

傾き a　と　y 切片 b

を求めると，値は 2 変数 x と y の平均値，分散，共分散を使って上の定理に示した値となる.

このような求め方を**最小 2 乗法**という.

【解説終】

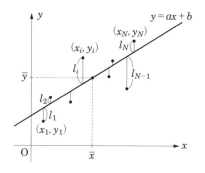

 回帰直線は

$$\frac{y - \bar{y}}{\sigma_y} = \rho_{xy} \frac{x - \bar{x}}{\sigma_x}$$

とも書き表せます.
回帰係数 a と定数項 b を求めるには 2 変数関数の極値問題の知識が必要です.

回帰直線は N 個の y_i を一番よく近似する直線です.

相関係数と回帰直線

例題

右のデータは，ある中古車販売店のウェブサイトに出
ていた中型中古車の年数（変量 x）と価格（変量 y）である．
このデータより，次のものを求めよう（数値は小数第
2 位まで）．

(1)　散布図

(2)　x と y の共分散 σ_{xy}

(3)　x と y の相関係数 ρ_{xy}

(4)　y の x に対する回帰直線 $y = ax + b$

中古車市場	
年数 x （年）	価格 y （万円）
3	229
5	190
5	101
6	78
7	32
7	99
8	105
9	42
10	68
11	33

∷ 解 答 ∷　（1）　変量 x と変量 y の値の範囲はそれぞれ

$$3 \leqq x \leqq 11, \qquad 32 \leqq y \leqq 229$$

なので，x 軸と y 軸にこの値の範囲がおさまるように目盛りをつけ，各データ
(x_i, y_i) をプロットすれば下図のようになる．

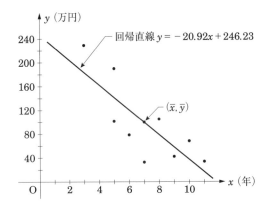

回帰直線 $y = -20.92x + 246.23$

$(\bar{x}, \bar{y})$

回帰直線は必ず
$(\bar{x}, \bar{y})$ を通ります

　次に，共分散 σ_{xy}，相関係数 ρ_{xy}，回帰係数 a と定数 b を求める前に，右頁上の
ように表を利用して $\displaystyle\sum_{i=1}^{N} x_i$，$\displaystyle\sum_{i=1}^{N} y_i$，$\displaystyle\sum_{i=1}^{N} x_i^2$，$\displaystyle\sum_{i=1}^{N} y_i^2$，$\displaystyle\sum_{i=1}^{N} xy$ を求めておこう．

右表の結果より x, y, σ_x^2, σ_y^2 を求める.

$N = 10$ なので,

$$\bar{x} = \frac{1}{N}\sum_{i=1}^{N} x_i = \frac{1}{10} \times 71 = 7.1$$

$$\bar{y} = \frac{1}{N}\sum_{i=1}^{N} y_i = \frac{1}{10} \times 977 = 97.7$$

$$\sigma_x^2 = \frac{1}{N}\sum_{i=1}^{N} x_i^2 - \bar{x}^2$$

$$= \frac{1}{10} \times 559 - 7.1^2 = 5.49$$

$$\sigma_y^2 = \frac{1}{N}\sum_{i=1}^{N} y_i^2 - \bar{y}^2$$

$$= \frac{1}{10} \times 134153 - 97.7^2 = 3870.01$$

x_i	y_i	x_i^2	y_i^2	$x_i y_i$
3	229	9	52441	687
5	190	25	36100	950
5	101	25	10201	505
6	78	36	6084	468
7	32	49	1024	224
7	99	49	9801	693
8	105	64	11025	840
9	42	81	1764	378
10	68	100	4624	680
11	33	121	1089	363
計 71	977	559	134153	5788

ここまで用意をしておいてから σ_{xy}, ρ_{xy}, $y = ax + b$ を求めよう.

(2) 共分散 σ_{xy}

$$\sigma_{xy} = \frac{1}{N}\sum_{i=1}^{N} x_i y_i - \bar{x}\,\bar{y} = \frac{1}{10} \times 5788 - 7.1 \times 97.7 = -114.87$$

(3) 相関係数 ρ_{xy}

$$\rho_{xy} = \frac{\sigma_{xy}}{\sigma_x \sigma_y} = \frac{-114.87}{\sqrt{5.49}\,\sqrt{3870.01}} = -0.79$$

(4) 回帰直線 $y = ax + b$

$$a = \frac{\sigma_{xy}}{\sigma_x^2} = \frac{-114.87}{5.49} = -20.92$$

$$b = \bar{y} - a\bar{x} = 97.7 - (-20.92) \times 7.1 = 246.23$$

ゆえに回帰直線は $y = -20.92x + 246.23$（左頁図）.

【解終】

一般に,
相関係数はこのように
解釈します

$0 \leq |\rho_{xy}| \leq 0.2$	$\Longleftrightarrow$ ほとんど相関がない
$0.2 \leq |\rho_{xy}| \leq 0.4$	$\Longleftrightarrow$ やや相関がある
$0.4 \leq |\rho_{xy}| \leq 0.7$	$\Longleftrightarrow$ かなり相関がある
$0.7 \leq |\rho_{xy}| \leq 1$	$\Longleftrightarrow$ 強い相関がある

演習 32

右の表は I さんの友人 8 人についての極秘資料である．

(1) 散布図を描こう．

(2) x と y の共分散 σ_{xy} を求めよう．

(3) x と y の相関係数 ρ_{xy} を求めよう．

(4) y の x に対する回帰直線 $y = ax + b$ を求め，散布図にそのグラフを描こう．

（数値は小数第 2 位まで）　　解答は p.236

名前	体重 x(kg)	体脂肪率 y(%)
A 子	48.7	25.6
B 子	52.6	24.6
C 美	50.0	30.3
D 子	52.5	32.0
E 子	62.4	35.1
F 江	42.2	25.9
G 子	53.3	31.4
H 代	57.1	27.7

✀ 解 答 ✀　（1）　x 軸に体重，y 軸に体脂肪率をとり，各人の値 (x, y) をプロットすると下のようになる．

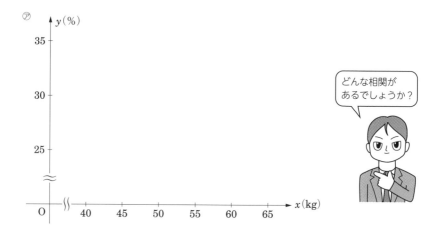

x_i	y_i	x_i^2	y_i^2	$x_i y_i$
48.7	25.6			
52.6	24.6			
50.0	30.3			
52.5	32.0			
62.4	35.1			
42.2	25.9			
53.3	31.4			
57.1	27.7			
計 ㋑	㋒	㋓	㋔	㋕

上の表より $\bar{x}$, $\bar{y}$, σ_x^2, σ_y^2 を計算する（小数第 2 位まで）．$N = {}^{㋖}\boxed{}$ なので，

$$\bar{x} = \frac{1}{N} \sum_{i=1}^{N} x_i = {}^{㋗}\boxed{}$$

$$\bar{y} = \frac{1}{N} \sum_{i=1}^{N} y_i = {}^{㋘}\boxed{}$$

$$\sigma_x^2 = \frac{1}{N} \sum_{i=1}^{N} x_i^2 - \bar{x}^2 = {}^{㋙}\boxed{}$$

$$\sigma_y^2 = \frac{1}{N} \sum_{i=1}^{N} y_i^2 - \bar{y}^2 = {}^{㋚}\boxed{}$$

これらより

(2) 共分散 $\quad \sigma_{xy} = \dfrac{1}{N} \sum_{i=1}^{N} x_i y_i - \bar{x}\bar{y} = {}^{㋛}\boxed{}$

(3) 相関係数 $\quad \rho_{xy} = \dfrac{\sigma_{xy}}{\sigma_x \sigma_y} = {}^{㋜}\boxed{}$

(4) 回帰直線と定数項は

$$a = \frac{\sigma_{xy}}{\sigma_x^2} = {}^{㋝}\boxed{}$$

$$b = \bar{y} - a\bar{x} = {}^{㋞}\boxed{}$$

これより回帰直線は ${}^{㋟}\boxed{}$ となり，グラフを描くと左頁のようになる．

【解終】

母集団と標本

　あるグループの特性を知りたいとき，グループを構成しているものの数が比較的少なく，容易に全部から情報を得ることができれば，そのグループの特性は全部把握できる．§2.0 では，このようなグループを構成しているもの全部の情報をもとにして特性を調べてきた．このような統計の方法を"**記述統計**"といった．

　これに対し，グループを構成しているものの数が比較的多い場合や，情報を得るのが困難だったり費用がかかってしまう場合などは，全部から情報を得ることはなかなかむずかしい．また，長さや重さを測定する場合には必ず測定誤差がつきまとう．

　そのような場合には，グループからいくつかのサンプルを取り出して，そのサンプルからの情報をもとに，グループ全体の特性を推し測るという方法をとるのが普通だろう．その際に，確率の考え方を使って全体を推し測る統計方法を

推測統計，数理統計，確率統計，統計解析

などという．

　これから"推測統計"について勉強してゆこう．

　推測統計の手法はいろいろとあるが，本書では推定と検定の基本的なものを紹介する．

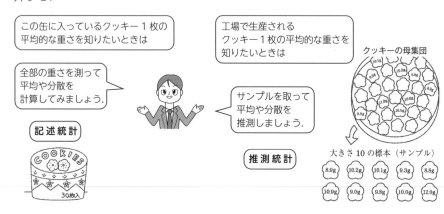

【1】 母集団と標本

調査の対象としているグループ全体のことを**母集団**という．たとえば,

ある工場の○月△日に生産されるクッキーの平均的な重さ

を調べたいとき，その日にできたクッキーの重さ全体

$$9.8\,\mathrm{g},\ 10.0\,\mathrm{g},\ 10.8\,\mathrm{g},\ 9.5\,\mathrm{g},\ \cdots,\ 10.1\,\mathrm{g}$$

が母集団となる．

母集団を構成している数値（この例では，クッキーの重さ）は，ある確率分布（**母集団分布**という）に従っている．その分布の特性を表す平均や分散などの数値を**母数**といい，特に母集団の平均を**母平均**，分散を**母分散**という．

母数（母平均，母分散）は本来人間が知ることができない量であり，この値をサンプルから推測するのが推測統計（推定，検定）の仕事である．推測統計を行う際に，母集団より無作為（ランダム）に取り出されるデータを**無作為標本**，標本の個数を**標本の大きさ**という．また，母集団から標本を取り出すことを**抽出**という．実際，標本（母集団から得られた限られたデータ）をできるだけ有効に用いて，賢く推測統計を行わなければならない．

この本では，n 個の無作為標本 $X_1, \cdots, X_n$ を，互いに独立で，母平均 μ，母分散 σ^2 の母集団分布に従っている確率変数とみなして推測統計を行ってゆく．

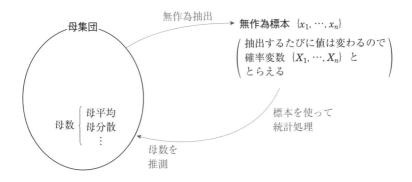

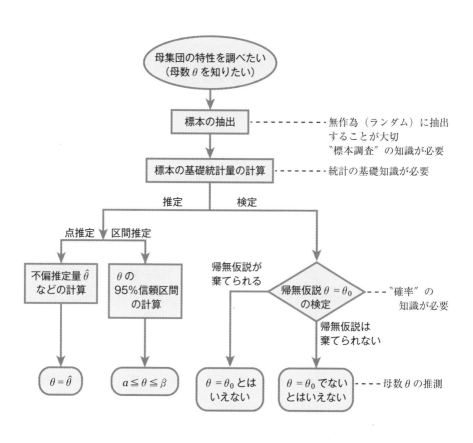

母集団の特性を調べたい
（母数 θ を知りたい）

標本の抽出 ------- 無作為（ランダム）に抽出
することが大切
"標本調査" の知識が必要

標本の基礎統計量の計算 ------- 統計の基礎知識が必要

推定　　検定

点推定　区間推定

不偏推定量 $\hat{\theta}$
などの計算

θ の
95%信頼区間
の計算

帰無仮説が
棄てられる

帰無仮説 $\theta = \theta_0$
の検定 --- "確率" の
知識が必要

帰無仮説は
棄てられない

$\theta = \hat{\theta}$

$a \le \theta \le \beta$

$\theta = \theta_0$ とは
いえない

$\theta = \theta_0$ でない
とはいえない ---- 母数 θ の推測

母集団の特性を調べる統計的手法は
色々ありますが，本書では主に，上記のように
母数の推定，母数の検定
について解説します．

実際の研究や調査などでは
統計ソフトを使うことが多くなりますが，
出力された数値の意味を正しく理解して
母集団についての判断を下す必要があります．
そのためにも，基礎的な統計の勉強が
大切になります．

【2】 不偏推定量

母集団の分布の未知である母数 θ に対して，θ の推定値を与える標本
$X_1, \cdots, X_n$ の関数

$$\hat{\theta} = T(X_1, \cdots, X_n)$$

を θ の**推定量**という．さらに，母数 θ の推定量 $\hat{\theta}$ のうち

$$E(\hat{\theta}) = \theta$$

が成立するものを**不偏推定量**という．

母集団から無作為に標本を抽出するとき，標本 $X_1, \cdots, X_n$ はいろいろな値をとる n 個の変数とみなすことができる．母数 θ を標本の実際の値（実現値という）からどのように計算したらよいかという式が

$$\theta \text{ の推定量} \quad \hat{\theta} = T(X_1, \cdots, X_n)$$

である．θ の推定量 $\hat{\theta} = T(X_1, \cdots, X_n)$ に実現値（データの値）$X_1 = x_1, X_2 = x_2, \cdots,$
$X_n = x_n$ を代入した値 $T(x_1, \cdots, x_n)$ を θ の**推定値**という．$\hat{\theta}$ も確率変数であり，実現値が異なれば，$\hat{\theta}$ によって計算した推定値もそれに従って異なってくる．

1 つの未知な母数 θ に対して，いくつかの推定量 $\hat{\theta}$ が考えられるが，特に

$$E(\hat{\theta}) = \theta \quad （平均をとると \theta に一致する）$$

という性質をもつ推定量を不偏推定量という．　　　　　　　　　　　　　　【解説終】

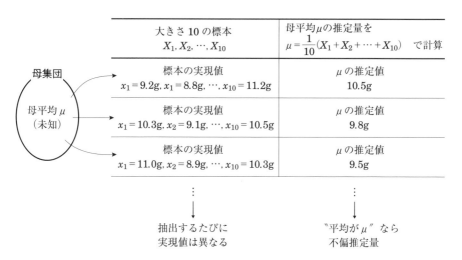

【3】 標本平均と不偏分散

$X_1, \cdots, X_n$ を n 個の無作為標本（すなわち，$X_1, \cdots, X_n$ は互いに独立で，母平均 μ，母分散 σ^2 の母集団分布に従っている確率変数）とする．このとき，

$$\overline{X} = \frac{1}{n} \sum_{i=1}^{n} X_i \qquad \text{を標本平均}$$

$$S^2 = \frac{1}{n} \sum_{i=1}^{n} (X_i - \overline{X})^2 \qquad \text{を標本分散}$$

$$V^2 = \frac{1}{n-1} \sum_{i=1}^{n} (X_i - \overline{X})^2 \qquad \text{を不偏分散}$$

という．また，$\overline{X}$, S^2, V^2 に実現値（データの値）$X_1 = x_1$, $X_2 = x_2$, $\cdots$, $X_n = x_n$ を代入した値をそれぞれ

$$\overline{x} = \frac{1}{n} \sum_{i=1}^{n} x_i \qquad \overline{X} \text{ の実現値}$$

$$s^2 = \frac{1}{n} \sum_{i=1}^{n} (x_i - \overline{x})^2 \qquad S^2 \text{ の実現値}$$

$$v^2 = \frac{1}{n-1} \sum_{i=1}^{n} (x_i - \overline{x})^2 \qquad V^2 \text{ の実現値}$$

という．

p.127 定理 1.5.11 より $E(\overline{X}) = \mu$ となるので，次の結果を得る．

> **定理 2.1.1　標本平均の不偏性**
>
> 無作為標本 $X_1, \cdots, X_n$ に対し，標本平均 $\overline{X}$ は母平均 μ の不偏推定量である．

定理 2.1.1 で母平均の不偏推定量を構成したので，次に母分散 σ^2 の不偏推定量を構成する．初めに，母平均 μ がわかっているときを考える．このとき，

$$\frac{1}{n} \sum_{i=1}^{n} (X_i - \mu)^2$$

は母分散 σ^2 の不偏推定量になる．実際，次の計算で確認できる．

$$E\left[\frac{1}{n} \sum_{i=1}^{n} (X_i - \mu)^2 \right] = \frac{1}{n} \sum_{i=1}^{n} E[(X_i - \mu)^2] = \frac{1}{n} \sum_{i=1}^{n} V(X_i) = \frac{1}{n} \sum_{i=1}^{n} \sigma^2 = \sigma^2$$

母平均 μ が未知のときは，μ を標本平均 $\overline{X}$ に置きかえたものを推定量として考えられるが，その推定量は母分散 σ^2 の不偏推定量にはならない（定理 2.1.2 後の解説参照）．不偏推定量は分母の n を $n-1$ に置きかえた不偏分散 V^2 になる．

定理 2.1.2　不偏分散の不偏性

無作為標本 $X_1, \cdots, X_n$ に対し，不偏分散 V^2 は母分散 σ^2 の不偏推定量である.

母集団の分布に関係なく V^2 は σ^2 の不偏推定量です

証明　$E(V^2) = \sigma^2$ を示せばよい.

$$
\begin{aligned}
E(V^2) &= E\left[\frac{1}{n-1}\sum_{i=1}^{n}(X_i-\overline{X})^2\right] \\
&= \frac{1}{n-1}E\left[\sum_{i=1}^{n}(X_i-\overline{X})^2\right] \\
&= \frac{1}{n-1}E\left[\sum_{i=1}^{n}\{(X_i-\mu)-(\overline{X}-\mu)\}^2\right] \\
&= \frac{1}{n-1}E\left[\sum_{i=1}^{n}\{(X_i-\mu)^2-2(X-\mu)(\overline{X}-\mu)+(\overline{X}-\mu)^2\}\right] \\
&= \frac{1}{n-1}E\left[\sum_{i=1}^{n}(X_i-\mu)^2-2(\overline{X}-\mu)\sum_{i=1}^{n}(X_i-\mu)+(\overline{X}-\mu)^2\sum_{i=1}^{n}1\right] \\
&= \frac{1}{n-1}E\left[\sum_{i=1}^{n}(X_i-\mu)^2-2(\overline{X}-\mu)(\sum_{i=1}^{n}X_i-\mu\sum_{i=1}^{n}1)+(\overline{X}-\mu)^2\sum_{i=1}^{n}1\right] \\
&= \frac{1}{n-1}E\left[\sum_{i=1}^{n}(X_i-\mu)^2-2(\overline{X}-\mu)(n\overline{X}-n\mu)+(\overline{X}-\mu)^2\cdot n\right] \\
&= \frac{1}{n-1}E\left[\sum_{i=1}^{n}(X_i-\mu)^2-2n(\overline{X}-\mu)^2+n(\overline{X}-\mu)^2\right] \\
&= \frac{1}{n-1}E\left[\sum_{i=1}^{n}(X_i-\mu)^2-n(\overline{X}-\mu)^2\right] \\
&= \frac{1}{n-1}\left(\sum_{i=1}^{n}E[(X_i-\mu)^2]-nE[(\overline{X}-\mu)^2]\right) \qquad (*)
\end{aligned}
$$

不偏推定量

$\hat{\theta}=T(X_1, \cdots, X_n)$

$E(\hat{\theta})=\theta$　（母数）

$\overline{X}=\dfrac{1}{N}\sum_{i=1}^{n}X_i$

$E(X)=\mu$

$E(aX+b)=aE(X)+b$

$E(X+Y)=E(X)+E(Y)$

$X_1, \cdots, X_n$ は母平均 μ，母分散 σ^2 の分布をもつ母集団からの無作為標本なので

$$E\big[(X_i - \mu)^2\big] = \sigma^2 \qquad (i = 1, 2, \cdots, n)$$

また，定理 2.1.1 (p.152) より $E(\overline{X}) = \mu$ なので

$$E\big[(\overline{X} - \mu)^2\big] = V(\overline{X})$$

$$= V\left[\frac{1}{n}\sum_{i=1}^{n} X_i\right]$$

$$= \frac{1}{n^2} V\left[\sum_{i=1}^{n} X_i\right]$$

$$V(aX + b) = a^2 V(X)$$

$X_1, \cdots, X_n$ は任意に抽出された標本なので独立

であり，$V(X_i) = \sigma^2 \ (i = 1, 2, \cdots, n)$．これより

X, Y が独立なら
$$V(X + Y) = V(X) + V(Y)$$

$$= \frac{1}{n^2}\sum_{i=1}^{n} V(X_i) = \frac{1}{n^2}\sum_{i=1}^{n}\sigma^2$$

$$= \frac{1}{n^2} n\sigma^2 = \frac{1}{n}\sigma^2$$

したがって前頁下の（＊）より続けて

$$E(V^2) = \frac{1}{n-1}\left(\sum_{i=1}^{n}\sigma^2 - n \cdot \frac{1}{n}\sigma^2\right)$$

$$= \frac{1}{n-1}(n\sigma^2 - \sigma^2) = \frac{1}{n-1}(n-1)\sigma^2 = \sigma^2$$

ゆえに $\quad V^2 = \dfrac{1}{n-1}\displaystyle\sum_{i=1}^{n}(X_i - \overline{X})^2$ は母分散 σ^2 の不偏推定量である． 【証明終】

 $S^2 = \dfrac{n-1}{n} V^2$ なので，この定理より，

$$E(S^2) = \frac{n-1}{n} E(V^2) = \frac{n-1}{n}\sigma^2$$

となり，S^2 は母分散 σ^2 の不偏推定量ではないことに注意しよう．

定理 2.1.3

無作為標本 $X_1, \cdots, X_n$ の不偏分散を V^2 とするとき

$$V^2 = \frac{1}{n-1}\left(\sum_{i=1}^{n} X_i^2 - n\overline{X}^2\right)$$

が成立する.

実際の計算のとき使う式です

$$\overline{X} = \frac{1}{n}\sum_{i=1}^{n} X_i$$

証明 不偏分散 V^2 の定義式を変形すると

$$V^2 = \frac{1}{n-1}\sum_{i=1}^{n}(X_i - \overline{X})^2 = \frac{1}{n-1}\sum_{i=1}^{n}(X_i^2 - 2\overline{X}X_i + \overline{X}^2)$$

$$= \frac{1}{n-1}\left(\sum_{i=1}^{n}X_i^2 - 2\overline{X}\sum_{i=1}^{n}X_i + \overline{X}^2\sum_{i=1}^{n}1\right)$$

$$= \frac{1}{n-1}\left(\sum_{i=1}^{n}X_i^2 - 2\overline{X}\cdot n\overline{X} + X^2\cdot n\right)$$

$$= \frac{1}{n-1}\left(\sum_{i=1}^{n}X_i^2 - n\overline{X}^2\right)$$

【証明終】

解説 すでにプログラムされている統計ソフトを使う場合には,標本値の入力だけすれば標本平均 $\overline{X}$,不偏分散 V^2 がキーを押すだけで求まるが,手計算や電卓を使って V^2 を求めようとするときにはこの定理の式は便利である.次のように表を作って計算しよう.また,不偏分散 V^2 の実現値 v^2 は

$$v^2 = \frac{1}{n-1}\left(\sum_{i=1}^{n}x_i^2 - n\overline{x}^2\right)$$

で表される.

【解説終】

x_i	x_i^2
x_1	x_1^2
x_2	x_2^2
$\vdots$	$\vdots$
x_n	x_n^2
計 $\sum_{i=1}^{n}x_i$	$\sum_{i=1}^{n}x_i^2$

$$\begin{cases} \overline{x} = \dfrac{1}{n}\sum_{i=1}^{n}x_i \\ v^2 = \dfrac{1}{n-1}\left(\sum_{i=1}^{n}x_i^2 - n\overline{x}^2\right) \end{cases}$$

$x_1, \cdots, x_n$ は標本 $X_1, \cdots, X_n$ の実現値を意味します.また $\overline{x}, v^2$ も実現値を使って求められた数値です.

標本平均と不偏分散

例題

S 大学経済学部では入試科目に数学を課していないため，新入生約 300 人に対し毎年，簡単な数学の学力テストを実施している．

今年の新入生について，だいたいの傾向を知るため，テスト直後 10 枚の答案をランダムに抜き出し採点した結果，右のデータを得た．このデータの標本平均の実現値 $\bar{x}$，不偏分散の実現値 v^2 を求めてみよう（小数第 1 位まで）．

○年度 新入生の成績	
50	95
75	85
30	65
60	70
90	80

（100 点満点）

解答 標本平均，不偏分散は母集団のことを知る一番基本的な統計量である．

それぞれの値を計算するために，まず右の表を作って $\sum_{i=1}^{n} x_i$ と $\sum_{i=1}^{n} x_i^2$ を求めておこう．

標本の数は $n = 10$ なので

標本平均 $\bar{x} = \dfrac{1}{10} \times 700 = 70.0$

不偏分散 $v^2 = \dfrac{1}{10-1}(52500 - 10 \times 70^2)$

$\qquad = 388.9$

となる．　　　　　　　　　　　　　　　　　　　【解終】

x_i	x_i^2
50	2500
75	5625
30	900
60	3600
90	8100
95	9025
85	7225
65	4225
70	4900
80	6400
計 700	52500

標本平均の実現値

$$\bar{x} = \frac{1}{n} \sum_{i=1}^{n} x_i$$

不偏分散の実現値

$$v^2 = \frac{1}{n-1} \sum_{i=1}^{n} (x_i - \bar{x})^2$$

$$= \frac{1}{n-1} \left(\sum_{i=1}^{n} x_i^2 - n\bar{x}^2 \right)$$

演習 33

生物学者を志している大学院生の B 君は今,
イエバエの研究をしている. 右のデータは, あ
る地域で採取した 8 匹のイエバエの翅長を測定
したものである. このデータより標本平均 $\bar{x}$,
不備分散 v^2 を求めてみよう(小数第 3 位まで).

解答は p.236

イエバエの翅長(mm)	
4.55	4.50
4.59	4.36
4.36	4.57
4.68	4.48

∷ 解 答 ∷ $\displaystyle\sum_{i=1}^{n} x_i$, $\displaystyle\sum_{i=1}^{n} x_i^2$ を求めるために表を作って計算する.

	x_i	x_i^2
	4.55	
	4.59	
	4.36	
	4.68	
	4.50	
	4.36	
	4.57	
	4.48	
計	㋐	㋑

標本の大きさは $n =$ ㋒ □ なので

標本平均 $\bar{x} =$ ㋓

不備分散 $v^2 =$ ㋔

【解終】

区間推定

この節では，母集団から標本を取り出して，母平均や母分散を推定する．

T 社で製造されたある製品全体から無作為に抽出した 4 個の製品で破壊試験を行ったところ，以下のデータが得られた．

10.0，10.5，11.5，12.0 ［時間］

このとき，この製品全体の平均寿命 μ はどれぐらいと推定できるか？

【点推定】 抽出した 4 個から得た平均寿命

$$\frac{10.0 + 10.5 + 11.5 + 12.0}{4} = 11.0 \text{ 時間}$$

をそのまま用いて，「この製品全体の平均寿命は $\mu = 11.0$ 時間だろう」と考えることができる．このように 1 つの（実現）値で推定しようとすることを**点推定**という．

【区間推定】 4 個の平均寿命 11.0 時間をそのまま全体の平均寿命として，点推定するのは強引かもしれないし，責任はもてないだろう．しかし，もし T 社から寿命の分布が標準偏差 0.5 時間の正規分布に従うと公表されているのであれば，

「確率 **% で，この製品全体の平均寿命は♣♣時間から♠♠時間である」

という判断ができて，それなりに信憑性の高い推定ができるような考え方を以下で紹介する．

ある製品全体から，4 個の製品を無作為に抽出する．この試行において，これらの 4 個の寿命は取り出すたびに決まるので，それぞれ確率変数である．これらを X_1, X_2, X_3, X_4 で表す．X_1, X_2, X_3, X_4 は大きさ 4 の無作為標本なので X_1, X_2, X_3, X_4 は互いに独立（p.152 の 2 行目と 3 行目参照）で，全て $N(\mu, (0.5)^2)$ に従っている．また，p.117 定理 1.5.7 より標本平均

$$\overline{X} = \frac{1}{4}\sum_{k=1}^{4} X_k = \frac{X_1 + X_2 + X_3 + X_4}{4}$$

も 4 個の製品を抽出するという試行ごとに定まる確率変数で，$N\left(\mu, \dfrac{(0.5)^2}{4}\right)$

つまり，$N(\mu, (0.25)^2)$に従う．よって，p.102 定理 1.4.6 を用いると，

$$Z = \frac{\overline{X} - \mu}{0.25}$$

は $N(0, 1)$ に従うので，巻末の数表 1 より

$$P(-1.96 \leq Z \leq 1.96) = 2P(0 \leq Z \leq 1.96) = 2 \times 0.475 = 0.95$$

であり，さらに次のように計算できる．

$$P\left(-1.96 \leq \frac{\overline{X} - \mu}{0.25} \leq 1.96\right) = 0.95$$

$$P(\overline{X} - 1.96 \times 0.25 \leq \mu \leq \overline{X} + 1.96 \times 0.25) = 0.95$$

$$P(\overline{X} - 0.49 \leq \mu \leq \overline{X} + 0.49) = 0.95 \tag{1}$$

注意すべきは，$X_1, X_2, X_3, X_4, \overline{X}$ は観測されるまでは確率変数である．これに対し，いったん観測されるとこれらは実際のデータ（これを**実現値**という）x_1, x_2, x_3, x_4, $\bar{x}$ に定まる．ここで，今の場合 $x_1 = 10.0$，$x_2 = 10.5$，$x_3 = 11.5$，$x_4 = 12.0$，さらに，

$$\bar{x} = \frac{1}{4} \sum_{k=1}^{4} x_k = \frac{x_1 + x_2 + x_3 + x_4}{4} = \frac{10.0 + 10.5 + 11.5 + 12.0}{4} = 11.0$$

となることに注意する．このことから，(1)の中身において，$\overline{X}$ を実現値 $\bar{x}$ におきかえた

$$\bar{x} - 0.49 \leq \mu \leq \bar{x} + 0.49 \tag{2}$$

は，(1)よりこの製品全体の平均寿命 μ が(2)をみたす確率が 95％ であることを意味している．このことを図で描くと次のようになる．

$\bar{x}$ が変化してできる無数の (2) のうち95％ が製品全体の平均寿命 μ を含む

これは μ を含まない

4 個の製品を取り出すたびに，4 個の寿命の実現値 x_1, x_2, x_3, x_4 と標本平均の実現値 $\bar{x}$ は変わるので，(2)の区間 $[\bar{x} - 0.49,\ \bar{x} + 0.49]$ も無数に変化する．このように変化する区間 $[\bar{x} - 0.49,\ \bar{x} + 0.49]$ の中で，95％ が平均寿命 μ を含んでいることを意味している．

さて，実際に製品全体から無作為に 4 個の製品を抽出し，これらの平均寿命を計算すると $\bar{x} = 11.0$ 時間だったので，これを (2) に代入すると，

$$11.0 - 0.49 \leqq \mu \leqq 11.0 + 0.49$$

つまり，

$$10.51 \leqq \mu \leqq 11.49 \tag{3}$$

したがって，「確率 95％で T 社のある製品全体の平均寿命 μ は (3) の区間に入っている」．このように，知りたい母数（ある製品全体の平均寿命 μ）が 1 つの実現値（$\bar{x}$）から得た区間に入るだろうと推定することを**区間推定**といい，その範囲を**信頼区間**という．また，知りたい母数がその範囲の値をとるという結論が正しい確率 95％を**信頼係数**または**信頼度**という．

【1】 母平均の区間推定

1 母平均の区間推定（母分散既知の場合）

正規分布に従う（と思われる）母集団を**正規母集団**という．正規母集団からの標本調査の確率モデルとして，同じ正規分布 $N(\mu, \sigma^2)$ に従う n 個の独立な確率変数 $X_1, X_2, \cdots, X_n$ を考える．p.117, 152 から，母平均の区間推定をするのに，$\overline{X}$ の分布が重要であることはイメージできるだろう．p.117 定理 1.5.7 より，$\overline{X}$ は $N\left(\mu, \dfrac{\sigma^2}{n}\right)$ に従う．よって，p.102 定理 1.4.6 を用いると，

$$Z = \frac{\overline{X} - \mu}{\sqrt{\dfrac{\sigma^2}{n}}}$$

は $N(0, 1)$ に従うので，巻末の数表 1 より

$$P(-1.96 \leqq Z \leqq 1.96) = 2P(0 \leqq Z \leqq 1.96) = 2 \times 0.475 = 0.95$$

$$P(-2.58 \leqq Z \leqq 2.58) = 2P(0 \leqq Z \leqq 2.58) = 2 \times 0.495060 = 0.99012 \fallingdotseq 0.99$$

であり，さらに次のように計算できる．

$$P\left(-1.96 \leqq \frac{\overline{X} - \mu}{\sqrt{\dfrac{\sigma^2}{n}}} \leqq 1.96\right) = 0.95, \qquad P\left(-2.58 \leqq \frac{\overline{X} - \mu}{\sqrt{\dfrac{\sigma^2}{n}}} \leqq 2.58\right) = 0.99$$

つまり，

$$P\left(\overline{X} - 1.96\sqrt{\frac{\sigma^2}{n}} \leqq \mu \leqq X + 1.96\sqrt{\frac{\sigma^2}{n}}\right) = 0.95$$

$$P\left(\overline{X} - 2.58\sqrt{\frac{\sigma^2}{n}} \leqq \mu \leqq X + 2.58\sqrt{\frac{\sigma^2}{n}}\right) = 0.99$$

となる．したがって，次のようにまとめることができる．

定理 2.2.1　母平均の区間推定（母分散既知の場合）

標本の大きさ n，母分散 σ^2，実現値 $x_1, x_2, \cdots, x_n$，$\bar{x} = \dfrac{1}{n}\sum_{i=1}^{n} x_i$ が与えられたとき，母平均 μ の

信頼係数 95％の信頼区間は　$\bar{x} - 1.96\sqrt{\dfrac{\sigma^2}{n}} \leqq \mu \leqq \bar{x} + 1.96\sqrt{\dfrac{\sigma^2}{n}}$

信頼係数 99％の信頼区間は　$\bar{x} - 2.58\sqrt{\dfrac{\sigma^2}{n}} \leqq \mu \leqq \bar{x} + 2.58\sqrt{\dfrac{\sigma^2}{n}}$

となる．

母平均 μ の区間推定（母分散既知の場合）ワークシート

1	信頼係数	95％ or 99％
2	標本の大きさ n	n
	標本平均 $\bar{x}$	$\dfrac{1}{n}\sum_{i=1}^{n} x_i$
3	母分散 σ^2	σ^2
	母標準偏差 σ	σ
4	95％信頼区間	$\bar{x} - 1.96\sqrt{\dfrac{\sigma^2}{n}} \leqq \mu \leqq \bar{x} + 1.96\sqrt{\dfrac{\sigma^2}{n}}$
	99％信頼区間	$\bar{x} - 2.58\sqrt{\dfrac{\sigma^2}{n}} \leqq \mu \leqq \bar{x} + 2.58\sqrt{\dfrac{\sigma^2}{n}}$

標準正規分布 $N(0, 1)$

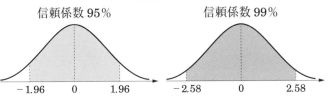

信頼係数 95％

信頼係数 99％

-1.96　0　1.96　　-2.58　0　2.58

母平均の区間推定（母分散既知の場合）

例題

I製菓で製造したクッキーをランダムに10枚取り出して重さを測定したところ，右の結果を得た．また，このクッキー1枚の重さは正規分布 $N(\mu, \sigma^2)$ に従っていると仮定する．さらに，I製菓はこのクッキーの重さの分散が $\sigma^2 = 0.81(g^2)$ だと公表している．
このデータよりクッキー1枚の重さの平均 $\mu(g)$ を信頼係数95％で区間推定してみよう（小数第2位まで）．

I製菓の クッキーの重さ(g)	
8.9	10.9
10.2	9.0
10.1	9.8
9.3	10.0
8.8	12.0

∷ 解 答 ∷ I製菓で製造されるクッキーすべてについての平均の重さが母平均 μ である．右下のワークシートを順に埋めて行こう．

1. 問題文から明らかに信頼係数は95％である．

2. 標本の大きさが $n = 10$ で，$x_1 = 8.9$，$x_2 = 10.2$，$x_3 = 10.1$，$x_4 = 9.3$，$x_5 = 8.8$，$x_6 = 10.9$，$x_7 = 9.0$，$x_8 = 9.8$，$x_9 = 10.0$，$x_{10} = 12.0$ であることに注意しよう．このとき，標本平均の実現値 $\bar{x}$ は次のように計算できる．

$$\bar{x} = \frac{1}{n} \sum_{i=1}^{n} x_i = \frac{1}{10} \times 99.0 = 9.90$$

3. 母分散 $\sigma^2 = 0.81$ である，

	x_i
	8.9
	10.2
	10.1
	9.3
	8.8
	10.9
	9.0
	9.8
	10.0
	12.0
計	99.0

4. 定理2.2.1より，クッキー1枚の重さ $\mu(g)$ の信頼係数95％の信頼区間は

$$9.90 - 1.96\sqrt{\frac{0.81}{10}} \leq \mu \leq 9.90 + 1.96\sqrt{\frac{0.81}{10}}$$

小数第2位までとると

$$9.34(g) \leq \mu(g) \leq 10.46(g)$$

ワークシート

1	信頼係数	95％
2	標本の大きさ n	10
	標本平均 $\bar{x}$	9.90
3	母分散 σ^2	0.81
4	信頼区間	$9.34 \leq \mu \leq 10.46$

【解終】

POINT▷ 信頼係数, $n, \bar{x}, \sigma^2$ を確認して, 定理 2.2.1 の公式を使う

演習 34

大学 1 年生の F さんは科学実験の授業で，ある溶液の pH 値を測定することを勉強している．5 回測定して右のデータを得た．また，この溶液の pH 値は正規分布 $N(\mu, \sigma^2)$ に従っていると仮定する．さらに，この溶液を製造した会社により，pH 値の分散は $\sigma^2 = 0.09$ と公表されている．このとき，この溶液の pH 値の平均 μ を信頼係数 95 ％で区間推定してみよう（小数第 3 位まで）． 解答は p.237

pH 測定結果
7.68
7.48
7.28
7.98
7.09

◆◆ 解 答 ◆◆ 右下のワークシートを順に埋めていこう．

1. 問題文から明らかに信頼係数は ㋐◻ ％である．

2. 標本の大きさが $n = $ ㋑◻ で，$x_1 = $ ㋒◻，$x_2 = $ ㋓◻，
   $x_3 = $ ㋔◻, $x_4 = $ ㋕◻, $x_5 = $ ㋖◻ であることに注意しよう．
   このとき，標本平均の実現値 $\bar{x}$ は次のように計算できる．

$$\bar{x} = \frac{1}{㋗◻} \times ㋘◻ = ㋙◻$$

x_i
7.68
7.48
7.28
7.98
7.09
37.51

3. 母分散 $\sigma^2 = $ ㋚◻ である．

4. 定理 2.2.1 より，溶液の pH 値 μ の信頼係数 ㋛◻ ％の信頼区間は

$$㋜◻ - ㋝◻ \sqrt{\frac{㋞◻}{㋟◻}} \leq \mu \leq ㋜◻ + ㋝◻ \sqrt{\frac{㋞◻}{㋟◻}}$$

小数第 3 位までとると

$$㋠◻ \leq \mu \leq ㋡◻$$

ワークシート

1	信頼係数	㋐
2	標本の大きさ n	㋑
	標本平均 $\bar{x}$	㋙
3	母分散 σ^2	㋚
4	信頼区間	㋟

【解終】

母平均の区間推定（母分散未知ではあるが大標本の場合）

ここまでは，母分散が既知の場合の母平均の区間推定を扱ったが，現実には σ^2 が未知のケースが多いといえるだろうし，そもそも母集団も正規分布に従っていないかもしれない．

ここでは，このような状況ではあるが，大標本（標本の大きさ n が 30 以上）の場合に母平均の区間推定を行う．標本調査の確率モデルとして，同じ確率分布に従う n 個の独立な確率変数 $X_1, X_2, \cdots, X_n$ を考える．$n \geqq 30$ と p.128 定理 1.5.12（中心極限定理）から，

$$Z = \frac{\bar{X} - \mu}{\sqrt{\dfrac{\sigma^2}{n}}}$$

は近似的に $N(0, 1)$ に従うとしてよい．また，標本数が大きいとき，標本分散の実現値 s^2 を母分散 σ^2 の代用として用いてよい．よって，p.160，161 で展開された議論を繰り返すと，以下の結果が得られる．

定理 2.2.2　　**母平均の区間推定（母分散未知で大標本の場合（$n \geqq 30$））**

標本の大きさ $n\,(\geqq 30)$，実現値 $x_1, x_2, \cdots, x_n$，$\bar{x} = \dfrac{1}{n} \sum_{i=1}^{n} x_i$，標本分散の実現値 s^2 が与えられたとき，母平均 μ の

信頼係数 95％の信頼区間は　$\bar{x} - 1.96 \sqrt{\dfrac{s^2}{n}} \leqq \mu \leqq \bar{x} + 1.96 \sqrt{\dfrac{s^2}{n}}$

信頼係数 99％の信頼区間は　$\bar{x} - 2.58 \sqrt{\dfrac{s^2}{n}} \leqq \mu \leqq \bar{x} + 2.58 \sqrt{\dfrac{s^2}{n}}$

となる．

母平均 μ の区間推定（母分散未知で大標本の場合）ワークシート

1	信頼係数	95% or 99%
2	標本の大きさ n	$n\,(\geqq 30)$
	標本平均 $\bar{x}$	$\dfrac{1}{n}\displaystyle\sum_{i=1}^{n} x_i$
3	標本分散 s^2	s^2（σ^2 の代用になる）
	標本標準偏差 s	s（σ の代用になる）
4	95%信頼区間	$\bar{x} - 1.96\sqrt{\dfrac{s^2}{n}} \leqq \mu \leqq \bar{x} + 1.96\sqrt{\dfrac{s^2}{n}}$
	99%信頼区間	$\bar{x} - 2.58\sqrt{\dfrac{s^2}{n}} \leqq \mu \leqq \bar{x} + 2.58\sqrt{\dfrac{s^2}{n}}$

標準正規分布 $N(0, 1)$

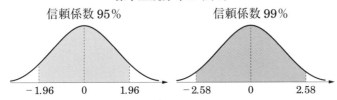

信頼係数 95%　　　　　　　　信頼係数 99%

母平均の区間推定（母分散未知で大標本の場合（$n \geqq 30$））

例題

> K市の最近 80 年間の降水量を調べると平均が 821（mm），標準偏差が 95.4（mm）であった．K市の降水量の平均 μ（mm）を信頼係数 99％で区間推定してみよう（小数第 2 位まで）．

∷ 解 答 ∷ 母集団は K市の年間降水量の全体である．K市の真の年間降水量の分散が分からないが，$n = 80（\geqq 30）$なので，標本標準偏差 $s = 95.4$ は K市の年間降水量の真の標準偏差と判断できる．

下のワークシートを順に埋めて行こう

1. 問題文から明らかに信頼係数は 99％である．

2. 標本の大きさが $n = 80$ で，標本平均の実現値 $\bar{x} = 821$（mm）であることに注意しよう．

3. この場合，K市の年間降水量の真の分散が分からないので，母分散が未知であるが，標本数 $n = 80（\geqq 30）$なので，大標本の場合である．したがって，標本分散 $s^2 = (95.4)^2$（mm^2）と真の母分散 σ^2 の代用として用いることができる．

4. 定理 2.2.2 より，K市の降水量の平均 μ の信頼係数 95％の信頼区間は

$$821 - 2.58\sqrt{\frac{(95.4)^2}{80}} \leqq \mu \leqq 821 + 2.58\sqrt{\frac{(95.4)^2}{80}}$$

小数第 2 位までとると

$$793.48（\text{mm}）\leqq \mu（\text{mm}）\leqq 848.52（\text{mm}）$$

ワークシート

1	信頼係数	99％
2	標本大きさ n	80
	標本平均 $\bar{x}$	821
3	標本分散 s^2	$(95.4)^2$
4	信頼区間	$793.48 \leqq \mu \leqq 848.52$

【解終】

POINT 信頼係数，$n, \bar{x}, s^2$ を確認して，定理 2.2.2 の公式を使う

演習 35

H 建設が建てた 50 戸の住宅の耐久年数を調べると，平均が 28.3 年，標準偏差が 6.94 年であった．H 建設が建てた住宅の耐久年数の平均 μ(年)を信頼係数 99% で区間推定してみよう(小数第 2 位まで)． 解答は p.237

解答 下のワークシートを順に埋めていこう．

1. 問題文から明らかに信頼係数は[ア]□%である．

2. 標本の大きさが $n =$ [イ]□で，標本平均の実現値 $\bar{x} =$ [ウ]□(年)であることに注意しよう．

3. この場合，H 建設が建てた住宅の耐久年数の真の分散が分からないので，母分散が未知であるが，標本数 $n =$ [イ]□($\geqq 30$)なので，大標本の場合である．

したがって，標本標準偏差 $s =$ [エ]□(年)(標本分散 $s^2 =$ [オ]□) は母標準偏差 σ(母分散 σ^2) の代用として用いることができる．

4. 定理 2.2.2 より，H 建設が建てた住宅の耐久年数の μ の信頼係数□%の信頼区間は

$$[カ]\square - [キ]\square \times \sqrt{\frac{[ク]\square}{[ケ]\square}} \leqq \mu \leqq [カ]\square + [キ]\square \times \sqrt{\frac{[ク]\square}{[ケ]\square}}$$

小数第 2 位までとると

[コ]□(年) $\leqq \mu$ (年) $\leqq$ [サ]□(年)

ワークシート

1	信頼係数	[ア]
2	標本の大きさ n	[イ]
	標本平均 $\bar{x}$	[ウ]
3	標本分散 s^2	[オ]
4	信頼区間	[シ]

【解終】

③ 母平均の区間推定（母分散未知で小標本の場合）

先のケースで母分散未知で大標本の場合を扱ったが，小標本$(n < 30)$の場合はどうなるのだろうか？

ここでは，正規母集団からの標本調査の確率モデルとして，同じ正規分布$N(\mu, \sigma^2)$に従う n 個の独立な確率変数 $X_1, X_2, \cdots, X_n$ を考える．この場合，まず次の定理が重要になる．証明は省略する．

定理 2.2.3

$X_1, X_2, \cdots, X_n$ が互いに独立で正規分布 $N(\mu, \sigma^2)$ に従う確率変数のとき，

$$\frac{\overline{X} - \mu}{\sqrt{\dfrac{V^2}{n}}}$$

は自由度$(n-1)$の t 分布に従う．ただし，V^2 は不偏分散，つまり

$$V^2 = \frac{1}{n-1} \sum_{i=1}^{n} (X_i - \overline{X})^2$$

である．

t 分布の密度関数は y 軸対称となっているので，確率変数 $\dfrac{\overline{X} - \mu}{\sqrt{\dfrac{V^2}{n}}}$ の確率について

$$P\left(-t_{n-1}\left(\frac{\alpha}{2}\right) \leqq \frac{\overline{X} - \mu}{\sqrt{\dfrac{V^2}{n}}} \leqq t_{n-1}\left(\frac{\alpha}{2}\right) \right) = 1 - \alpha$$

となるような自由度$(n-1)$の t 分布における確率変数の値

$$t_{n-1}\left(\frac{\alpha}{2}\right)$$

を求めて利用する（右頁図参照）．この値は巻末の t 分布の数表 2 より求めることができる．母平均 μ が中辺に来るように変形すると

$$P\left(\overline{X} - t_{n-1}\left(\frac{\alpha}{2}\right)\sqrt{\frac{V^2}{n}} \leqq \mu \leqq \overline{X} + t_{n-1}\left(\frac{\alpha}{2}\right)\sqrt{\frac{V^2}{n}} \right) = 1 - \alpha$$

これにより，不偏分散 V^2 の実現値 $v^2 = \dfrac{1}{n-1} \sum_{i=1}^{n} (x_i - \bar{x})^2 = \dfrac{1}{n-1}\left(\sum_{i=1}^{n} x_i^2 - n\bar{x}^2 \right)$ を用いて，以下の結果を得る．

定理 2.2.4 **母平均の区間推定（母分散未知で小標本の場合（$n < 30$））**

標本の大きさ $n\,(< 30)$，実現値 $x_1, x_2, \cdots, x_n$，$\bar{x} = \dfrac{1}{n} \sum_{i=1}^{n} x_i$，

$v^2 = \dfrac{1}{n-1} \left(\sum_{i=1}^{n} x_i^2 - n\bar{x}^2 \right)$　が与えられたとき，母平均 μ の信頼係数（信頼度）

$100(1-\alpha)\%$ の信頼区間は

$$\bar{x} - t_{n-1}\left(\frac{\alpha}{2}\right)\sqrt{\frac{v^2}{n}} \leqq \mu \leqq \bar{x} + t_{n-1}\left(\frac{\alpha}{2}\right)\sqrt{\frac{v^2}{n}}$$

となる．

母平均 μ の区間推定（母分散未知で小標本の場合）ワークシート

1	信頼係数 $100(1-\alpha)\%$		$\alpha = 0.05$　or　0.01
2		標本の大きさ n	n
		標本平均 $\bar{x}$	$\dfrac{1}{n} \sum_{i=1}^{n} x_i$
		不偏分散 v^2	$\dfrac{1}{n-1} \left(\sum_{i=1}^{n} x_i^2 - n\bar{x}^2 \right)$
3		$t_{n-1}\left(\dfrac{\alpha}{2}\right)$	巻末の t 分布の数表 2 より
		$t_{n-1}\left(\dfrac{\alpha}{2}\right)\sqrt{\dfrac{v^2}{n}}$	β
4		信頼区間	$\bar{x} - \beta \leqq \mu \leqq \bar{x} + \beta$

自由度 $(n-1)$ の t 分布

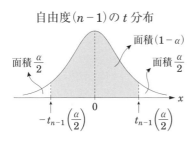

連続型の場合，確率は面積で表されるんでしたね

母平均の区間推定（母分散未知で小標本の場合$(n<30)$）

例題

I製菓で製造したクッキーをランダムに10枚取り出して重さを測定したところ，右の結果を得た．また，このクッキー1枚の重さは，正規分布 $N(\mu, \sigma^2)$ に従っていると仮定する．
このデータよりクッキー1枚の重さの母平均 μ(g)を信頼係数95%で区間推定してみよう（小数第2位まで）．

I製菓の クッキーの重さ(g)	
8.9	10.9
10.2	9.0
10.1	9.8
9.3	10.0
8.8	12.0

:: **解 答** ::　まず，母分散 σ^2 が未知であることに注意する．
右頁のワークシートを順に埋めていこう．

1.　95%の信頼区間を求めるので　$\alpha = 0.05$.

2.　まず

$$x_1 = 8.9, \ x_2 = 10.2, \ x_3 = 10.1, \ x_4 = 9.3, \ x_5 = 8.8,$$
$$x_6 = 10.9, \ x_7 = 9.0, \ x_8 = 9.8, \ x_9 = 10.0, \ x_{10} = 12.0$$

であることに注意しよう．

$\sum\limits_{i=1}^{n} x_i, \ \sum\limits_{i=1}^{n} x_i^2$ を右の表で計算しておいてから標本平均 $\bar{x}$,
不偏分散 v^2 を求める．標本の大きさは $n = 10$.

	x_i	x_i^2
	8.9	79.21
	10.2	104.04
	10.1	102.01
	9.3	86.49
	8.8	77.44
	10.9	118.81
	9.0	81.00
	9.8	96.04
	10.0	100.00
	12.0	144.00
計	99.0	989.04

$$\bar{x} = \frac{1}{n}\sum_{i=1}^{n} x_i = \frac{1}{10} \times 99.0 = 9.90$$

$$v^2 = \frac{1}{n-1}\left(\sum_{i=1}^{n} x_i^2 - n\bar{x}^2\right)$$

$$= \frac{1}{10-1}(989.04 - 10 \times 9.90^2) = 0.993$$

3.　巻末の t 分布の数表2より

$$t_{n-1}\left(\frac{\alpha}{2}\right) = t_{10-1}\left(\frac{0.05}{2}\right) = t_9(0.025)$$

$$= 2.262 \quad （数表2で n=9, \ \alpha=0.025 のところ）$$

$$\beta = t_{n-1}\left(\frac{\alpha}{2}\right)\sqrt{\frac{v^2}{n}} = 2.262 \times \sqrt{\frac{0.993}{10}}$$

$$= 0.713$$

4. Ｉ製菓のクッキーの重さ $\mu\,(\mathrm{g})$ の 95% 信頼区間は

$$\bar{x} - \beta \leqq \mu \leqq \bar{x} + \beta$$

つまり

$$9.90 - 0.713 \leqq \mu \leqq 9.90 + 0.713$$

小数第 2 位までとると

$$9.19\,(\mathrm{g}) \leqq \mu\,(\mathrm{g}) \leqq 10.61\,(\mathrm{g})$$ 【解終】

ワークシート

1	信頼係数 $100(1-\alpha)\%$	$\alpha = 0.05$
2	標本の大きさ n	10
	標本平均 $\bar{x}$	9.90
	不偏分散 v^2	0.993
3	$t_{n-1}\left(\dfrac{\alpha}{2}\right)$	2.262
	$t_{n-1}\left(\dfrac{\alpha}{2}\right)\sqrt{\dfrac{v^2}{n}}$	0.713
4	信頼区間	$9.19 \leqq \mu \leqq 10.61$

データの数 n が大きければ大きいほど，より良く母数を推測できます．
しかし，やむを得ずデータ数 n に制限がかかる場合があります．例えば
　・難病などの希少疾患の医学調査や研究
　・高価な実験や試験
などです．
このような場合，もし $n < 30$ ならば，小標本としての解析が必要となります．

[POINT] $\alpha, n, \bar{x}, v^2$ を求めて，定理 2.2.4 の公式を使う

演習 36

大学 1 年生の F さんは化学実験の授業で，ある溶液の pH 値を測定することを勉強している．5 回測定して右のデータを得た．また，この溶液の pH は正規分布 $N(\mu, \sigma^2)$ に従っていると仮定する．
この溶液の pH 値の母平均 μ を信頼係数 95％で区間推定してみよう（小数第 3 位まで）． 解答は p.237

pH 測定結果
7.68
7.48
7.28
7.98
7.09

解 答 まず母分散 σ^2 が未知であることに注意する．

1. 母平均 μ の 95％信頼区間を求めるので $\alpha =$ [ア]☐．

2. まず $x_1 =$ [イ]☐，$x_2 =$ [ウ]☐，$x_3 =$ [エ]☐，$x_4 =$ [オ]☐，$x_5 =$ [カ]☐
標本平均 $\bar{x}$，不偏分散 v^2 を求める．標本の大きさは $n =$ [キ]☐．

$\bar{x} = \dfrac{1}{[ケ]☐} \times$ [コ]☐ $=$ [サ]☐

$v^2 = \dfrac{1}{[シ]☐ - 1}($[ス]☐ $-$ [セ]☐ $\times$ [ソ]☐$^2)$

$=$ [タ]☐

[ク]

	x_i	x_i^2
	7.68	
	7.48	
	7.28	
	7.98	
	7.09	
計		

3. 巻末の t 分布の数表 2 より

$t_{n-1}\left(\dfrac{\alpha}{2}\right) = t_{[チ]☐-1}\left(\dfrac{[ツ]☐}{2}\right)$

$= t_{[テ]☐}($[ト]☐$) =$ [ナ]☐

$\beta = t_{n-1}\left(\dfrac{\alpha}{2}\right)\sqrt{\dfrac{v^2}{n}} =$ [ナ]☐ $\times \sqrt{\dfrac{[ニ]☐}{[ヌ]☐}} =$ [ネ]☐

4. 溶液の pH 値 μ の 95％信頼区間は

[ノ]☐ $-$ [ハ]☐ $\leqq \mu \leqq$ [ノ]☐ $+$ [ハ]☐

小数第 3 位までとって

[ヒ]☐ $\leqq \mu \leqq$ [フ]☐

【解終】

ワークシート

1	信頼係数 $100(1-\alpha)\%$	㋐	$\alpha =$	
2	標本の大きさ n	㋖		
	標本平均 $\bar{x}$	㋚		
	不偏分散 v^2	㋛		
3	$t_{n-1}\left(\dfrac{\alpha}{2}\right)$	㋕		
	$t_{n-1}\left(\dfrac{\alpha}{2}\right)\sqrt{\dfrac{v^2}{n}}$	㋜		
4	信頼区間	㋬		

途中計算の数値の丸め方により，少し信頼区間がちがってくることがあります．

下に母平均 μ の信頼区間の求め方の場合分けを示してあります．

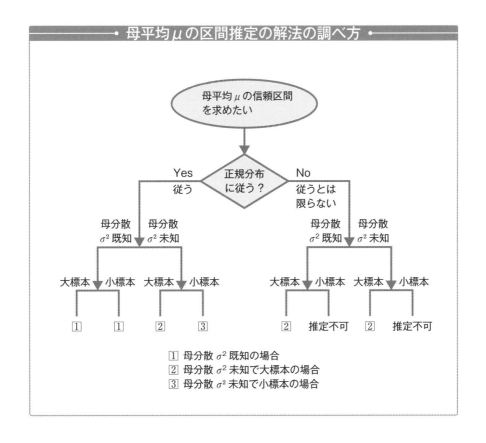

・ 母平均 μ の区間推定の解法の調べ方 ・

母平均 μ の信頼区間を求めたい

正規分布に従う？

Yes 従う　　No 従うとは限らない

母分散 σ^2 既知　母分散 σ^2 未知　　母分散 σ^2 既知　母分散 σ^2 未知

大標本　小標本　大標本　小標本　　大標本　小標本　大標本　小標本

1　　1　　2　　3　　　2　　推定不可　　2　　推定不可

1 母分散 σ^2 既知の場合
2 母分散 σ^2 未知で大標本の場合
3 母分散 σ^2 未知で小標本の場合

【2】 母分散の区間推定（母平均未知）

ここからは，母分散の区間推定を扱う．母平均が既知の場合は実用的ではないので，母平均が未知の場合を考える．

ここでは，正規母集団からの標本調査の確率モデルとして，同じ正規分布 $N(\mu, \sigma^2)$ に従う n 個の独立な確率変数 $X_1, X_2, \cdots, X_n$ を考える．この場合，まず次の定理が重要になる．証明は省略する．

> ### 定理 2.2.5
>
> $X_1, X_2, \cdots, X_n$ が互いに独立で正規分布 $N(\mu, \sigma^2)$ に従う確率変数のとき，
>
> $$(n-1)\frac{V^2}{\sigma^2} = \sum_{i=1}^{n} \frac{(X_i - \overline{X})^2}{\sigma^2}$$
>
> は自由度 $(n-1)$ の χ^2 分布に従う．

χ^2 分布の密度関数に対称性はないが，確率変数 $(n-1)\dfrac{V^2}{\sigma^2}$ の確率について，

$$P\left(\chi_{n-1}^2\left(1-\frac{\alpha}{2}\right) \leqq (n-1)\frac{V^2}{\sigma^2} \leqq \chi_{n-1}^2\left(\frac{\alpha}{2}\right)\right) = 1-\alpha$$

となるような自由度 $(n-1)$ の χ^2 分布における確率変数の値

$$\chi_{n-1}^2\left(1-\frac{\alpha}{2}\right) \quad \text{と} \quad \chi_{n-1}^2\left(\frac{\alpha}{2}\right)$$

を求めて利用する（右頁図参照）．これらの値は巻末の χ^2 分布の数表 3 より求めることができる．母分散 σ^2 が中辺に来るように変形すると

$$P\left(\frac{(n-1)V^2}{\chi_{n-1}^2\left(\dfrac{\alpha}{2}\right)} \leqq \sigma^2 \leqq \frac{(n-1)V^2}{\chi_{n-1}^2\left(1-\dfrac{\alpha}{2}\right)}\right) = 1-\alpha$$

これにより，不偏分散 V^2 の実現値 $v^2 = \dfrac{1}{n-1}\sum_{i=1}^{n}(x_i - \bar{x})^2 = \dfrac{1}{n-1}\left(\sum_{i=1}^{n} x_i^2 - n\bar{x}^2\right)$ を用いて，以下の結果を得る．

標本の大きさ n，実現値 $x_1, x_2, \cdots, x_n$，$\bar{x} = \dfrac{1}{n}\sum_{i=1}^{n} x_i$，$v^2 = \dfrac{1}{n-1}\left(\sum_{i=1}^{n} x_i^2 - n\bar{x}^2\right)$

が与えられたとき，母分散 σ^2 の信頼係数（信頼度）$100(1-\alpha)\%$ の信頼区間は

$$\frac{(n-1)v^2}{\chi_{n-1}^2\left(\dfrac{\alpha}{2}\right)} \leqq \sigma^2 \leqq \frac{(n-1)v^2}{\chi_{n-1}^2\left(1-\dfrac{\alpha}{2}\right)}$$

となる.

母分散 σ^2 の区間推定ワークシート

1	信頼係数 $100(1-\alpha)\%$	$\alpha = 0.05$　or　0.01		
2	標本の大きさ	n		
	標本平均 $\bar{x}$	$\dfrac{1}{n}\sum_{i=1}^{n} x_i$		
	不偏分散 v^2	$\dfrac{1}{n-1}\left(\sum_{i=1}^{n} x_i^2 - n\bar{x}^2\right)$		
3	$\chi_{n-1}^2\left(\dfrac{\alpha}{2}\right)$	巻末の χ^2 分布の数表 3 より	$\chi_{n-1}^2\left(1-\dfrac{\alpha}{2}\right)$	巻末の χ^2 分布の数表 3 より
	$\dfrac{(n-1)v^2}{\chi_{n-1}^2\left(\dfrac{\alpha}{2}\right)}$	a	$\dfrac{(n-1)v^2}{\chi_{n-1}^2\left(1-\dfrac{\alpha}{2}\right)}$	b
4	信頼区間	$a \leqq \sigma^2 \leqq b$		

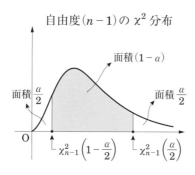

自由度 $(n-1)$ の χ^2 分布

面積 $(1-\alpha)$

面積 $\dfrac{\alpha}{2}$　　　　　　面積 $\dfrac{\alpha}{2}$

$\chi_{n-1}^2\left(1-\dfrac{\alpha}{2}\right)$　　$\chi_{n-1}^2\left(\dfrac{\alpha}{2}\right)$

母分散の区間推定（母平均未知）

例題

I 製菓で製造したクッキーをランダムに 10 枚取り出して重さを測定した結果，右のデータを得た．また，このクッキー 1 枚の重さは，正規分布 $N(\mu, \sigma^2)$ に従っていると仮定する．このデータより I 製菓のクッキーの重さについて，分散 σ^2 の 95 ％信頼区間を求めてみよう（小数第 2 位まで）．（データは p.170 問題 36 の例題と同じ）

I 製菓の クッキーの 重さ(g)	
8.9	10.9
10.2	9.0
10.1	9.8
9.3	10.0
8.8	12.0

∷ 解 答 ∷ I 製菓で製造される全クッキーの重さの分散が母分散 σ^2 である．右下のワークシートを順に埋めていこう．

1. 母分散 σ^2 の 95 ％信頼区間を求めたいので　$\alpha = 0.05$.

2. 標本の大きさは $n = 10$. 問題 36 の例題で計算した結果より

$$標本平均 \quad \bar{x} = 9.90, \qquad 不偏分散 \quad v^2 = 0.993$$

3. 巻末の χ^2 分布の数表 3 より

$$\chi^2_{n-1}\left(\frac{\alpha}{2}\right) = \chi^2_{10-1}\left(\frac{0.05}{2}\right) = \chi^2_9(0.025) = 19.023$$

$$\chi^2_{n-1}\left(1-\frac{\alpha}{2}\right) = \chi^2_{10-1}\left(1-\frac{0.05}{2}\right) = \chi^2_9(0.975) = 2.700$$

信頼区間の端点 a, b を計算すると

$$a = \frac{(n-1)v^2}{\chi^2_{n-1}\left(\frac{\alpha}{2}\right)}$$

$$= \frac{(10-1) \cdot 0.993}{19.023} = 0.470$$

$$b = \frac{(n-1)v^2}{\chi^2_{n-1}\left(1-\frac{\alpha}{2}\right)}$$

$$= \frac{(10-1) \cdot 0.993}{2.700} = 3.310$$

4. 母分散 σ^2 の 95 ％信頼区間は　$0.47 \leqq \sigma^2 \leqq 3.31$　【解終】

ワークシート

1	信頼係数 $100(1-\alpha)$ ％	$\alpha = 0.05$			
2	標本の大きさ n	10			
	標本平均 $\bar{x}$	9.90			
	不偏分散 v^2	0.993			
3	$\chi^2_{n-1}\left(\frac{\alpha}{2}\right)$	19.023	$\chi^2_{n-1}\left(1-\frac{\alpha}{2}\right)$	2.700	
	$\dfrac{(n-1)v^2}{\chi^2_{n-1}\left(\frac{\alpha}{2}\right)}$	0.470	$\dfrac{(n-1)v^2}{\chi^2_{n-1}\left(1-\frac{\alpha}{2}\right)}$	3.31	
4	信頼区間	$0.47 \leqq \sigma^2 \leqq 3.31$			

POINT $\alpha, n, \bar{x}, v^2, \chi^2_{n-1}\left(1-\dfrac{\alpha}{2}\right), \chi^2_{n-1}\left(\dfrac{\alpha}{2}\right)$ を求めて，定理 2.2.6 の公式を使う

演習 37

> 大学 1 年生の F さんは化学実験で，ある溶液の pH を測定し，右のデータを得た．また，この溶液の pH は，正規分布 $N(\mu, \sigma^2)$ に従っていると仮定する．この溶液の pH 測定値について，母分散 σ^2 の 95％信頼区間を求めてみよう（小数第 3 位まで）．
> （データは p.172 演習 36 と同じ）　解答は p.238

pH 測定結果
7.68
7.48
7.28
7.98
7.09

解答　溶液の pH のすべての測定値が母集団となる．この母集団の分散が母分散 σ^2 である．

1.　母分散 σ^2 の 95％信頼区間を求めたいので　$\alpha =$ ㋐□．

2.　標本の大きさは $n =$ ㋑□．演習 36 で求めた結果より

標本平均　$\bar{x} =$ ㋒□，　　不偏分散　$v^2 =$ ㋓□

3.　巻末の χ^2 分布の数表 3 より

$\chi^2_{n-1}\left(\dfrac{\alpha}{2}\right) =$ ㋔□

$\chi^2_{n-1}\left(1-\dfrac{\alpha}{2}\right) =$ ㋖□

信頼区間の端点 a, b を計算すると

$$a = \frac{(n-1)v^2}{\chi^2_{n-1}\left(\dfrac{\alpha}{2}\right)}$$

$=$ ㋘□

$$b = \frac{(n-1)v^2}{\chi^2_{n-1}\left(1-\dfrac{\alpha}{2}\right)}$$

$=$ ㋚□

4.　母分散 σ^2 の 95％信頼区間は，小数第 3 位までとると

㋜□ $\leqq \sigma^2 \leqq$ ㋝□　【解終】

ワークシート

1	信頼係数 $100(1-\alpha)$％	㋐ $\alpha =$		
2	標本の大きさ n	㋑		
	標本平均 $\bar{x}$	㋒		
	標本分散 v^2	㋓		
3	$\chi^2_{n-1}\left(\dfrac{\alpha}{2}\right)$	㋕	$\chi^2_{n-1}\left(1-\dfrac{\alpha}{2}\right)$	㋗
	$\dfrac{(n-1)v^2}{\chi^2_{n-1}\left(\dfrac{\alpha}{2}\right)}$	㋙	$\dfrac{(n-1)v^2}{\chi^2_{n-1}\left(1-\dfrac{\alpha}{2}\right)}$	㋛
4	信頼区間	㋞		

Section 2.3

検　定

　母集団分布の母数(母平均や母分散など)に関してある仮説をおいた場合，母集団からの無作為標本の実現値(データ)のみを利用して，その仮説が正しいと言うべきか，(このデータからは)正しいとは言い切れないかを決めることを**仮説の検定**という.

　まず，分かりやすい例で，検定において使われる帰無仮説と対立仮説を説明する.

　ある製薬会社の従来の風邪薬による回復日数と，最近開発された新しい風邪薬の回復日数を比較する. ただし，従来の風邪薬による回復日数は正確に知られており，新しい風邪薬の回復日数は臨床試験のデータとして知られているとする.

　このとき，"従来の風邪薬による回復日数"と"新しい風邪薬による回復日数"は同じだという仮説をたてる. つまり，

　　H_0：(新しい風邪薬による回復日数) = (従来の風邪薬による回復日数)

　この仮説を**帰無仮説**という. 本音では，新しい風邪薬の方が効き目があって欲しい(回復日数が短くなって欲しい)と期待しているので，この仮説は棄てたい，否定したい仮説となる，つまり読んで字のごとく無に帰したい仮説という意味である. では，その本音を仮説として表現すると，

　　H_1：(新しい風邪薬による回復日数)＜(従来の風邪薬による回復日数)

となる. この仮説を**対立仮説**という.

　つまり，帰無仮説 H_0 と対立仮説 H_1 は，お互いに排反に，つまり，まったく逆のことを主張する仮説になっている. よって，帰無仮説 H_0 が正しいとは言えない(これを，"帰無仮説 H_0 は棄却される"という)と判定したときは，対立仮説 H_1 は誤りとは言えないということになる. 逆に，そのデータからは，帰無仮説 H_0 が誤りとは言えない(これを，"帰無仮説 H_0 は棄却されない"という)と判断したときは，対立仮説 H_1 は棄却される. また，帰無仮説 H_0 と対立仮説 H_1 の

設定は，直面する問題によって変わる．

　一般的に，母数（母平均，母分散など）θ の検定では，以下の手順で行われる．

（1）帰無仮説と対立仮説を立てる．

　実際，

$$\text{帰無仮説 } H_0 : \quad \theta = \theta_0$$

であり，対立仮説は次の 3 通りが考えられる．

$$\text{対立仮説 } H_1 : \begin{cases} \theta = \theta_0 & \text{（両側検定）} \\ \theta < \theta_0 & \text{（左側検定）} \\ \theta > \theta_0 & \text{（右側検定）} \end{cases}$$

統計量とは，
無作為抽出された $\{X_1, \cdots, X_n\}$
から構成された式で，実現値は
母集団の特性を表します．

　先の例で言えば，

$$\theta \cdots \text{新しい風邪薬による回復日数}$$

$$\theta_0 \cdots \text{従来の風邪薬による回復日数}$$

なので，

$$H_0 : \theta = \theta_0$$

$$H_1 : \theta < \theta_0$$

で左側検定となる．

検定統計量とは
推定を行うときに用いる
分布がわかっている
統計量のことで，
検定したい母数により
異なります．

（2）**有意水準** α を設定する．基本的に $\alpha = 0.05$ または $\alpha = 0.01$ に定める．

（3）帰無仮説 H_0 が正しいとしたとき，適切な検定統計量を決めて，その検定統計量の確率分布を定める．検定統計量は主に検定したい母数（母平均，母分散）より決まる．

（4）データ（実現値）から，検定統計量の実現値を計算する．

（5）検定統計量の実現値が棄却域（帰無仮説 H_0 が棄却される検定統計量の実現値の範囲）に入るならば，帰無仮説 H_0 は棄却される．棄却域に入らなければ，帰無仮説 H_0 は棄却されない．

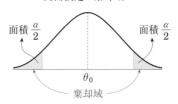

・両側検定の棄却域

面積 $\dfrac{\alpha}{2}$　　面積 $\dfrac{\alpha}{2}$

θ_0

棄却域

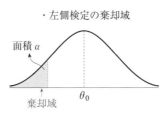

・左側検定の棄却域

面積 α

棄却域　θ_0

・右側検定の棄却域

面積 α

θ_0　棄却域

検定方法について，あまりにも一般的な説明になったので，これからいろいろなパターンを通じて詳しく説明していく．

【1】 母平均の検定

1 母平均の検定（母分散既知の場合）

ある**正規母集団**を考える．正規母集団からの標本調査の確率モデルとして，同じ正規分布 $N(\mu, \sigma^2)$ に従う n 個の独立な確率変数 $X_1, X_2, \cdots, X_n$ を考える．ただし，σ^2 は既知とする．

まず，母平均 μ について，次のように帰無仮説と対立仮説を設定する．

帰無仮説 H_0： $\mu = \mu_0$

対立仮説 H_1：$\begin{cases} \mu \neq \mu_0 & \text{（両側検定）} \\ \mu < \mu_0 & \text{（左側検定）} \\ \mu > \mu_0 & \text{（右側検定）} \end{cases}$

帰無仮説 H_0：$\mu = \mu_0$ が正しいとする．p.117 から，母平均の検定をする際，$\overline{X}$ の分布が重要であることはイメージできるだろう．p.117 定理 1.5.7 より，

$\overline{X}$ は $N\left(\mu_0, \dfrac{\sigma^2}{n}\right)$ に従う．よって，p.102 定理 1.4.6 を用いると，

$$Z = Z(X_1, \cdots, X_n) = \frac{\overline{X} - \mu_0}{\sqrt{\dfrac{\sigma^2}{n}}}$$

は $N(0, 1)$ に従うので，これを母平均の**検定統計量**として使う．有意水準を α とする（$\alpha = 0.05 \ \text{or} \ 0.01$）．

標本の実現値 $x_1, \cdots, x_n$ に対する検定統計量の実現値 z は

$$z = z(x_1, \cdots, x_n) = \frac{\overline{x} - \mu_0}{\sqrt{\dfrac{\sigma^2}{n}}}$$

となる．

①対立仮説 $H_1 : \mu \neq \mu_0$ の場合——両側検定

$z_{\frac{\alpha}{2}}$ を $P\left(Z \geq z_{\frac{\alpha}{2}}\right) = \frac{\alpha}{2}$ を満たす実数とする．もし，$z = z(x_1, \cdots, x_n)$ の値が

$$z \leq -z_{\frac{\alpha}{2}} \quad \text{または} \quad z_{\frac{\alpha}{2}} \leq z$$

になったとき（この範囲を**棄却域**といい R で表す），この現象が起こる確率は α 以下なので，めったに起こらないはずの現象が起きてしまったことになる．つまり，

　　　　帰無仮説 $H_0 : \mu = \mu_0$ 　は棄却
　　　　対立仮説 $H_1 : \mu \neq \mu_0$ 　を採用

という結論に達する．

　もし

$$-z_{\frac{\alpha}{2}} < z < z_{\frac{\alpha}{2}}$$

つまり，棄却域 R に入らない場合には，

　　　　帰無仮説 $H_0 : \mu = \mu_0$ 　は棄却されない

となり，このデータによる検定では，$\mu = \mu_0$ という結論に達する．

②対立仮説 $H_1 : \mu < \mu_0$ の場合——左側検定

　$\mu < \mu_0$ と予想がつく場合には，検定統計量 $Z = Z(X_1, \cdots, X_n)$ について，

$$\frac{\overline{X} - \mu}{\sqrt{\dfrac{\sigma^2}{n}}} > \frac{\overline{X} - \mu_0}{\sqrt{\dfrac{\sigma^2}{n}}}$$

なので，$\mu = \mu_0$ と仮定した場合の $Z = Z(X_1, \cdots, X_n)$ の実現値 $z = z(x_1, \cdots, x_n)$ は小さく出てくる可能性が強いので，

$$z \leq -z_\alpha$$

を棄却域とする．ただし，z_α を
$P(Z \geq z_\alpha) = \alpha$ を満たす実数とする．

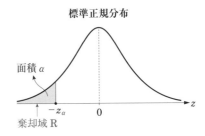

③対立仮説 $H_1 : \mu > \mu_0$ の場合——右側検定

$\mu > \mu_0$ と予想がつく場合には，検定統計量 $Z = Z(X_1, \cdots, X_n)$ について，

$$\frac{\overline{X} - \mu}{\sqrt{\dfrac{\sigma^2}{n}}} < \frac{\overline{X} - \mu_0}{\sqrt{\dfrac{\sigma^2}{n}}}$$

なので，$\mu = \mu_0$ と仮定した場合の $Z = Z(X_1, \cdots, X_n)$ の実現値 $z = z(x_1, \cdots, x_n)$ は大きく出てくる可能性が強いので，

$$z_\alpha \leqq z$$

を棄却域とする．

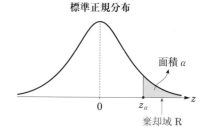

以上をまとめると次の結果が得られる．

定理 2.3.1　　母平均の検定（母分散既知の場合）

標本の大きさ n，母分散 σ^2，実現値 $x_1, x_2, \cdots, x_n$，$\bar{x} = \dfrac{1}{n} \sum\limits_{i=1}^{n} x_i$ が与えられ

$z = \dfrac{\bar{x} - \mu_0}{\sqrt{\dfrac{\sigma^2}{n}}}$ が得られたとき，母平均 μ の検定に関して，

$$\begin{cases} \text{両側検定の場合，} z \leqq -z_{\frac{\alpha}{2}} \text{ または } z_{\frac{\alpha}{2}} \leqq z \text{ のとき，} \\ \text{左側検定の場合，} z \leqq -z_\alpha \text{ のとき，} \\ \text{右側検定の場合，} z_\alpha \leqq z \text{ のとき，} \end{cases}$$

帰無仮説 H_0 は有意水準 α で棄却される．

母平均 μ の検定（母分散既知の場合）ワークシート

1	帰無仮説 H_0	$\mu = \mu_0$
	対立仮説 H_1	① $\mu \neq \mu_0$ ② $\mu < \mu_0$ ③ $\mu_0 < \mu$
	有意水準 α	0.05 or 0.01
2	標本の大きさ	n
	標本平均 $\bar{x}$	$\dfrac{1}{n}\displaystyle\sum_{i=1}^{n} x_i$
3	母分散 σ^2	σ^2
	母標準偏差 σ	σ
4	検定統計量 Z の実現値 z	$z = \dfrac{\bar{x} - \mu_0}{\sqrt{\dfrac{\sigma}{n}}}$
	① $z_{\frac{\alpha}{2}}$	$z_{\frac{\alpha}{2}} = \begin{cases} 1.96 & (\alpha = 0.05) \\ 2.58 & (\alpha = 0.01) \end{cases}$
	② ③ z_α	$z_\alpha = \begin{cases} 1.65 & (\alpha = 0.05) \\ 2.33 & (\alpha = 0.01) \end{cases}$
5	①両側検定 棄却域 R	$-z_{\frac{\alpha}{2}}$　0　$z_{\frac{\alpha}{2}}$
	②左側検定 棄却域 R	$-z_\alpha$　0
	③右側検定 棄却域 R	0　z_α
6	検定結果	帰無仮説 H_0 は棄却される　or　棄却されない

問題 38　母平均の検定（母分散既知の場合）

例題

M 乳業の"3.3 牛乳"は乳脂肪が 3.3％含まれている牛乳として売られている．表示に偽りがあるかもしれないと予想したある消費者団体が実際にランダムに選んだ 1ℓ 入りパック 6 本について乳脂肪を測定した結果，右のデータを得た．また，M 乳業の"3.3 牛乳"の乳脂肪は正規分布 $N(\mu, \sigma^2)$ に従っていると仮定する．さらに，M 乳業はその分散が $\sigma^2 = 0.02 (\%^2)$ だと公表している．このデータより，M 乳業の"3.3 牛乳"に含まれている乳脂肪は 3.3％であるかどうか，有意水準 1％で検定しよう．

乳脂肪（%）
3.21
3.33
3.02
3.10
3.15
3.46

:: 解答 ::　正規母集団を，すべての"3.3 牛乳"1ℓ 入りパックの乳脂肪（%）として，母平均 μ が 3.3 と言えるかどうか検定する．

1. μ_0，帰無仮説 H_0，対立仮説 H_1 を決め，有意水準を確認する．

　　問題文には，"乳脂肪は 3.3％であるかどうか"とあるので，$\mu_0 = 3.3$ であり，両側検定と判断できるので，

　　　　帰無仮説 $H_0 : \mu = 3.3$

　　　　対立仮説 $H_1 : \mu \neq 3.3$（両側検定）

　　　　　有意水準：$\alpha = 0.01$

となる．

	x_i
	3.21
	3.33
	3.02
	3.10
	3.15
	3.46
計	19.27

2. 標本平均の実現値 $\bar{x}$ を求めよう．右の表計算の結果を使うと，$n = 6$ なので，

$$\bar{x} = \frac{1}{n} \sum_{i=1}^{n} x_i = \frac{1}{6} \times 19.27 = 3.2117$$

3. 検定統計量 Z の実現値 z を計算する．$\sigma^2 = 0.02$ なので，

$$z = \frac{\bar{x} - \mu_0}{\sqrt{\dfrac{\sigma^2}{n}}} = \frac{3.2117 - 3.3}{\sqrt{\dfrac{0.02}{6}}} = -1.53$$

4. 両側検定なので，$z_{\frac{\alpha}{2}}$ の値を求める．
$\alpha = 0.01$ なので，

$$z_{\frac{\alpha}{2}} = 2.58$$

5. 検定統計量の実現値 z と $\pm z_{\frac{\alpha}{2}}$ を比較する．

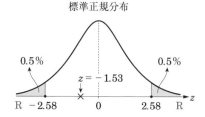

標準正規分布

0.5%　0.5%

$z = -1.53$

R　-2.58　0　2.58　R　z

$$-z_{\frac{\alpha}{2}} < z < z_{\frac{\alpha}{2}}$$

なので，定理 2.3.1 より

　　　　帰無仮説 H_0 は有意水準 1% で棄却されない．

したがって，このデータからは

　　　　乳脂肪は 3.3% であることは否定できない．

ワークシート

1	帰無仮説 H_0	$\mu = 3.3$
	対立仮説 H_1	① $\mu \neq \mu_0$（両側検定）
	有意水準 α	0.01
2	標本の大きさ n	6
	標本平均 $\bar{x}$	3.2117
3	母分散 σ^2	0.02
4	検定統計量 Z	-1.53
	① $z_{\frac{\alpha}{2}}$	2.58
5	①両側検定 棄却域	$z = -1.53$　　-2.58　0　2.58
6	検定結果	帰無仮説 H_0 は棄却されない

【解終】

z は，
$-z_{\frac{\alpha}{2}} = -z_{0.005} = -2.58$，$z_{\frac{\alpha}{2}} = z_{0.005} = 2.58$
と大小を比べるので，
この問題の場合は
$z = -1.53$ と 3 桁（小数第 2 位まで）
求めれば十分ですね

POINT $\alpha, n, \sigma, \bar{x}$ を求めて，定理 2.3.1 の公式を使う

演習 38

1 袋の重さの平均が 200g とされる，ある食品がある．しかし最近，内容量が少なくなっているのではないかという疑いが出てきた．そこで納入された商品から，ランダムに 10 袋を取り出してその内容量を測定したところ，右のデータを得た．また 1 袋の重さは正規分布 $N(\mu, \sigma^2)$ に従っていると仮定する．さらに，分散は $\sigma^2 = 3(\mathrm{g}^2)$ とされている．分散は変わらないとして，この食品の内容量の平均は少なくなったといえるか，有意水準 5%で検定しよう． 解答は p.238

内容量(g)
201.5
202.6
193.6
194.4
200.1
195.8
198.2
203.2
196.3
204.3

解答 正規母集団は，すべての「ある食品」である．

1. μ_0，帰無仮説 H_0，対立仮説 H_1 を決め，有意水準 α を確認する．

問題文には，“この食品の内容量の平均は少なくなったといえるか”とあるので，$\mu_0 =$ ㋐□ であり，㋑□ 側検定と判断できるので，

帰無仮説 H_0：$\mu =$ ㋒□

対立仮説 H_1：$\mu <$ ㋔□

有意水準：$\alpha =$ ㋖□

となる．

2. 標本平均の実現値 $\bar{x}$ を求めよう．右の表計算の結果と $n =$ ㋗□ から，

$$\bar{x} = \frac{1}{n}\sum_{i=1}^{n} x_i = ㋘\square$$

	x_i
	201.5
	202.6
	193.6
	194.4
	200.1
	195.8
	198.2
	203.2
	196.3
	204.3
計	

3. 母平均の検定統計量 Z の実現値 z を計算する．

$\sigma^2 =$ ㋚□ なので，

$$z = \frac{\bar{x} - \mu_0}{\sqrt{\dfrac{\sigma^2}{n}}} = ㋛\square$$

4. ㋑☐側検定なので，z_αの値を求める．$\alpha =$ ㋖☐なので，

$$z_\alpha = ㋝☐$$

5. ㋑☐側検定なので，検定統計量の実現値zと$-z_\alpha$を比較する．

$$z ㋞☐ -z_\alpha$$

なので，定理 2.3.1 より

帰無仮説 H_0 は

㋠☐．

したがって，このデータからは

この食品の内容量は㋢☐．

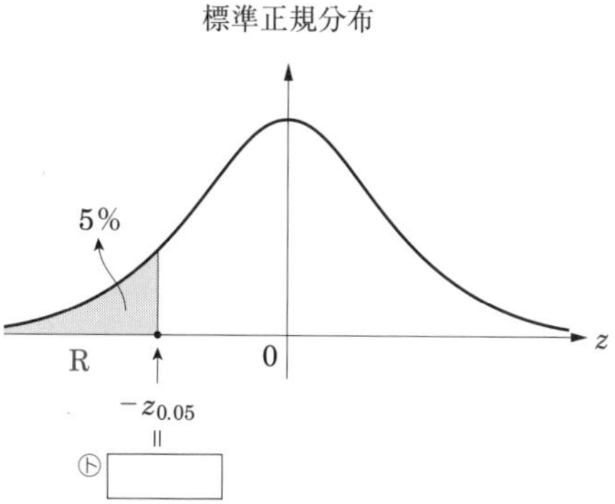
標準正規分布
5%
R
0
z
$-z_{0.05}$
‖
㋣

ワークシート

1	帰無仮説 H_0	㋓
	対立仮説 H_1	㋕
	有意水準 α	㋖
2	標本の大きさ n	㋗
	標本平均 $\bar{x}$	㋙
3	母分散 σ^2	㋚
4	検定統計量 z	㋜
	② z_α	㋝
5	②左側検定 棄却域	㋟ 0
6	検定結果	㋡

【解終】

2 母平均の検定 (母分散未知ではあるが大標本の場合)

ここでは, 大標本(標本数 n が 30 以上)の場合に母平均の検定を行う. 標本調査の確率モデルとして, 同じ確率分布に従う n 個の独立な確率変数 $X_1, X_2, \cdots, X_n$ を考える (これらの確率変数が正規分布に従っているとは限らない).

まず, 母平均について, 次のように帰無仮説と対立仮説を設定する.

帰無仮説 H_0 : $\mu = \mu_0$

$$
対立仮説\ \mathrm{H}_1 :
\begin{cases}
\mu = \mu_0 & (両側検定) \\
\mu < \mu_0 & (左側検定) \\
\mu > \mu_0 & (右側検定)
\end{cases}
$$

帰無仮説 H_0 : $\mu = \mu_0$ が正しいとする. 母平均の検定をするために, $\overline{X}$ の分布を求める. $n \geqq 30$ と p.128 定理 1.5.13 (中心極限定理) より, $\overline{X}$ は $N\left(\mu_0, \dfrac{\sigma^2}{n}\right)$ に従う. よって, p.102 定理 1.4.6 を用いると,

$$
Z = Z(X_1, \cdots, X_n) = \frac{\overline{X} - \mu_0}{\sqrt{\dfrac{\sigma^2}{n}}}
$$

は $N(0, 1)$ に従うので, これを母平均の**検定統計量**として使う. 有意水準を α とする ($\alpha = 0.05$ or 0.01).

標本の実現値 $x_1, \cdots, x_n$ に対する検定統計量の実現値 z は, 大標本の場合, p.164 ～165 (§2.2【1】2 母平均の区間推定(母分散未知ではあるが大標本の場合)の説明) の議論から, 標本分散の実現値 s^2 が母分散 σ^2 の代用として用いることができることを考慮に入れると,

$$
z = z(x_1, \cdots, x_n) = \frac{\overline{x} - \mu_0}{\sqrt{\dfrac{s^2}{n}}}
$$

となる.

p.180～182 (1 母平均の検定(母分散既知の場合)の説明部分) と同じように議論すると, 次の結果が得られる.

標本の大きさ n，母分散 σ^2，実現値 $x_1, x_2, \cdots, x_n$，$\bar{x} = \dfrac{1}{n} \sum_{i=1}^{n} x_i$ が与えられ

$z = \dfrac{\bar{x} - \mu_0}{\sqrt{\dfrac{s^2}{n}}}$ が得られたとき，母平均 μ の検定に関して，

$\left\{\begin{array}{l} \text{両側検定の場合，} z \leqq -z_{\frac{\alpha}{2}} \text{ または } z_{\frac{\alpha}{2}} \leqq z \text{のとき，} \\ \text{左側検定の場合，} z \leqq -z_{\alpha} \text{のとき，} \\ \text{右側検定の場合，} z_{\alpha} \leqq z \text{のとき，} \end{array}\right.$

帰無仮説 H_0 は有意水準 α で棄却される．

母平均 μ の検定（母分散未知で大標本の場合）ワークシート

1	帰無仮説 H_0	$\mu = \mu_0$
	対立仮説 H_1	①$\mu \neq \mu_0$　②$\mu < \mu_0$　③$\mu_0 < \mu$
	有意水準 α	0.05 or 0.01
2	標本の大きさ	n
	標本平均 $\bar{x}$	$\dfrac{1}{n} \sum_{i=1}^{n} x_i$
3	標本分散	$s^2 (\sigma^2 \text{の代用})$
	標本標準偏差	$s (\sigma \text{の代用})$
4	検定統計量 Z の実現値 z	$z = \dfrac{\bar{x} - \mu_0}{\sqrt{\dfrac{s^2}{n}}}$
	①　$z_{\frac{\alpha}{2}}$	$z_{\frac{\alpha}{2}} = \begin{cases} 1.96 & (\alpha = 0.05) \\ 2.58 & (\alpha = 0.01) \end{cases}$
	②③　z_{α}	$z_{\alpha} = \begin{cases} 1.65 & (\alpha = 0.05) \\ 2.33 & (\alpha = 0.01) \end{cases}$
5	①両側検定 棄却域 R	$-z_{\frac{\alpha}{2}} \quad 0 \quad z_{\frac{\alpha}{2}}$
	②左側検定 棄却域 R	$-z_{\alpha} \quad 0$
	③右側検定 棄却域 R	$0 \quad z_{\alpha}$
6	検定結果	帰無仮説 H_0 は棄却される　or　棄却されない

母平均の検定（母分散未知で大標本の場合（$n \geqq 30$））

例題

1粒の重さの平均 μ が 1.50g とされる，あるサプリメントがある．ある日，製造されたサプリメントから 60 粒を調べると，平均 1.57g, 標準偏差 0.288g であった．このことから，サプリメントの重さの平均 μ は重くなったか，有意水準 5% で検定しよう．

∷解答∷ 母集団は「あるサプリメント」全粒である．このサプリメントの真の重さの分散が分からないが，標本の大きさ $n = 60 (\geqq 30)$ なので，この標本の標準偏差 0.288 はサプリメントの真の標準偏差と判断できる．

1. μ_0, 帰無仮説 H_0, 対立仮説 H_1 を決め，有意水準 α を確認する．

   $\mu_0 = 1.50$ であり，問題文には，"このサプリメントの重さの平均 μ は重くなったか"とあるので，右側検定と判断できる．よって，

   帰無仮説 H_0：$\mu = 1.50$

   対立仮説 H_1：$\mu > 1.50$

   有意水準：$\alpha = 0.05$　となる．

2. 標本平均の実現値 $\bar{x}$ は $\bar{x} = 1.57$ である．

3. 検定統計量 Z の実現値 z を計算する．

   $n = 60 (\geqq 30)$ の場合，標本分散 $s^2 = (0.288)^2$ は母分散 σ^2 の代用として用いることができるので，

$$z = \frac{\bar{x} - \mu_0}{\sqrt{\dfrac{s^2}{n}}} = \frac{1.57 - 1.50}{\sqrt{\dfrac{(0.288)^2}{60}}} = 1.88$$

4. 右側検定なので，z_α の値を求める．$\alpha = 0.05$ なので，

$$z_\alpha = 1.65$$

5. 検定統計量の実現値 z と z_α を比較する．

$$z_\alpha < z$$

なので，定理 2.3.2 より

帰無仮説 H_0 は有意水準 5％で棄却される．

したがって，

このサプリメントの重さの平均 μ は重くなったといえる．

ワークシート

1	帰無仮説 H_0	$\mu = 1.50$
	対立仮説 H_1	$\mu > 1.50$
	有意水準 α	0.05
2	標本の大きさ n	60
	標本平均 $\bar{x}$	1.57
3	標本分散 s^2	0.288
4	検定統計量 z	1.88
	③ z_α	1.65
5	③右側検定 棄却域	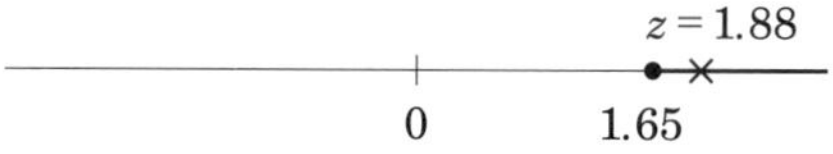
6	検定結果	帰無仮説 H_0 は棄却される

POINT ＞ $n, s, \bar{x}, \alpha$ を確認して，定理 2.3.2 の公式を使う

演習 39

ある農園でとれるトマトの 1 個の重さの平均 μ は 300g とされる．ある日，収穫した 40 個を調べると，平均 290g，標準偏差が 40g であった．このトマトの重さの平均 μ は軽くなったか，有意水準 5% で検定しよう．

解答は p.239

解答 母集団はある農園でとれるトマト全てである．

1. μ_0，帰無仮説 H_0，対立仮説 H_1 を決め，有意水準 α を確認する．

$\mu_0 =$ ㋐□ であり，問題文には，“このトマトの重さの平均 μ は軽くなったか” とあるので，㋑□ 側検定と判断できる．よって，

帰無仮説 H_0 : $\mu =$ ㋒□

対立仮説 H_1 : $\mu <$ ㋕□

有意水準 : $\alpha =$ ㋖□ 　となる．

2. 標本平均の実現値 $\bar{x}$ は $\bar{x} =$ ㋘□ である．

3. 検定統計量 Z の実現値 z を計算する（$\mu_0 =$ ㋙□）．

このトマトの真の重さの標準偏差は分からないが，標本の大きさは $n =$ ㋗□ $(\geqq 30)$ なので，この標本の標準偏差 $s = 40$ はトマトの重さの真の標準偏差 σ と判断できる．$s^2 =$ ㋚□ なので，

$$z = \frac{\bar{x} - \mu_0}{\sqrt{\dfrac{s^2}{n}}} = \text{㋛}\square$$

4. ㋑□ 側検定なので，z_α の値を求める．

$\alpha =$ ㋖□ なので，　$z_\alpha =$ ㋝□

5. 検定統計量の実現値 z と $-z_\alpha$ を比較する．

$-z_\alpha$ ㋞□ z 　なので，定理 2.3.2 より

帰無仮説 H_0 は ㋠□．

したがって，このデータからは

トマトの重さの平均 μ は

㋢□．　【解終】

ワークシート

1	帰無仮説 H_0	㋓
	対立仮説 H_1	㋕
	有意水準 α	㋖
2	標本の大きさ n	㋗
	標本平均 $\bar{x}$	㋘
3	標本分散 s^2	㋚
4	検定統計量 z	㋜
	② z_α	㋝
5	②左側検定 棄却域	㋟ 0
6	検定結果	㋡

③ 母平均の検定（母分散未知で小標本の場合）

先のケースで母分散未知で大標本の場合を扱ったが，小標本（$n < 30$）の場合はどうなるのだろうか？

ここでは，正規母集団からの標本調査の確率モデルとして，同じ正規分布 $N(\mu, \sigma^2)$ に従う n 個の独立な確率変数 $X_1, X_2, \cdots, X_n$ を考える．

まず，母平均について，次のように帰無仮説と対立仮説を設定する．

帰無仮説 H_0： $\mu = \mu_0$

$$
対立仮説\ H_1：\begin{cases} \mu \neq \mu_0 & （両側検定）\\ \mu < \mu_0 & （左側検定）\\ \mu > \mu_0 & （右側検定） \end{cases}
$$

帰無仮説 H_0：$\mu = \mu_0$　が正しいとする．

母平均の検定をするために，$\overline{X}$ が重要である．V^2 を不偏分散とすると p.168 定理 2.2.3 より，

$$
T = T(X_1, \cdots, X_n) = \frac{\overline{X} - \mu_0}{\sqrt{\dfrac{V^2}{n}}}
$$

は自由度 $(n-1)$ の t 分布に従うので，これを母平均の**検定統計量**として使う．

標本の実現値 $x_1, \cdots, x_n$ に対する検定統計量 T の実現値 t は

$$
t = t(x_1, \cdots, x_n) = \frac{\overline{x} - \mu_0}{\sqrt{\dfrac{v^2}{n}}}
$$

となる．有意水準を α とする（$\alpha = 0.05$ or 0.01）．

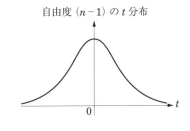

自由度 $(n-1)$ の t 分布

①対立仮説 H_1：$\mu \neq \mu_0$ の場合——両側検定

$\mu \neq \mu_0$ と予想がつく場合には，

$$
t \leq -t_{n-1}\left(\frac{\alpha}{2}\right) \ または \ t_{n-1}\left(\frac{\alpha}{2}\right) \leq t
$$

を棄却域とする．

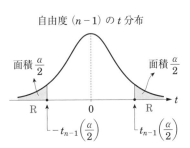

自由度 $(n-1)$ の t 分布

面積 $\dfrac{\alpha}{2}$ 　　面積 $\dfrac{\alpha}{2}$

R　　0　　R

$-t_{n-1}\left(\dfrac{\alpha}{2}\right)$ 　 $t_{n-1}\left(\dfrac{\alpha}{2}\right)$

②対立仮説 $H_1 : \mu < \mu_0$ の場合——左側検定

$\mu < \mu_0$ と予想がつく場合には,

$$t \leqq -t_{n-1}(\alpha)$$

を棄却域とする.

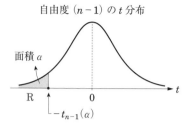

自由度 $(n-1)$ の t 分布

面積 α

R $\quad$ 0 $\quad$ t

$-t_{n-1}(\alpha)$

③対立仮説 $H_1 : \mu > \mu_0$ の場合——右側検定

$\mu > \mu_0$ と予想がつく場合には,

$$t_{n-1}(\alpha) \leqq t$$

を棄却域とする.

自由度 $(n-1)$ の t 分布

面積 α

0 $\quad$ R $\quad$ t

$t_{n-1}(\alpha)$

$t_{n-1}(\alpha)$, $t_{n-1}\left(\dfrac{\alpha}{2}\right)$ の値は
巻末の t 分布の数表 2 より求めます

以上をまとめると次の結果が得られる.

定理 2.3.3 　**母平均の検定（母分散未知で小標本の場合）**

標本の大きさ $n\,(< 30)$, 実現値 $\quad x_1, x_2, \cdots, x_n$, $\bar{x} = \dfrac{1}{n} \sum\limits_{i=1}^{n} x_i$,

$v^2 = \dfrac{1}{n-1} \left(\sum\limits_{i=1}^{n} x_i^2 - n\bar{x}^2 \right)$ が与えられ, $t = \dfrac{\bar{x} - \mu_0}{\sqrt{\dfrac{v^2}{n}}}$ が得られたとき,

母平均 μ の検定に関して,

$$\begin{cases} 両側検定の場合, \ t \leqq -t_{n-1}\left(\dfrac{\alpha}{2}\right) \ または \ t_{n-1}\left(\dfrac{\alpha}{2}\right) \leqq t \ のとき, \\ 左側検定の場合, \ t \leqq -t_{n-1}(\alpha) \ のとき, \\ 右側検定の場合, \ t_{n-1}(\alpha) \leqq t \ のとき, \end{cases}$$

帰無仮説 H_0 は有意水準 α で棄却される.

母平均 μ の検定（母分散未知で小標本の場合）ワークシート

<table>
<tr><td rowspan="3">1</td><td>帰無仮説 H_0</td><td>$\mu = \mu_0$</td></tr>
<tr><td>対立仮説 H_1</td><td>① $\mu \neq \mu_0$　　② $\mu < \mu_0$　　③ $\mu_0 < \mu$</td></tr>
<tr><td>有意水準 α</td><td>0.05 or 0.01</td></tr>
<tr><td rowspan="3">2</td><td>標本の大きさ</td><td>n</td></tr>
<tr><td>標本平均 $\bar{x}$</td><td>$\dfrac{1}{n}\sum\limits_{i=1}^{n} x_i$</td></tr>
<tr><td>不偏分散 v^2</td><td>$\dfrac{1}{n-1}\left(\sum\limits_{i=1}^{n} x_i^2 - n\bar{x}^2\right)$</td></tr>
<tr><td rowspan="3">3</td><td>検定統計量 t</td><td>$t = \dfrac{\bar{x} - \mu_0}{\sqrt{\dfrac{v^2}{n}}}$</td></tr>
<tr><td>① $t_{n-1}\left(\dfrac{\alpha}{2}\right)$</td><td>巻末の t 分布の数表 2 より</td></tr>
<tr><td>② ③ $t_{n-1}(\alpha)$</td><td>巻末の t 分布の数表 2 より</td></tr>
<tr><td rowspan="3">4</td><td>①両側検定
棄却域 R</td><td>軸上に $-t_{n-1}\left(\dfrac{\alpha}{2}\right)$ と 0 と $t_{n-1}\left(\dfrac{\alpha}{2}\right)$</td></tr>
<tr><td>②左側検定
棄却域 R</td><td>軸上に $-t_{n-1}(\alpha)$ と 0</td></tr>
<tr><td>③右側検定
棄却域 R</td><td>軸上に 0 と $t_{n-1}(\alpha)$</td></tr>
<tr><td>5</td><td>検定結果</td><td>帰無仮説 H_0 は棄却される　or　棄却されない</td></tr>
</table>

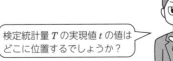

検定統計量 T の実現値 t の値は
どこに位置するでしょうか？

母平均の検定（母分散未知で小標本の場合$(n<30)$）

例題

M乳業の"3.3牛乳"は乳脂肪が3.3%含まれている牛乳として売られている．表示に偽りがあるかもしれないと予想したある消費者団体が実際にランダムに選んだ1ℓ入りパック6本について乳脂肪を測定した結果，右のデータを得た．また，M乳業の"3.3牛乳"の乳脂肪は正規分布$N(\mu, \sigma^2)$に従っていると仮定する．このデータより，M乳業の"3.3牛乳"に含まれている乳脂肪は3.3%であるかどうか有意水準1%で検定しよう．

乳脂肪(%)
3.21
3.33
3.02
3.10
3.15
3.46

∷ 解 答 ∷　母集団を，すべての"3.3牛乳"1ℓ入りパックの乳脂肪（%）として，母平均μが3.3といえるかどうか検定する．

1. 帰無仮説 H_0，対立仮説 H_1，有意水準 α を決めよう．

実際，p.184 問題 38 の 1. と同じように$\mu_0 = 3.3$で，

帰無仮説 H_0：$\mu = 3.3$

対立仮説 H_1：$\mu \neq 3.3$　（両側検定）

有意水準：$\alpha = 0.01$

2. 標本平均$\bar{x}$，不偏分散v^2を求めよう．

右の表計算の結果を使うと，$n=6$なので

	x_i	x_i^2
	3.21	10.3041
	3.33	11.0889
	3.02	9.1204
	3.10	9.6100
	3.15	9.9225
	3.46	11.9716
計	19.27	62.0175

$$\bar{x} = \frac{1}{n}\sum_{i=1}^{n} x_i = \frac{1}{6} \times 19.27 = 3.2117$$

$$v^2 = \frac{1}{n-1}\left(\sum_{i=1}^{n} x_i^2 - n\bar{x}^2\right)$$

$$= \frac{1}{6-1}(62.0175 - 6 \times 3.2117^2) = 0.0255$$

3. 検定統計量 T の実現値 t を計算する（$\mu_0 = 3.3$）．

$$t = \frac{\bar{x} - \mu_0}{\sqrt{\dfrac{v^2}{n}}} = \frac{3.2117 - 3.3}{\sqrt{\dfrac{0.0255}{6}}} = 1.3545$$

4. 両側検定なので，t 分布の数表（p.00）より次の値を調べる（$\alpha = 0.01$）．

$$t_{n-1}\left(\frac{\alpha}{2}\right)=t_{6-1}\left(\frac{0.01}{2}\right)=t_5(0.005)=4.032$$

5. t と $\pm t_{n-1}\left(\dfrac{\alpha}{2}\right)$ の値を比較する.

$$-t_5(0.005) < t < t_5(0.005)$$

なので

　仮説 H_0 は有意水準 1% で棄却されない

となる.

　　したがって，このデータからは

　　　乳脂肪は 3.3% である

ということを否定することはできない.

【解終】

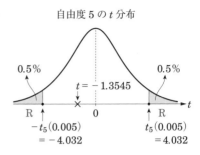

自由度 5 の t 分布

ワークシート

1	帰無仮説 H_0	$\mu = 3.3$
	対立仮説 H_1	① 　$\mu \neq 3.3$（両側検定）
	有意水準 α	0.01
2	標本の大きさ n	6
	標本平均 $\bar{x}$	3.2117
	不偏分散 v^2	0.0255
3	検定統計量 t	-1.3545
	① $t_{n-1}\left(\dfrac{\alpha}{2}\right)$	4.032
4	①両側検定 棄却域 R	$t = 1.3545$ -4.032　　0　　4.032
5	検定結果	帰無仮説 H_0 は棄却されない

この下の図は，次頁の演習 40 で使います．t の値を求め，×印で記入しましょう．

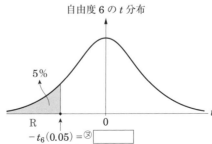

自由度 6 の t 分布

5%

R

$-t_6(0.05) =$ ⊗ ▢

POINT $\alpha, n, \bar{x}, v^2$ を求めて，定理 2.3.3 の公式を使う

演習 40

3 年前，全国の中学生の 1 か月間の平均読書冊数は 4.7 冊だったという調査結果がある．今年になり，平均読書冊数がさらに減っていると予想される．全国の中学生から 7 人を選び，1 か月間の読書冊数を調査したところ，右のデータを得た．全国の各中学生の 1 か月間の平均読書冊数は正規分布 $N(\mu, \sigma^2)$ に従うと仮定し，全国の中学生の 1 か月間の平均読書冊数が減ったといえるかどうか，有意水準 5% で検定しよう．

解答は p.240

読書冊数(冊)
5
3
2
1
4
6
0

解答 正規母集団は，全国の中学生である．

	x_i	x_i^2
	5	
	3	
	2	
	1	
	4	
	6	
	0	
計		

1. $\mu_0 =$ ㋐□ であり，問題文には，“全国の中学生の 1 か月間の平均読書冊数が減ったといえるか” とあるので，㋑□側検定と判断でき，

帰無仮説 H_0 ：$\mu =$ ㋒□

対立仮説 H_1 ：$\mu <$ ㋔□

有意水準　：$\alpha =$ ㋖□

2. 標本平均 $\bar{x}$，不偏分散 v^2 は，右の表計算の結果と $n =$ ㋗□から，

$$\bar{x} = \frac{1}{n}\sum_{i=1}^{n} x_i = \text{㋘}\square$$

$$v^2 = \frac{1}{n-1}\left(\sum_{i=1}^{n} x_i^2 - n\bar{x}^2\right) = \text{㋚}\square$$

3. 母平均の検定統計量 T の実現値 t は $(\mu_0 = 4.7)$，

$$t = \frac{\bar{x} - \mu_0}{\sqrt{\dfrac{v^2}{n}}} = \text{㋜}\square$$

4. ㋑□側検定なので，t 分布の数表 2 より

$(\alpha =$ ㋞□$)$，$t_{n-1}(\alpha) =$ ㋟□

5. ㋑□側検定なので，t と $-t_{n-1}(\alpha)$ の値を比較し，

t ㋡□ $-t_6(0.05)$　なので，定理 2.3.3 より

帰無仮説 H_0 は㋣□．

このデータからは，全国の中学生の 1 か月間の平均読書冊数は㋥□．

ワークシート

1	帰無仮説 H_0	㋓
	対立仮説 H_1	㋕
	有意水準 α	㋖
2	標本の大きさ n	㋗
	標本平均 $\bar{x}$	㋙
	不偏分散 v^2	㋛
3	検定統計量 t	㋝
	② $t_{n-1}(\alpha)$	㋠
4	②左側検定 棄却域	㋢ 0
5	検定結果	㋤

(p.197 下のグラフも参照)

【2】 母分散の検定（母平均未知の場合）

ここでは，母分散の検定を扱う．母分散の区間推定の時と同様に，母平均が既知の場合は実用的ではないので，母平均が未知の場合を考える．

ここでは，正規母集団からの標本調査の確率モデルとして，同じ正規分布 $N(\mu, \sigma^2)$ に従う n 個の独立な確率変数 $X_1, X_2, \cdots, X_n$ を考える．μ は未知とする．

まず，母分散 σ^2 について，次のように帰無仮説と対立仮説を設定する．

帰無仮説 H_0： $\sigma^2 = \sigma_0^2$

対立仮説 H_1：$\begin{cases} \sigma^2 \neq \sigma_0^2 & （両側検定）\\ \sigma^2 < \sigma_0^2 & （左側検定）\\ \sigma^2 > \sigma_0^2 & （右側検定）\end{cases}$

帰無仮説 H_0：$\sigma^2 = \sigma_0^2$ が正しいとする．このとき，p.174 定理 2.2.5 より，

$$U = U(X_1, \cdots, X_n) = \frac{(n-1)V^2}{\sigma_0^2} = \sum_{i=1}^{n} \frac{(X_i - \overline{X})^2}{\sigma_0^2}$$

は自由度 $(n-1)$ の χ^2 分布に従う．よって，これを母分散の**検定統計量**として使う．

標本の実現値 $x_1, \cdots, x_n$ に対する検定統計量 U の実現値 u は

$$u = u(x_1, \cdots, x_n) = \frac{(n-1)v^2}{\sigma_0^2}$$

となる．有意水準を α とする（$\alpha = 0.05$ or 0.01）．

①対立仮説 H_1：$\sigma^2 \neq \sigma_0^2$ の場合――両側検定

$\sigma^2 \neq \sigma_0^2$ と予想がつく場合には，

$$u \leq \chi_{n-1}^2\left(1 - \frac{\alpha}{2}\right) \text{ または } \chi_{n-1}^2\left(\frac{\alpha}{2}\right) \leq u$$

を棄却域とする．

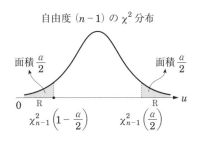

自由度 $(n-1)$ の χ^2 分布

面積 $\frac{\alpha}{2}$ 面積 $\frac{\alpha}{2}$

$\chi_{n-1}^2\left(1 - \frac{\alpha}{2}\right)$ $\chi_{n-1}^2\left(\frac{\alpha}{2}\right)$

②対立仮説 $H_1 : \sigma^2 < \sigma_0^2$ の場合──左側検定

$\sigma^2 < \sigma_0^2$ と予想がつく場合には,

$$u \leqq \chi_{n-1}^2(1-\alpha)$$

を棄却域とする.

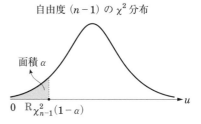

自由度 $(n-1)$ の χ^2 分布

面積 α

$0 \quad \mathrm{R}\chi_{n-1}^2(1-\alpha)$

③対立仮説 $H_1 : \sigma^2 > \sigma_0^2$ の場合──右側検定

$\sigma^2 > \sigma_0^2$ と予想がつく場合には,

$$\chi_{n-1}^2(\alpha) \leqq u$$

を棄却域とする.

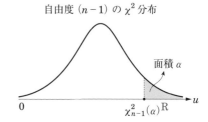

自由度 $(n-1)$ の χ^2 分布

面積 α

$0 \qquad \chi_{n-1}^2(\alpha)\mathrm{R}$

以上をまとめると次の結果が得られる.

定理 2.3.4　母分散の検定（母平均未知）

標本の大きさ $n\,(<30)$, 実現値 $x_1, x_2, \cdots, x_n$, $\quad \bar{x} = \dfrac{1}{n}\sum_{i=1}^{n} x_i$,

$v^2 = \dfrac{1}{n-1}\left(\sum_{i=1}^{n} x_i^2 - n\bar{x}^2\right)$ が与えられ, $u = \dfrac{(n-1)v^2}{\sigma_0^2}$ が得られたとき,

母分散 σ^2 の検定に関して,

$$\begin{cases} \text{両側検定の場合,}\ u \leqq \chi_{n-1}^2\left(1-\dfrac{\alpha}{2}\right)\ \text{または}\ \chi_{n-1}^2\left(\dfrac{\alpha}{2}\right) \leqq u\ \text{のとき,} \\[2mm] \text{左側検定の場合,}\ u \leqq \chi_{n-1}^2(1-\alpha)\text{のとき,} \\[2mm] \text{右側検定の場合,}\ \chi_{n-1}^2(\alpha) \leqq u\ \text{のとき,} \end{cases}$$

帰無仮説 H_0 は有意水準 α で棄却される.

母分散 σ^2 の検定（母平均未知）のワークシート

1	帰無仮説 H_0	$\sigma^2 = \sigma_0^2$
	対立仮説 H_1	① $\sigma^2 \neq \sigma_0^2$ ② $\sigma^2 < \sigma_0^2$ ③ $\sigma^2 > \sigma_0^2$
	有意水準 α	0.05 or 0.01
2	標本の大きさ	n
	標本平均 $\bar{x}$	$\dfrac{1}{n}\sum\limits_{i=1}^{n} x_i$
	不偏分散 v^2	$\dfrac{1}{n-1}\left(\sum\limits_{i=1}^{n} x_i^2 - n\bar{x}^2\right)$
3	検定統計量 u	$\dfrac{(n-1)v^2}{\sigma_0^2} = \dfrac{\sum\limits_{i=1}^{n} x_i^2 - n\bar{x}^2}{\sigma_0^2}$
4	① $\chi_{n-1}^2\left(1-\dfrac{\alpha}{2}\right)$ $\chi_{n-1}^2\left(\dfrac{\alpha}{2}\right)$	巻末の χ^2 分布の数表 3 より
	② $\chi_{n-1}^2(1-\alpha)$ $\chi_{n-1}^2(\alpha)$	巻末の χ^2 分布の数表 3 より
5	①両側検定 棄却域	$0 \qquad \chi_{n-1}^2\left(1-\dfrac{\alpha}{2}\right) \qquad\qquad \chi_{n-1}^2\left(\dfrac{\alpha}{2}\right)$
	②左側検定 棄却域	$0 \qquad \chi_{n-1}^2(1-\alpha)$
	③右側検定 棄却域	$0 \qquad\qquad \chi_{n-1}^2(\alpha)$
6	検定結果	帰無仮説 H_0 は棄却される or 棄却されない

問題 41　母分散の検定（母平均未知の場合）

例題

ある製品を製造している機械が古くなってきた. このために製品の重さのバラツキ（分散）が大きくなってきたのではないかという疑問が出た. このことを検証するために，無作為に4個を取り出して，重さを測定した結果右のデータを得た. また，この製品1個のあたりの重さは正規分布 $N(\mu, \sigma^2)$ に従うとする. これまでのこの製品の重さの分散は $\sigma^2 = 10 \, (\mathrm{g}^2)$ であるとされてきた. このとき，バラツキが大きくなったかを有意水準5%で検定せよ.

製品の重さ(g)
200
201
197
210

:: 解答 ::　**1.**　σ_0^2，帰無仮説 H_0，対立仮説 H_1 を決め，有意水準 α を確認する.

$\sigma_0^2 = 10$ であり，問題文には，"バラツキが大きくなったか" とあるので，右側検定と判断できる. よって，

帰無仮説 $H_0 : \sigma^2 = 10$

対立仮説 $H_1 : \sigma^2 > 10$

有意水準 : $\alpha = 0.05$

となる.

2.　標本平均，不偏分散の実現値 $\bar{x}$，v^2 を求めよう.

右の表計算の結果を使うと，$n = 4$ なので，

$$\bar{x} = \frac{1}{n}\sum_{i=1}^{n} x_i = \frac{1}{4} \times 808 = 202$$

$$v^2 = \frac{1}{n-1}\left(\sum_{i=1}^{n} x_i^2 - n\bar{x}^2\right)$$

$$= \frac{1}{3}\{163310 - 4 \times (202)^2\} = \frac{1}{3} \times 94 = 31.3333$$

x_i	x_i^2
200	40000
201	40401
197	38809
210	44100
計　808	163310

3.　検定統計量 U の実現値 u を計算する.

$$u = \frac{(n-1)v^2}{\sigma_0^2} = \frac{(4-1)v^2}{10} = \frac{3 \times \frac{1}{3} \times 94}{10} = 9.4$$

4. 右側検定なので，$\chi_{n-1}^2(\alpha)$ の値を求める．$\alpha = 0.05$ なので，

$$\chi_{n-1}^2(\alpha) = \chi_3^2(0.05) = 7.81473$$

5. 検定統計量 U の実現値 u と $\chi_{n-1}^2(\alpha)$ を比較する．

$$\chi_{n-1}^2(\alpha) < u$$

なので，定理 2.3.4 より

帰無仮説 H_0 は有意水準 5% で棄却される．

したがって，このデータからは

バラツキは大きくなったと言える．

【解終】

ワークシート

1	帰無仮説 H_0	$\sigma^2 = 10$
	対立仮説 H_1	③ $\sigma^2 > 10$ （右側検定）
	有意水準 α	0.05
2	標本の大きさ n	4
	標本平均 $\bar{x}$	202
	不偏分散 v^2	$\dfrac{1}{3} \times 94 = 31.3333$
3	検定統計量 u	$\dfrac{3 \times \frac{1}{3} \times 94}{10} = 9.4$
4	③ $\chi_{n-1}^2(\alpha)$	7.81473
5	③右側検定 棄却域	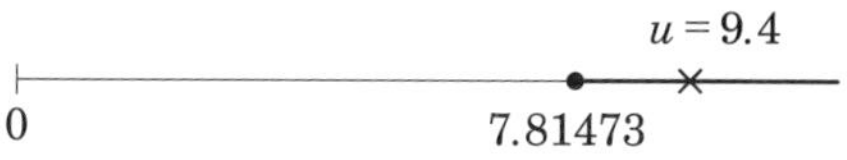
6	検定結果	帰無仮説 H_0 は棄却される

POINT $\alpha, n, \bar{x}, v^2, u$ を求めて，定理 2.3.4 の公式を使う

演習 41

ある会社で製造されたある製品の寿命分布は正規分布 $N(\mu, \sigma^2)$ に従っているとする．今回，この製品を無作為に 6 個購入し，消費者による寿命テストが行われた．その結果は右の表である．この結果から，母分散 σ^2 がこの会社の想定している値 0.2 に等しいかそうでないか，有意水準 5%の検定しよう．

解答は p.240

製品の寿命(時間)
10.0
11.0
10.5
9.4
10.3
9.7

解答 **1.** σ_0^2，帰無仮説 H_0，対立仮説 H_1 を決め，有意水準 α を確認する．

$\sigma_0^2 =$ [ア]☐ であり，問題文に，“等しいかそうでないか”とあるので，両側検定と判断できる．よって，

帰無仮説 H_0：σ^2 [イ]☐ 0.2

対立仮説 H_1：σ^2 [エ]☐ 0.2

有意水準：$\alpha =$ [カ]☐ となる．

	x_i	x_i^2
	10.0	
	11.0	
	10.5	
	9.4	
	10.3	
	9.7	
計		

2. 標本平均，不偏分散の実現値 $\bar{x}$，v^2 を求めよう．

右の表計算の結果を使うと，$n =$ [キ]☐ なので，

$$\bar{x} = \sum_{i=1}^{n} x_i = \text{[ク]}\square$$

$$v^2 = \frac{1}{n-1}\left(\sum_{i=1}^{n} x_i^2 - n\bar{x}^2\right) = \text{[コ]}\square$$

3. 検定統計量 U の実現値 u を計算する．

$$u = \frac{(n-1)v^2}{\sigma_0^2} = \text{[シ]}\square$$

4. 両側検定なので，$\chi^2_{n-1}\left(1-\dfrac{\alpha}{2}\right)$，$\chi^2_{n-1}\left(\dfrac{\alpha}{2}\right)$ の値を求める．$\alpha =$ [カ]☐ なので，

$$\chi^2_{n-1}\left(1-\frac{\alpha}{2}\right) = \text{[セ]}\square$$

$$\chi^2_{n-1}\left(\frac{\alpha}{2}\right) = \text{[タ]}\square$$

5. 検定統計量の実現値 u と $\chi^2_{n-1}\left(1-\dfrac{\alpha}{2}\right)$, $\chi^2_{n-1}\left(\dfrac{\alpha}{2}\right)$ を比較する.

ⓨ[   ]

なので，定理 2.3.4 より

帰無仮説 H_0 はⓑ[   ]

したがって，このデータからは

㊀[   ]

ワークシート

1	帰無仮説 H_0	ⓦ	
	対立仮説 H_1	㋔	
	有意水準 α	㋕	
2	標本の大きさ n	㋖	
	標本平均 $\bar{x}$	㋘	
	不偏分散 v^2	㋚	
3	検定統計量 u	㋜	
4	①$\chi^2_{n-1}\left(1-\dfrac{\alpha}{2}\right)$	ⓨ	
	$\chi^2_{n-1}\left(\dfrac{\alpha}{2}\right)$	㋟	
5	①両側検定 棄却域	㋢	$\vdash\!\!\!-\!\!\!-\!\!\!-\!\!\!-\!\!\!-\!\!\!-\!\!\!-\!\!\!-\!\!\!-\!$ 0
6	検定結果	㋤	

【3】 母平均の差の検定

1 母平均の差の検定（母分散既知，および母分散未知かつ大標本の場合）

ここでは，2つの母集団について，母平均が等しいかどうかの検定を行う．$X_1, \cdots, X_m$ を正規母集団 $N(\mu_1, \sigma_1^2)$ の無作為標本，$Y_1, \cdots, Y_n$ を正規母集団 $N(\mu_2, \sigma_2^2)$ の無作為標本とする．ただし，σ_1^2, σ_2^2 は既知とする．このとき，データ $x_1, \cdots, x_m$，と $y_1, \cdots, y_n$ を正規母集団からの無作為標本の実現値として解析する．

まず，母平均について，次のように帰無仮説と対立仮説を設定する．

$$\text{帰無仮説 } \mathrm{H}_0 : \mu_1 = \mu_2 \qquad \text{対立仮説 } \mathrm{H}_1 : \begin{cases} \mu_1 \neq \mu_2 & \text{（両側検定）} \\ \mu_1 < \mu_2 & \text{（左側検定）} \\ \mu_1 > \mu_2 & \text{（右側検定）} \end{cases}$$

母平均の差の検定には，$\overline{X} - \overline{Y}$ の分布が重要である．次の2つの定理を紹介する．

定理 2.3.5

$X_1, X_2, \cdots, X_m$ が互いに独立で正規分布 $N(\mu_1, \sigma_1^2)$ に従う確率変数で，$Y_1, Y_2, \cdots, Y_n$ が互いに独立で正規分布 $N(\mu_2, \sigma_2^2)$ に従う確率変数のとき，$\overline{X} - \overline{Y}$ は次の分布に従う．

$$\text{正規分布 } N\left(\mu_1 - \mu_2, \ \frac{\sigma_1^2}{m} + \frac{\sigma_2^2}{n}\right)$$

定理 2.3.6 母平均の差の検定（母分散既知の場合）

2つの正規母集団 $N(\mu_1, \sigma_1^2)$，$N(\mu_2, \sigma_2^2)$（σ_1^2, σ_2^2 は既知）からそれぞれ，無作為に抽出した大きさ m, n の標本を取り出し，それぞれの平均の実現値を $\bar{x}, \bar{y}$ とする．$z = \dfrac{\bar{x} - \bar{y}}{\sqrt{\dfrac{\sigma_1^2}{m} + \dfrac{\sigma_2^2}{n}}}$ が得られたとき，母平均の差の検定に関して，

z の値が次の範囲のとき，帰無仮説 H_0 は有意水準 α で棄却される．

①両側検定の場合，$z \leq -z_{\frac{\alpha}{2}}$ または $z_{\frac{\alpha}{2}} \leq z$

②左側検定の場合，$z \leq -z_\alpha$ ③右側検定の場合，$z_\alpha \leq z$

解説

帰無仮説 $H_0：\mu_1 = \mu_2$ が正しいとすると，定理 2.3.5 より $\overline{X} - \overline{Y}$ は

$N\left(0, \dfrac{\sigma_1^2}{m} + \dfrac{\sigma_2^2}{n}\right)$ に従うので，標準化された次の Z は $N(0, 1)$ に従う.

$$Z = Z(X_1, \cdots, X_m, \ Y_1, Y_2, \cdots, Y_n) = \frac{\overline{X} - \overline{Y}}{\sqrt{\dfrac{\sigma_1^2}{m} + \dfrac{\sigma_2^2}{n}}}$$

この Z を母平均の**検定統計量**とし，有意水準 α（$=0.05$ or 0.01）で検定する.

【解説終】

定理 2.3.6 は，
p.180〜 182 の母分散が既知の場合の
母平均の検定のときと同様に得られます.
また，$m \geqq 30$, $n \geqq 30$ のときは，
標本分散 s_1^2, s_2^2 を
σ_1^2, σ_2^2 の代用として用いることができます.
例題と演習で理解していきましょう.

母平均の差の検定（母分散既知）のワークシート

1	帰無仮説 H_0	$\mu_1 = \mu_2$			
	対立仮説 H_1	① $\mu_1 \neq \mu_2$　② $\mu_1 < \mu_2$　③ $\mu_1 > \mu_2$			
	有意水準 α	0.05 or 0.01			
2	標本の大きさ		m		n
	標本平均	$\bar{x}$	$\dfrac{1}{m}\sum\limits_{i=1}^{m} x_i$	$\bar{y}$	$\dfrac{1}{n}\sum\limits_{i=1}^{n} y_i$
	分散		σ_1^2		σ_2^2
3	検定統計量 z	$\dfrac{\bar{x} - \bar{y}}{\sqrt{\dfrac{\sigma_1^2}{m} + \dfrac{\sigma_2^2}{n}}}$			
	① $z_{\frac{\alpha}{2}}$	$z_{\frac{\alpha}{2}} = \begin{cases} 1.96 & (\alpha = 0.05) \\ 2.58 & (\alpha = 0.01) \end{cases}$			
	② ③ z_α	$z_\alpha = \begin{cases} 1.65 & (\alpha = 0.05) \\ 2.33 & (\alpha = 0.01) \end{cases}$			
4	①両側検定 棄却域	![両側検定の棄却域 $-z_{\frac{\alpha}{2}}$　0　$z_{\frac{\alpha}{2}}$]			
	②左側検定 棄却域	![左側検定の棄却域 $-z_\alpha$　0]			
	③右側検定 棄却域	![右側検定の棄却域 0　z_α]			
5	検定結果	帰無仮説 H_0 は棄却される　or　棄却されない			

母平均の差の検定（母分散既知の場合）

例題

2台の機械 A，B で同じ製品を作っている．最近，製品の重量が違うのではないかという疑問が起きた．そこで，A，B からそれぞれ 6 個を製品を無作為に選んで重量を測定したところ右のデータを得た．また，A で作った製品の重量，B で作った製品の重量はそれぞれ正規分布 $N(\mu_1, \sigma_1^2)$，$N(\mu_2, \sigma_2^2)$ に従っていると仮定する．さらにこれまでの経験から，A で作った製品の分散，B で作った製品の分散がそれぞれ $\sigma_1^2 = (7.2)^2$，$\sigma_2^2 = (6.4)^2$ であることが知られている．このデータより，母平均に差があるかどうか，有意水準 5% で検定しよう．

製品の重量(g)	
A	B
81	67
74	74
70	78
69	72
61	71
83	88

∷ 解答 ∷ **1.** 帰無仮説 H_0，対立仮説 H_1 を決め，有意水準を確認する．

問題文には，"母平均に差があるかどうか" とあるので，両側検定と判断できる．

$$帰無仮説 \ H_0：\mu_1 = \mu_2$$
$$対立仮説 \ H_1：\mu_1 \neq \mu_2$$
$$有意水準：\alpha = 0.05$$

となる．

2. A と B それぞれ作られた製品の重量の標本平均の実現値を，それぞれ $\bar{x}, \bar{y}$ とする．右の表計算の結果を使うと，$m = n = 6$ なので，

$$\bar{x} = \sum_{i=1}^{6} x_i = \frac{1}{6} \times 438 = 73$$

$$\bar{y} = \sum_{i=1}^{6} y_i = \frac{1}{6} \times 450 = 75$$

	x_i	y_i
	81	67
	74	74
	70	78
	69	72
	61	71
	83	88
計	438	450

3. 検定統計量 Z の実現値 z を計算する．

$\sigma_1^2 = (7.2)^2$，$\sigma_2^2 = (6.4)^2$ なので，

$$z = \frac{\bar{x} - \bar{y}}{\sqrt{\dfrac{\sigma_1^2}{m} + \dfrac{\sigma_2^2}{n}}} = \frac{73 - 75}{\sqrt{\dfrac{(7.2)^2}{6} + \dfrac{(6.4)^2}{6}}} = -0.50855$$

4. 両側検定なので，$z_{\frac{\alpha}{2}}$ の値を求める．$\alpha = 0.05$ なので，

$$z_{\frac{\alpha}{2}} = 1.96$$

5. 検定統計量の実現値 z と $\pm z_{\frac{\alpha}{2}}$ を比較する．

$$-z_{\frac{\alpha}{2}} < z < z_{\frac{\alpha}{2}}$$

なので，定理 2.3.5 より

帰無仮説 H_0 は有意水準 5% で棄却されない．

したがって，このデータからは

2 台の機械による製品の重量に差があるとは言えない． 【解終】

ワークシート

1	帰無仮説 H_0	$\mu_1 = \mu_2$			
	対立仮説 H_1	① $\mu_1 \neq \mu_2$（両側検定）			
	有意水準 α	0.05			
2	標本の大きさ	6		6	
	標本平均	$\bar{x}$	73	$\bar{y}$	75
	母分散	$\sigma_1^2 \ (7.2)^2$	$(7.2)^2$	σ_2^2	$(6.4)^2$
3	検定統計量 z	-0.50855			
	① $z_{\frac{\alpha}{2}}$	1.96			
4	①両側検定 棄却域	$z = -0.50855$ $-1.96 \quad 0 \quad 1.96$			
5	検定結果	帰無仮説 H_0 は棄却されない			

製造業などでの品質管理において，
長さや重さなどが長期間にわたり
計測されている場合，
その分布が安定しているとみなされれば，
分散は既知として，
最近の製品について解析されます

POINT α, m, n, σ_1^2, σ_2^2, $\bar{x}$, $\bar{y}$ を求めて，定理 2.3.6 の公式を使う

演習 42

A 高校と B 高校では，数学の学力（の平均）に差があるという説がある．
A 高校と B 高校からそれぞれ，50 人ずつを選んで共通のテストをしたところ，以下の結果が得られた．

A 高校：平均 66.1 点，分散 75(点)^2

B 高校：平均 62.1 点，分散 125(点)^2

本当に差があるかどうかを有意水準 5% で検定しよう． 解答は p.241

解答 $m=n=50 \geqq 30$ なので，A 高校の標本分散 $s_1^2=75$，B 高校の標本分散 $s_2^2=125$ をそれぞれ真の母分散 σ_1^2，σ_2^2 の代用として用いることができる．

1. 帰無仮説 H_0，対立仮説 H_1 を決め，有意水準 α を確認する．

問題文に，"本当に差があるかどうか" とあるので，[ア]□側検定と判断できるので，次のように確認できる．

帰無仮説 H_0：$\mu_1=\mu_2$

対立仮説 H_1：μ_1 [ウ]□ μ_2

有意水準　：$\alpha=$ [オ]□

2. 標本平均の実現値 $\bar{x}$, $\bar{y}$ を確認する．

$\bar{x}=$ [ク]□，　$\bar{y}=$ [ケ]□

標本分散の実現値 s_1^2，s_2^2 を確認する．

$s_1^2=$ [コ]□，　$s_2^2=$ [サ]□

で，$m=n=50 \geqq 30$ なので，$\sigma_1^2=$ [コ]□，$\sigma_2^2=$ [サ]□ とできる．

3. 母平均の差の検定統計量 Z の実現値 z を計算する．

$$z=\frac{\bar{x}-\bar{y}}{\sqrt{\dfrac{\sigma_1^2}{m}+\dfrac{\sigma_2^2}{n}}}= \text{[シ]}\square$$

4. [セ]□側検定なので，$z_{\frac{\alpha}{2}}$ の値を求める．$\alpha=$ [オ]□ なので，

$z_{\frac{\alpha}{2}}=$ [ソ]□

5. ㋝□側検定なので，検定統計量の実現値 z と $z_{\frac{\alpha}{2}}$ を比較する．

$$z_{\frac{\alpha}{2}} \text{㋟} \square \, z$$

なので，定理 2.3.5 より

帰無仮説 H_0 は㋡□．

したがって，このデータからは

A 高校と B 高校では，㋣□．

【解終】

ワークシート

1	帰無仮説 H_0	㋑			
	対立仮説 H_1	㋓			
	有意水準 α	㋔			
2	標本の大きさ	㋕		㋖	
	標本平均	$\bar{x}$	㋗	$\bar{y}$	㋘
	（標本）分散	σ_1^2（または s_1^2）	㋙	σ_2^2（または s_2^2）	㋚
3	検定統計量 z	㋜			
	① $z_{\frac{\alpha}{2}}$	㋞			
4	①両側検定 棄却域	㋠ 0			
5	検定結果	㋢			

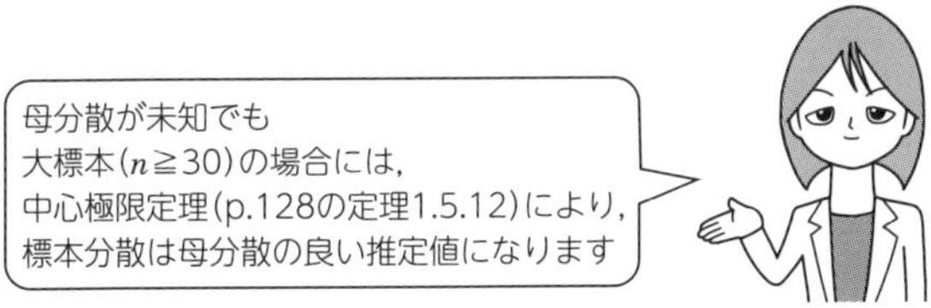

母分散が未知でも
大標本($n \geqq 30$)の場合には，
中心極限定理(p.128の定理1.5.12)により，
標本分散は母分散の良い推定値になります

2 母平均の差の検定（等分散未知の場合）

ここでは，2 つの母集団について，等分散未知の場合に母平均が等しいかどうかの検定を行う．つまり $X_1, \cdots, X_m$ を正規母集団 $N(\mu_1, \sigma_1^2)$ の無作為標本，$Y_1, \cdots, Y_n$ を正規母集団 $N(\mu_2, \sigma_2^2)$ の無作為標本とするとき，2 つの母分散 σ_1^2, σ_2^2 が未知ではあるが，等分散 $\sigma_1^2 = \sigma_2^2 = \sigma^2$ という条件の下で，2 つの母平均 μ_1, μ_2 が等しいかどうかを検定する．

まず，母平均について，次のように帰無仮説と対立仮説を設定する．

$$\text{帰無仮説 } H_0 : \mu_1 = \mu_2 \qquad \text{対立仮説 } H_1 : \begin{cases} \mu_1 \neq \mu_2 & \text{（両側検定）} \\ \mu_1 < \mu_2 & \text{（左側検定）} \\ \mu_1 > \mu_2 & \text{（右側検定）} \end{cases}$$

この場合，次の 2 つの定理が重要になる．証明は省略する．

定理 2.3.7

$X_1, X_2, \cdots, X_m$ が互いに独立で正規分布 $N(\mu_1, \sigma^2)$ に従う確率変数で，$Y_1, Y_2, \cdots, Y_n$ が互いに独立で正規分布 $N(\mu_2, \sigma^2)$ に従う確率変数のとき，

$$\dfrac{\overline{X} - \overline{Y} - (\mu_1 - \mu_2)}{\sqrt{\left(\dfrac{1}{m} + \dfrac{1}{n}\right) V^2}}$$

は自由度 $(m + n - 2)$ の t 分布に従う．ここで，

$$V^2 = \dfrac{(m-1)V_1^2 + (n-1)V_2^2}{m + n - 2} \qquad \begin{cases} \overline{X}, V_1^2 : X_1, \cdots, X_m \text{ の標本平均，不偏分散} \\ \overline{Y}, V_2^2 : Y_1, \cdots, Y_n \text{ の標本平均，不偏分散} \end{cases}$$

定理 2.3.8　母平均の差の検定（等分散未知の場合）

2 つの正規母集団 $N(\mu_1, \sigma^2)$, $N(\mu_2, \sigma^2)$（σ^2 は未知）からそれぞれ，無作為に抽出した大きさ m, n の標本を取り出し，それぞれの平均の実現値を $\bar{x}, \bar{y}$ とする．$t = \dfrac{\bar{x} - \bar{y}}{\sqrt{\left(\dfrac{1}{m} + \dfrac{1}{n}\right) v^2}}$ が得られたとき，母平均の差の検定に関して，

t の値が次の範囲のとき，帰無仮説 H_0 は有意水準 α で棄却される．

①両側検定の場合，$t \leq -t_{m+n-2}\left(\dfrac{\alpha}{2}\right)$ または $t_{m+n-2}\left(\dfrac{\alpha}{2}\right) \leq t$

②左側検定の場合，$t \leq -t_{m+n-2}(\alpha)$ 　③右側検定の場合，$t_{m+n-2}(\alpha) \leq t$

解説 帰無仮説 $H_0 : \mu_1 = \mu_2$ が正しいとする．定理 2.3.7 より，

$$T = \frac{\overline{X} - \overline{Y}}{\sqrt{\left(\dfrac{1}{m} + \dfrac{1}{n}\right) V^2}} \quad は自由度 (m+n-2) の t 分布に従うので，この T$$

を母平均の検定統計量とし，有意水準 $\alpha\,(=0.05\ \text{or}\ 0.01)$ で検定する．　【解説終】

定理2.3.8は，
p.193〜194の
母分散が未知で小標本の場合の
母平均の検定のときと同様に
得られます

母平均の差の検定（等分散未知）ワークシート

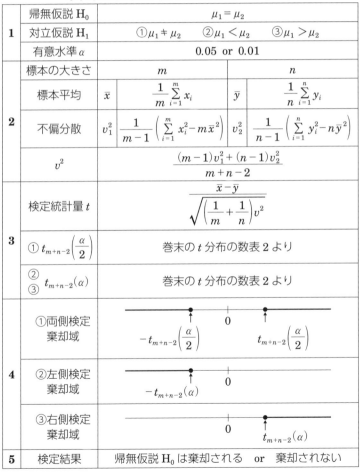

1	帰無仮説 H_0	$\mu_1 = \mu_2$			
	対立仮説 H_1	① $\mu_1 \neq \mu_2$　　② $\mu_1 < \mu_2$　　③ $\mu_1 > \mu_2$			
	有意水準 α	0.05 or 0.01			
2	標本の大きさ	m		n	
	標本平均	$\bar{x}$	$\dfrac{1}{m}\sum\limits_{i=1}^{m} x_i$	$\bar{y}$	$\dfrac{1}{n}\sum\limits_{i=1}^{n} y_i$
	不偏分散	v_1^2	$\dfrac{1}{m-1}\left(\sum\limits_{i=1}^{m} x_i^2 - m\bar{x}^2\right)$	v_2^2	$\dfrac{1}{n-1}\left(\sum\limits_{i=1}^{n} y_i^2 - n\bar{y}^2\right)$
	v^2	$\dfrac{(m-1)v_1^2 + (n-1)v_2^2}{m+n-2}$			
3	検定統計量 t	$\dfrac{\bar{x} - \bar{y}}{\sqrt{\left(\dfrac{1}{m} + \dfrac{1}{n}\right) v^2}}$			
	① $t_{m+n-2}\left(\dfrac{\alpha}{2}\right)$	巻末の t 分布の数表 2 より			
	②③ $t_{m+n-2}(\alpha)$	巻末の t 分布の数表 2 より			
4	①両側検定 棄却域	$-t_{m+n-2}\left(\dfrac{\alpha}{2}\right) \quad 0 \quad t_{m+n-2}\left(\dfrac{\alpha}{2}\right)$			
	②左側検定 棄却域	$-t_{m+n-2}(\alpha) \quad 0$			
	③右側検定 棄却域	$0 \quad t_{m+n-2}(\alpha)$			
5	検定結果	帰無仮説 H_0 は棄却される　or　棄却されない			

母平均の差の検定（等分散未知の場合）

例題

医師の Dr.O は麻酔薬について研究している．右のデータは 2 つの麻酔薬の持続時間を測定したものである．E カインと P カインの麻酔持続時間はそれぞれ正規分布 $N(\mu_1, \sigma_1^2)$，$N(\mu_2, \sigma_2^2)$ に従っているとする．医師仲間の情報では E カインの方が持続時間が長いといわれている．さらに，これまでの経験から E カインと P カインの持続時間の分散は同じくらい（$\sigma_1^2 = \sigma_2^2$）と考えられる．2 つの麻酔薬の持続時間について差があるかどうか，有意水準 5% で検定しよう．

麻酔薬の持続時間（分）	
E カイン	P カイン
43.6	27.4
56.8	38.9
27.3	29.4
35.0	43.2
48.4	15.9
42.4	22.2
35.3	32.4
51.7	

∷ 解 答 ∷ すべての人に対しての，2 種類の麻酔薬の持続時間を 2 つの母集団と考え，ともに母分散が等しい正規母集団と仮定して母平均の差の検定を行う．

E カインの持続時間の母平均を μ_1

P カインの持続時間の母平均を μ_2

とし，順次ワークシートを埋めていこう．

1. 帰無仮説 $H_0 : \mu_1 = \mu_2$

   対立仮説 $H_1 : \mu_1 > \mu_2$ （医師仲間の情報より）

   として右側検定を行ってみる．

2. 各統計量を計算する．

   データの数はそれぞれ $m = 8$，$n = 7$．右の表計算の結果を使うと

$$\bar{x} = \frac{1}{8} \times 340.5 = 42.5625$$

$$\bar{y} = \frac{1}{7} \times 209.4 = 29.9143$$

$$v_1^2 = \frac{1}{8-1}(15156.79 - 8 \times 42.5625^2) = 94.8941$$

x	x^2
43.6	1900.96
56.8	3226.24
27.3	745.29
35.0	1225.00
48.4	2342.56
42.4	1797.76
35.3	1246.09
51.7	2672.89
計 340.5	15156.79

y	y^2
27.4	750.76
38.9	1513.21
29.4	864.36
43.2	1866.24
15.9	252.81
22.2	492.84
32.4	1049.76
計 209.4	6789.98

$$v_2^2 = \frac{1}{7-1}(6789.98 - 7 \times 29.9143^2) = 87.6538$$

$$v^2 = \frac{(8-1) \times 94.8941 + (7-1) \times 87.6538}{8+7-2}$$

$$= 91.5524$$

3. 検定統計量 T の実現値 t を計算する.

$$t = \frac{42.5625 - 29.9143}{\sqrt{\left(\dfrac{1}{8} + \dfrac{1}{7}\right) \times 91.5524}} = 2.5541$$

$t_{13}(0.01) = 2.650$ なので
有意水準 $\alpha = 0.01$ では
仮説 H_0 は棄却されません.
微妙なところですね.

また, 巻末の t 分布の数表 2 より

$$t_{m+n-2}(\alpha) = t_{8+7-2}(0.05) = t_{13}(0.05) = 1.771$$

4. 棄却域を定め, t の値の位置に×をつける.

5. 棄却域に入っているので, 結論は

　　　帰無仮説 $H_0 : \mu_1 = \mu_2$ は棄却される.

したがって対立仮説 $H_1 : \mu_1 > \mu_2$ が採用され, E カ
インの方が持続時間が長いといえる. 　　　　　【解終】

ワークシート

1	帰無仮説 H_0		$\mu_1 = \mu_2$		
	対立仮説 H_1		③$\mu_1 > \mu_2$（右側検定）		
	有意水準 α		0.05		
2	標本の大きさ	m	8	n	7
	標本平均	$\bar{x}$	42.5625	$\bar{y}$	29.9143
	不偏分散	v_1^2	94.8941	v_2^2	87.6538
	v^2		91.5524		
3	検定統計量 t		2.5541		
	③$t_{m+n-2}(\alpha)$		1.771		
4	③棄却域		$t = 2.5541$ ×（0, 1.771 の位置に数直線）		
5	検定結果		帰無仮説 H_0 は棄却される		

POINT α, m, n, $\bar{x}$, $\bar{y}$, v^2, t を求めて，定理 2.3.7 の公式を使う

演習 43

酪農家のC氏は2種類の乳牛を飼っている．かねてから，それぞれの牛乳には味の違いがあると思っていたので，牛乳に含まれている乳脂肪のデータをとってみた．ジャージ種の乳脂肪率，ホルスタイン種の乳脂肪率はそれぞれ正規分布 $N(\mu_1, \sigma_1^2)$, $N(\mu_2, \sigma_2^2)$ に従っているとする．さらにこれまでの経験から2種類の牛乳の乳脂肪率の分散は同じくらい($\sigma_1^2 = \sigma_2^2$)と考えられている．右のデータより，2種類の牛乳の乳脂肪率について差があるかどうか，有意水準5％で検定しよう．

解答は p.242

乳脂肪率(%)	
ジャージ種	ホルスタイン種
5.81	4.23
5.43	3.95
4.69	3.52
6.51	4.43
5.78	3.80
	4.01

解 答 2種類のすべての乳牛についての乳脂肪率が2つの母集団となる．それぞれを母分散が等しい正規母集団と仮定して，母平均 μ_1, μ_2 の差の検定を行おう．順次ワークシートを埋めていこう．

1. 帰無仮説 H_0，対立仮説 H_1，有意水準 α を確認する．

問題文に，“2種類の牛乳の乳脂肪率について差があるかどうか”とあるので，㋐□側検定と判断できるので，

帰無仮説 H_0 ：$\mu_1 = \mu_2$

対立仮説 H_1 ：μ_1 ㋒□ μ_2

有意水準 ：$\alpha =$ ㋔□

2. データより各統計量を計算しワークシートに記入しよう．

$\bar{x} = \dfrac{1}{㋕\square} \times$ ㋘□ $=$ ㋙□

$\bar{y} = \dfrac{1}{㋖\square} \times$ ㋛□ $=$ ㋜□

$v_1^2 =$ ㋝□

$v_2^2 =$ ㋟□

㋗

	x	x^2
	5.81	
	5.43	
	4.69	
	6.51	
	5.78	
計		

㋚

	y	y^2
	4.23	
	3.95	
	3.52	
	4.43	
	3.80	
	4.01	
計		

$$v^2 = \text{⑰}\boxed{}$$

3. 検定統計量 T の実現値 t を計算しよう.

$$t = \text{⑱}\boxed{}$$

また巻末の t 分布の数表 2 より

$$t_{m+n-2}\left(\frac{\alpha}{2}\right) = \text{⑲}\boxed{}$$

対立仮説 $H_1 : \mu_1 > \mu_2$ として右側検定も ためしてみましょう

4. 棄却域を定め, t の値に×印をつけてみよう.

5. 棄却域に⑳$\boxed{}$ ので

帰無仮説 $H_0 : \mu_1 = \mu_2$ は㉑$\boxed{}$

ことになり

㉒$\boxed{}$

が採用され, 2 種類の牛乳の乳脂肪について

㉓$\boxed{}$.

【解終】

ワークシート

1	帰無仮説 H_0	㋐			
	対立仮説 H_1	㋑			
	有意水準 α	㋒			
2	標本の大きさ	m ㋓		n	㋔
	標本平均	$\bar{x}$ ㋕		$\bar{y}$	㋖
	不偏分散	v_1^2 ㋗		v_2^2	㋘
	v^2	㋙			
3	検定統計量 t	㋚			
	① $t_{m+n-2}\left(\dfrac{\alpha}{2}\right)$	㋛			
4	①両側検定 棄却域	㋜ ──────────┼────────── 0			
5	検定結果	㋝			

【4】 等分散の検定

F 分布を使う例として，"等分散の検定"を紹介する．$X_1, \cdots, X_m$ を正規母集団 $N(\mu_1, \sigma_1^2)$ の無作為標本，$Y_1, \cdots, Y_n$ を正規母集団 $N(\mu_2, \sigma_2^2)$ の無作為標本とする．このとき，データ $x_1, \cdots, x_m$ と $y_1, \cdots, y_n$ を正規母集団からの無作為標本の実現値として解析する．

まず，等分散の検定について，次のように帰無仮説と対立仮説を設定する．

$$\text{帰無仮説 } \mathrm{H}_0: \quad \sigma_1^2 = \sigma_2^2$$

$$\text{対立仮説 } \mathrm{H}_1: \begin{cases} \sigma_1^2 \neq \sigma_2^2 & \text{（両側検定）} \\ \sigma_1^2 < \sigma_2^2 & \text{（左側検定）} \\ \sigma_1^2 > \sigma_2^2 & \text{（右側検定）} \end{cases}$$

帰無仮説 $\mathrm{H}_0: \sigma_1^2 = \sigma_2^2$ が正しいとする．このとき，まず次の定理が重要になる．証明は省略する．

定理 2.3.9

$X_1, X_2, \cdots, X_m$ が互いに独立で正規分布 $N(\mu_1, \sigma_1^2)$ に従う確率変数で，$Y_1, Y_2, \cdots, Y_n$ が互いに独立で正規分布 $N(\mu_2, \sigma_2^2)$ に従う確率変数で，さらに $\sigma_1^2 = \sigma_2^2$ のとき

$$F = F(X_1, \cdots, X_m, Y_1, \cdots, Y_n) = \frac{V_1^2}{V_2^2}$$

は自由度 $(m-1, n-1)$ の F 分布に従う．

標本の実現値 $x_1, \cdots, x_m, y_1, \cdots, y_n$ に対する検定統計量 F の実現値

$$f = f(x_1, \cdots, x_m, y_1, \cdots, y_n) = \frac{v_1^2}{v_2^2}$$

の値により，帰無仮説 H_0 を棄却するかどうか判断する．なお，巻末の F 分布の数表 4 では，α が小さい値のときの $F_{(m, n)}(\alpha)$ の値しか出ていないので，$F_{(m, n)}(1-\alpha)$ の値を求めたいときは，F 分布の性質 $F_{(m, n)}(1-\alpha) = \dfrac{1}{F_{(m, n)}(\alpha)}$ を利用しよう．このとき，次の結果が得られる．

2 つの正規母集団 $N(\mu_1, \sigma^2)$, $N(\mu_2, \sigma^2)$ からそれぞれ，無作為に抽出した大きさ m, n の標本を取り出し，それぞれの不偏分散の実現値を v_1^2, v_2^2 とする．

$f = \dfrac{v_1^2}{v_2^2}$ が得られたとき，等分散の検定に関して，

両側検定の場合，$f \leqq -F_{(m-1, n-1)}\left(1 - \dfrac{\alpha}{2}\right)$ または $F_{(m-1, n-1)}\left(\dfrac{\alpha}{2}\right) \leqq f$ のとき，

左側検定の場合，$f \leqq -F_{(m-1, n-1)}(1 - \alpha)$ のとき，

右側検定の場合，$F_{(m-1, n-1)}(\alpha) \leqq f$ のとき，

帰無仮説 $\mathrm{H_0}$ は有意水準 α で棄却される．

等分散の検定のワークシート

1	帰無仮説 $\mathrm{H_0}$		$\sigma_1^2 = \sigma_2^2$		
	対立仮説 $\mathrm{H_1}$		①$\sigma_1^2 \neq \sigma_2^2$ 　②$\sigma_1^2 < \sigma_2^2$ 　③$\sigma_1^2 > \sigma_2^2$		
	有意水準 α		0.05 or 0.01		
2	標本の大きさ		m		n
	標本平均	$\bar{x}$	$\dfrac{1}{m}\sum\limits_{i=1}^{m} x_i$	$\bar{y}$	$\dfrac{1}{n}\sum\limits_{i=1}^{n} y_i$
	不偏分散	v_1^2	$\dfrac{1}{m-1}\left(\sum\limits_{i=1}^{m} x_i^2 - m\bar{x}^2\right)$	v_2^2	$\dfrac{1}{n-1}\left(\sum\limits_{i=1}^{n} y_i^2 - n\bar{y}^2\right)$
3	検定統計量 f		$f = \dfrac{v_1^2}{v_2^2}$		
	①両側検定		$F_{(m-1, n-1)}\left(1 - \dfrac{\alpha}{2}\right)$		$F_{(m-1, n-1)}\left(\dfrac{\alpha}{2}\right)$
	②左側検定		$F_{(m-1, n-1)}(1 - \alpha)$		
	③右側検定				$F_{(m-1, n-1)}(\alpha)$
4	①両側検定 棄却域	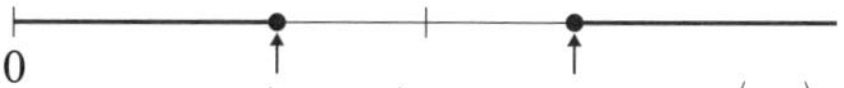			
	②左側検定 棄却域	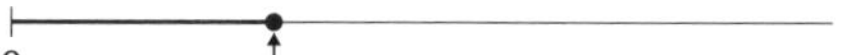			
	③右側検定 棄却域	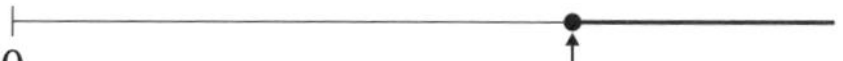			
5	検定結果		帰無仮説 $\mathrm{H_0}$ は棄却される　or　棄却されない		

棄却域については **p.221** 下の図参照

例題

> 問題43の例題（p.214）における 2 つの麻酔薬について，持続時間の母平均の差の検定では，母集団の分散が等しいと仮定した．その仮定の（消極的ではあるが）裏づけをとるために，2 つの麻酔薬の持続時間について，母分散が等しいかどうか有意水準 5% で検定しよう．

麻酔薬の持続時間（分）	
E カイン	P カイン
43.6	27.4
56.8	38.9
27.3	29.4
35.0	43.2
48.4	15.9
42.4	22.2
35.3	32.4
51.7	

∷ 解 答 ∷ 問題文に "母分散が等しいかどうか" とあるので，両側検定を行おう．順次ワークシートに記入する．

1. 帰無仮説 $H_0 : \sigma_1^2 = \sigma_2^2$

   対立仮説 $H_1 : \sigma_1^2 \neq \sigma_2^2$

   有意水準 ：$\alpha = 0.05$

2. 問題 43 例題の結果より，各統計量をワークシートに記入する．

3. 検定統計量 F の実現値 f を計算する．

$$f = \frac{v_1^2}{v_2^2} = \frac{94.8941}{87.6547} = 1.0826$$

4. 両側検定なので次の 2 つの値を巻末の F 分布の数表 4 より調べよう．

$$F_{(m-1, n-1)}\left(\frac{\alpha}{2}\right) = F_{(8-1, 7-1)}\left(\frac{0.05}{2}\right) = F_{(7, 6)}(0.025) = 5.6955$$

$$F_{(m-1, n-1)}\left(1 - \frac{\alpha}{2}\right) = \frac{1}{F_{(n-1, m-1)}\left(\frac{\alpha}{2}\right)} = \frac{1}{F_{(6, 7)}(0.025)}$$

$$= \frac{1}{5.1186} = 0.1954$$

$$\boxed{F_{(m, n)}\left(\frac{\alpha}{2}\right) = \frac{1}{F_{(m, n)}\left(1 - \frac{\alpha}{2}\right)}}$$

棄却域が定まったら F の値のところに×をつけよう．

5. 検定統計量 F の値は棄却域に入っていないから

   "帰無仮説 H_0 は棄却されない"

   ので

"このデータからは母分散が等しいと判断できる"

という結論になる. 【解終】

ワークシート

1	帰無仮説 H_0		$\sigma_1^2 = \sigma_2^2$		
	対立仮説 H_1		① $\quad \sigma_1^2 \neq \sigma_2^2$		
	有意水準 α		0.05		
2	標本の大きさ	m	8	n	7
	標本平均	$\bar{x}$	42.5625	$\bar{y}$	29.9143
	不偏分散	v_1^2	94.8941	v_2^2	87.6538
3	検定統計量 f		1.0826		
	①両側検定		0.1954		5.6955
4	①棄却域		$f = 1.0826$ 0 ── 0.1954 ─×─ 5.6955		
5	検定結果		帰無仮説 H_0 は棄却されない		

解説 母平均の差の検定のとき，標本について

　　　母分散が等しい 2 つの正規母集団からの標本

という仮定がある. もし，等分散の検定において帰無仮説が棄却されないとき，

　　　母分散が等しいことを積極的に棄てる根拠は弱い

と判断して母平均の差の検定を行うのが "等分散の検定" の 1 つの使い方である.

【解説終】

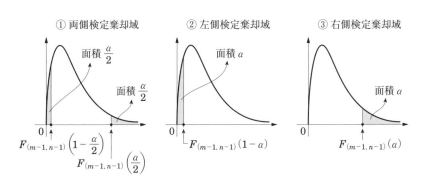

① 両側検定棄却域　　② 左側検定棄却域　　③ 右側検定棄却域

POINT α, m, n, v^2, v_2^2, f を求めて，定理 2.3.9 の公式を使う

演習 44

演習 43(p.216) における C 氏の 2 種類の牛乳について，乳脂肪率の母分散が等しいかどうか有意水準 5% で検定しよう。 解答は p.242

乳脂肪率(%)	
ジャージ種	ホルスタイン種
5.81	4.23
5.43	3.95
4.69	3.52
6.51	4.43
5.78	3.80
	4.01

解答 問題文に“母分散が等しいかどうか”とあるので，㋐□側検定を行う．順次ワークシートを埋めよう．

1. 帰無仮説 H_0 : $\sigma_1^2 = \sigma_2^2$

対立仮説 H_1 : σ_1^2 ㋒□ σ_2^2

有意水準 : $\alpha =$ ㋔□

2. 演習 43 の結果より各統計量をワークシートに記入する．

3. 検定統計量 F の実現値 f を計算する．

$f =$ ㋛□

4. 両側検定なので巻末の F 分布の数表 4 より次の 2 つの値を調べる．

$F_{(m-1,n-1)}\left(\dfrac{\alpha}{2}\right) =$ ㋝□

$F_{(m-1,n-1)}\left(1-\dfrac{\alpha}{2}\right) = \dfrac{1}{㋞□} = \dfrac{1}{㋟□}$

$=$ ㋠□

棄却域を定め，f の値に×をつける．

5. f の値は棄却域に㋤□から

㋥□

ので

㋦□

という結論になる． 【解終】

ワークシート

1	帰無仮説 H_0	㋑				
	対立仮説 H_1	㋘				
	有意水準 α	㋩				
2	標本の大きさ	m	㋕		n	㋖
	標本平均	$\bar{x}$	㋗		$\bar{y}$	㋘
	不偏分散	v_1^2	㋙		v_2^2	㋚
3	検定統計量 f	㋛				
	①両側検定	㋜		㋝		
4	①棄却域	㋞ $\longmapsto$ 0				
5	検定結果	㋟				

これで基本的な統計の勉強は終わりです．是非，将来の仕事に役立ててください．

第1章 確　率

p.3 ● 演習1

解答 $2 < n \leqq 7$ の範囲にある整数をかき並べると，　$C=\{$㋐[3, 4, 5, 6, 7]$\}$

集合 D の要素をみると正の奇数が並んでいるので，

$D=\{n \mid n=$㋑[$2k-1$]，$k=1, 2, \cdots\}$

（条件の表し方は1通りではない．）

p.7 ● 演習2 **解答**

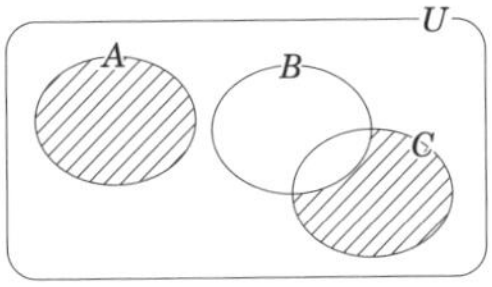

p.9 ● 演習3

解答 集合 B は2乗すると150以上になる U の要素のことなので，かき出してみると

$B=\{$㋐[13, 14, 15, 16, 17, 18, 19, 20]$\}$

となる．これより集合 A, B は右図のようになる．

㋑

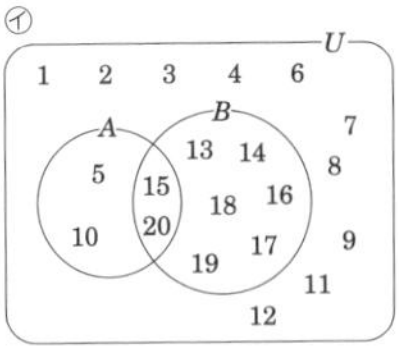

(1)　$n(A)=$㋒[4]　　(2)　$n(B)=$㋓[8]　　(3)　$n(A\cup B)=$㋔[10]

(4)　$n((A\cup B)^c)=$㋕[10]　　(5)　$n(A\cap B^c)=$㋖[2]

p.11 ● 演習4

解答 $L=\{\mathrm{E}, \mathrm{F}\}$，$N=\{\mathrm{M}, \mathrm{C}, \mathrm{P}, \mathrm{B}\}$　とおき，すべての要素の組合せを作ると

$L\times N=\{$㋐[(E, M)，(E, P)，(E, C)，(E, B)，(F, M)，(F, P)，(F, C)，(F, B)]$\}$

ゆえに　$n(L\times N)=$㋑[8]

p.13 ● 演習5

解答 積が12になる場合をすべて考え，（1回めの目，2回めの目）と直積の形でかくと

$B=\{$㋐[(2, 6)，(3, 4)，(4, 3)，(6, 2)]$\}$　なので，　B の起こる場合の数 $=n(B)=$㋑[4]

p.17 ● 演習6

解答 これもすぐ答えが求まるが，場合の数の"和の法則"と"積の法則"に照らし合わせて考えてみる．ことがら F, S を　F：1年生で行う社会活動，　S：2年生で行う社会活動　とおく．

(1)　A 群，B 群の社会活動について，　$F=A$㋐[$\cup$]B，　$A\cap B=$㋑[$\varnothing$]　が成立するので"和の法則"より　$n(F)=n(A\cup B)=$㋒[$n(A)+n(B)$]$=$㋓[3]$+$㋔[2]$=$㋕[5]，　つまり㋖[5]通りとなる．

(2)　F が起こってから S が起こり，しかも S の起こり方に F は関係しないので"積の法則"より

n（1年生と2年生の社会活動）$=n(F$㋗[$\times$]$S)=$㋘[$n(F)\times n(S)$]$=$㋙[5]$\times$㋚[3]$=$㋛[15]

つまり㋜[15]通りである．

p.21 ● 演習7

解答 (1)　異なる10冊の本より5冊選んで並べる順列になるので

㋐[10]P㋑[5]$=$㋒[$10\cdot 9\cdot 8\cdot 7\cdot 6$]$=$㋓[30240]　通り

(2)　10冊の順列なので

㋔[10]P㋕[10]$=$㋖[10]$!=$㋗[$10\cdot 9\cdot 8\cdot 7\cdot 6\cdot 5\cdot 4\cdot 3\cdot 2\cdot 1$]$=$㋘[3628800]　通り

p.23 ● 演習 8

解答 (1) ㋐ ${}_{4}\mathrm{C}$ ㋑ ${}_{2}$ $=$ ㋒ $\dfrac{4\cdot 3}{2!}=\dfrac{4\cdot 3}{2\cdot 1}$ $=$ ㋓ 6 通り

(2) ㋔ ${}_{15}\mathrm{C}$ ㋕ ${}_{10}$ $=$ ㋖ ${}_{15}\mathrm{C}$ ㋗ ${}_{5}$ $=$ ㋘ $\dfrac{15\cdot 14\cdot 13\cdot 12\cdot 11}{5!}$ $=$ ㋙ 3003 通り

p.25 ● 演習 9

解答 $(3x-y^2)^7$ の展開式の一般項は

㋐ ${}_7\mathrm{C}_r(3x)^{7-r}(-y^2)^r={}_7\mathrm{C}_r\cdot 3^{7-r}(-1)^r x^{7-r}(y^2)^r={}_7\mathrm{C}_r\cdot 3^{7-r}(-1)^r x^{7-r}y^{2r}$

となる．㋑ $x^{7-r}y^{2r}$ の項が x^4y^6 となるのは，$r=$ ㋒ 3 のときである．

よって，求める係数は ㋓ ${}_7\mathrm{C}_3\cdot 3^{7-3}(-1)^3={}_7\mathrm{C}_3\cdot 3^4(-1)^3=-2835$ である．

p.31 ● 演習 10

㋐

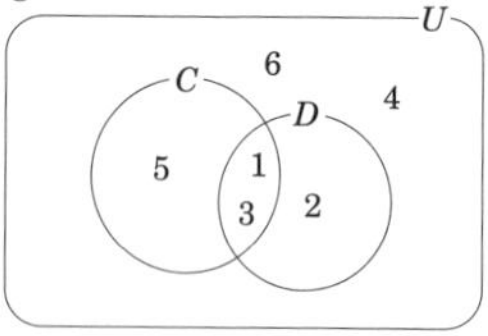

解答 事象 C と D を根元事象を使って表すと

$C=\{$ ㋑ $1,3,5\}$, $D=\{$ ㋒ $1,2,3\}$ なので右の図が描ける．これより

(1) $C\cup D=\{$ ㋓ $1,2,3,5\}$, (2) $C\cap D=\{$ ㋔ $1,3\}$,

(3) $D^c=\{$ ㋕ $4,5,6\}$

p.33 ● 演習 11

解答 標本空間を U とすると $n(U)=$ ㋐ 13. 根元事象を抜き出した札の数で表すと

事象 A ＝数が素数である＝$\{$ ㋑ $2,3,5,7,11,13\}$, 事象 B ＝ 1 か絵札である＝$\{$ ㋒ $1,11,12,13\}$

なので (1) $P(A)=\dfrac{㋓\ n(A)}{㋔\ n(U)}=$ ㋕ $\dfrac{6}{13}$ (2) $P(B)=\dfrac{㋖\ n(B)}{㋗\ n(U)}=$ ㋘ $\dfrac{4}{13}$

p.37 ● 演習 12

㋐

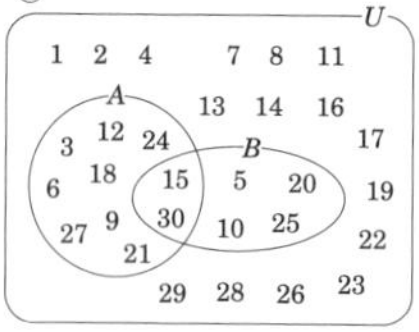

解答 30 枚のカードの中から 1 枚取り出すという試行の全事象を U とし，事象 $A=3$ の倍数，事象 $B=5$ の倍数 とすると

$A\cup B$ ＝ 3 の倍数 ㋑ または 5 の倍数

$A\cap B$ ＝ 3 の倍数 ㋒ かつ 5 の倍数＝㋓ 15 の倍数

となるので，各事象の要素の数は

$n(U)=$ ㋔ 30, $n(A)=$ ㋕ 10, $n(B)=$ ㋖ 6, $n(A\cap B)=$ ㋗ 2 となる．

(1) $P(A)=\dfrac{㋘\ n(A)}{n(U)}=$ ㋙ $\dfrac{10}{30}=\dfrac{1}{3}$

(2) 定理 1.2.1 の (1) (p.35) を使うと

$P(A\cup B)=P(A)+P(B)-$ ㋚ $P(A\cap B)$

$=\dfrac{㋛\ n(A)}{n(U)}+\dfrac{㋜\ n(B)}{n(U)}-\dfrac{㋝\ n(A\cap B)}{n(U)}=$ ㋞ $\dfrac{10}{30}+\dfrac{6}{30}-\dfrac{2}{30}=\dfrac{14}{30}=\dfrac{7}{15}$

(3) 求める確率は事象 ㋟ $(A\cup B)^c$ の確率なので，定理 1.2.1 の (2) を使うと

$P((A\cup B)^c)=1-$ ㋠ $P(A\cup B)$ $=1-$ ㋡ $\dfrac{7}{15}=$ ㋢ $\dfrac{8}{15}$

p.41 ● 演習 13

解 答 (1) 2 つの事象を次のように設定する．

事象 A：普通科の生徒である．　　事象 B：普通科の運動部員である．

このとき，求める確率は，事象 A が起こったという条件のもとで，事象 B が起こる条件付確率なので，

$P(B|A) =$ ㋐ $\boxed{\dfrac{P(A\cap B)}{P(A)}}$ である．$P(A) =$ ㋑ $\boxed{\dfrac{60}{100}}$，　$P(A\cap B) =$ ㋒ $\boxed{\dfrac{48}{100}}$，　$P(B|A) =$ ㋓ $\boxed{\dfrac{\frac{48}{100}}{\frac{60}{100}} = \dfrac{4}{5}}$

(2) 2 つの事象を次のように設定する．

事象 A：1 回目に白球が出る．　　事象 B：2 回目に白球が出る．

このとき，2 回とも白球が出る事象は㋔ $\boxed{A\cap B}$ である．乗法定理を意識して，$P(A) =$ ㋕ $\boxed{\dfrac{4}{7}}$ であり，

$P(B|A)$ は "㋖ [1 回目に白球が出た] " という条件のもとで，"㋗ [2 回目も白球が出た] " という条件付確率なので，$P(B|A) =$ ㋘ $\boxed{\dfrac{4-1}{7-1} = \dfrac{3}{6} = \dfrac{1}{2}}$ である．よって，乗法定理より

$P($㋙ $\boxed{A\cap B}) =$ ㋚ $\boxed{P(A)P(B|A) = \dfrac{4}{7}\times\dfrac{1}{2} = \dfrac{2}{7}}$

p.44 ● 演習 14

解 答 ある学生を指名したとき，

事象 A：学生が Y 学科の学生である．

事象 B：学生が化学を受講している．

とすると，

(1) 学生が化学を受講している確率は，㋐ $\boxed{P(B)}$

(2) "㋑ [学生が Y 学科の学生である] "

という条件のもとで，"㋒ [学生が化学を受講している] "

という条件付確率なので，求める確率は㋓ $\boxed{P(B|A)}$

(3) "㋔ [学生が化学を受講している] " という条件のもとで，"㋕ [学生が Y 学科の学生である] " という条件付確率なので，求める確率は㋖ $\boxed{P(A|B)}$

㋗
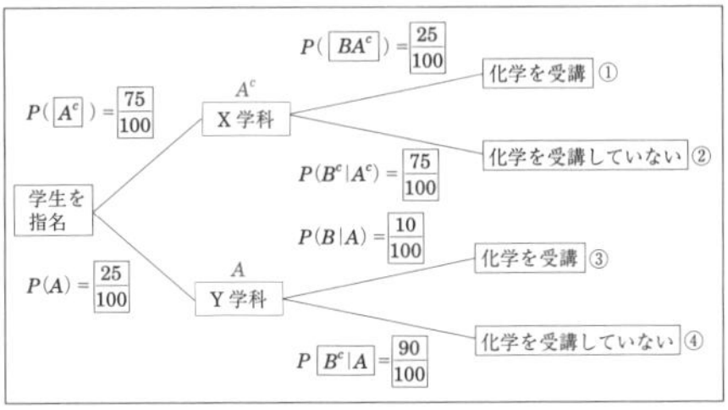

X 学科の学生は A^c になることに注意して，樹形図を描くと上のようになる．

樹形図を用いて各値を求める．

(1) 学生が化学を受講しているのは①と③の場合なので，樹形図をたどりながら式を作って計算すると

$P(B) =$ ㋘ $\boxed{P(A^c)P(B|A^c)}$ + ㋙ $\boxed{P(A)P(B|A)}$ = ㋚ $\boxed{\dfrac{75}{100}\times\dfrac{25}{100}+\dfrac{25}{100}\times\dfrac{10}{100}=\dfrac{3}{4}\times\dfrac{1}{4}+\dfrac{1}{4}\times\dfrac{1}{10}=\dfrac{17}{80}}$

(2) $P(B|A) =$ ㋛ $\boxed{\dfrac{10}{100}=\dfrac{1}{10}}$

(3) ベイズの定理より求める確率は次の式で求まる．

$P(A\cap B) = \dfrac{㋜\ \boxed{P(A)P(B|A)}}{㋝\ \boxed{P(A)P(B|A)+P(A^c)P(B|A^c)}}$

学生が Y 学科の学生である確率は $P(A) =$ ㋞ $\boxed{\dfrac{1}{4}}$ であり，分母の式は(1)で求めた $P(B)$ に等しいので

$= \dfrac{㋜\ \boxed{P(A)P(B|A)}}{P(B)} =$ ㋟ $\boxed{\dfrac{\frac{1}{4}\times\frac{1}{10}}{\frac{17}{80}} = \dfrac{2}{17}}$

【別解】条件付確率の定義を用いて(2), (3)を求める.

(2)　$P(B|A)=$ ㋠ $\boxed{\dfrac{P(A\cap B)}{P(A)}=\dfrac{\frac{1}{4}\times\frac{1}{10}}{\frac{1}{4}}=\dfrac{1}{10}}$　　(3)　$P(A|B)=$ ㋡ $\boxed{\dfrac{P(A\cap B)}{P(B)}=\dfrac{\frac{1}{4}\times\frac{1}{10}}{\frac{17}{80}}=\dfrac{2}{17}}$

p.47 ● 演習 15

解 答 $A=$ ㋐ $\boxed{\{2,4,6,8,10\}}$,　$B=$ ㋑ $\boxed{\{3,6,9\}}$,　$C=$ ㋒ $\boxed{\{5,10\}}$,　$A\cap B=$ ㋓ $\boxed{\{6\}}$,　$A\cap C=$ ㋔ $\boxed{\{10\}}$

なので,

$P(A)=$ ㋕ $\boxed{\dfrac{5}{10}=\dfrac{1}{2}}$, $P(B)=$ ㋖ $\boxed{\dfrac{3}{10}}$, $P(C)=$ ㋗ $\boxed{\dfrac{2}{10}=\dfrac{1}{5}}$,　$P(A\cap B)=$ ㋘ $\boxed{\dfrac{1}{10}}$, $P(A\cap C)=$ ㋙ $\boxed{\dfrac{1}{10}}$

である. $P(A)P(B)=$ ㋚ $\boxed{\dfrac{1}{2}\times\dfrac{3}{10}=\dfrac{3}{20}}$ なので, $P(A\cap B)$ ㋛ $\boxed{\neq}$ $P(A)P(B)$ である。

よって, 事象 A と事象 B は独立で㋜ [はない].

$P(A)P(C)=$ ㋝ $\boxed{\dfrac{1}{2}\times\dfrac{1}{5}=\dfrac{1}{10}}$ なので, $P(A\cap C)$ ㋞ $\boxed{=}$ $P(A)\times P(C)$ である。

よって, 事象 A と事象 C は独立で㋟ [ある].

p.53 ● 演習 16

解 答 $P(X=1)=$ ㋐ $\boxed{\dfrac{1}{6}}$, $P(X=2)=$ ㋑ $\boxed{\dfrac{1}{3}}$, $P(X=3)=$ ㋒ $\boxed{\dfrac{1}{2}}$

と確認できるので, X の確率分布表は右のようになる.

㋓

k	1	2	3	計
$P(X=k)$	$\frac{1}{6}$	$\frac{1}{3}$	$\frac{1}{2}$	1

p.57 ● 演習 17

解 答 p.53 演習 16 で作成した X の確率分布表を用いて右の表を作成する.

㋐

	x	$P(X=k)$	$F(x)=\sum_{k\leqq x}P(X=k)$
$x<1$	⋮		$F(x)=0$
$1\leqq x<2$	1 ⋮	$\frac{1}{6}$	$F(x)=P(X=1)=\frac{1}{6}$
$2\leqq x<3$	2 ⋮	$\frac{2}{6}$	$F(x)=P(X=1)+P(X=2)$ $=\frac{1}{6}+\frac{2}{6}+\frac{1}{2}$
$3\leqq x$	3 ⋮	$\frac{3}{6}$	$F(x)=P(X=1)+P(X=2)+P(X=3)$ $=\frac{1}{6}+\frac{2}{6}+\frac{3}{6}=1$

㋑
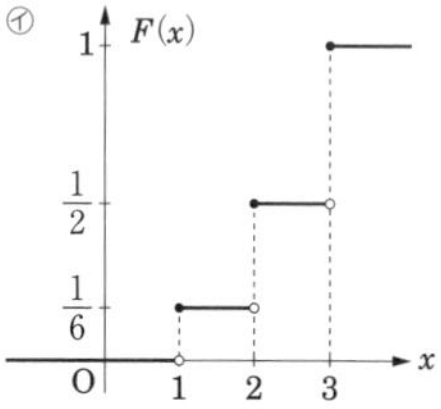

分布関数 $F(x)$ をグラフに描くと左のようになる.

p.61 ● 演習 18

解 答 p.53 演習 16 の確率分布表を思い出そう.

k	1	2	3	計
$P(X=k)$	$\frac{1}{6}$	$\frac{1}{3}$	$\frac{1}{2}$	1

よって, $\mu=E(X)=\sum_{k=1}^{3}kP(X=k)$

$=$ ㋐ $\boxed{1\times\dfrac{1}{6}}+$ ㋑ $\boxed{2\times\dfrac{1}{3}}+$ ㋒ $\boxed{3\times\dfrac{1}{2}}=$ ㋓ $\boxed{\dfrac{7}{3}}$

$\sigma^2=V(X)=\sum_{k=1}^{3}(k-\mu)^2P(X=k)=$ ㋔ $\boxed{\left(1-\dfrac{7}{3}\right)^2\times\dfrac{1}{6}}+$ ㋕ $\boxed{\left(2-\dfrac{7}{3}\right)^2\times\dfrac{1}{3}}+$ ㋖ $\boxed{\left(3-\dfrac{7}{3}\right)^2\times\dfrac{1}{2}}=$ ㋗ $\boxed{\dfrac{5}{9}}$,

$\sigma =$ ㋘ $\boxed{\dfrac{\sqrt{5}}{3}}$

また，分散 σ^2 を定理 1.3.2 (p.59) の式で求めてみる．まず， $E(X^2) = \sum_{k=1}^{3} k^2 P(X=k)$

$=$ ㋙ $\boxed{1^2 \times \dfrac{1}{6}}$ $+$ ㋚ $\boxed{2^2 \times \dfrac{1}{3}}$ $+$ ㋛ $\boxed{3^2 \times \dfrac{1}{2}}$ $=$ ㋜ $\boxed{6}$ なので， $\sigma^2 = V(X) = E(X^2) - E(X)^2$

$=$ ㋝ $\boxed{6}$ $-$ ㋞ $\boxed{\left(\dfrac{7}{3}\right)^2}$ $=$ ㋟ $\boxed{\dfrac{5}{9}}$

p.65 ● 演習 19

解 答 (1) $f(x)$ のグラフは

$0 \leqq x \leqq 2$ で $y =$ ㋑ $\boxed{\dfrac{1}{2}x}$ の直線，他の x では値は 0

なので右のようになる．

㋐

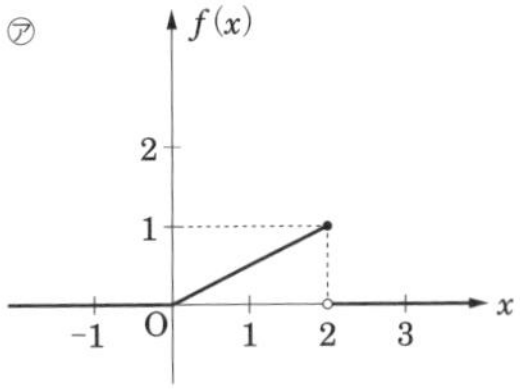

(2) $P(-1 \leqq X \leqq 1) = \int$ ㋓ $\boxed{-1}$ ～ ㋒ $\boxed{1}$ $f(x)\,dx$

$x=0$ で区間を分けて積分の計算をすると

$=$ ㋔ $\boxed{\int_{-1}^{0} 0\,dx}$ $+$ ㋕ $\boxed{\int_{0}^{1} \dfrac{1}{2}x\,dx}$ $=$ ㋖ $\boxed{0 + \left[\dfrac{1}{4}x^2\right]_0^1 = \dfrac{1}{4}(1^2 - 0^2) = \dfrac{1}{4}}$ $\quad \therefore \quad P(-1 \leqq X \leqq 1) =$ ㋗ $\boxed{\dfrac{1}{4}}$

(3) $P(-\infty < X < \infty) = \int$ ㋙ $\boxed{-\infty}$ ～ ㋘ $\boxed{\infty}$ $f(x)\,dx$

$x=0$ と $x=2$ のところで積分区間を分けて計算すると

$=$ ㋚ $\boxed{\int_{-\infty}^{0} 0\,dx}$ $+$ ㋛ $\boxed{\int_{0}^{2} \dfrac{1}{2}x\,dx}$ $+$ ㋜ $\boxed{\int_{2}^{\infty} 0\,dx}$ $=$ ㋝ $\boxed{0 + \left[\dfrac{1}{4}x^2\right]_0^2 + 0 = \dfrac{1}{4}(2^2 - 0^2) = 1}$

$\therefore \quad P(-\infty < X < \infty) =$ ㋞ $\boxed{1}$

p.69 ● 演習 20

解 答 場合分けをして分布関数 $F(x)$ を計算する．

(i) $x <$ ㋐ $\boxed{0}$ のとき $\quad F(x) = \int_{-\infty}^{x}$ ㋑ $\boxed{0}$ $dt =$ ㋒ $\boxed{0}$

(ii) ㋓ $\boxed{0}$ $\leqq x \leqq$ ㋔ $\boxed{2}$ のとき，積分区間を分けて計算すると

$F(x) = \int_{-\infty}^{x} f(t)\,dt = \int_{-\infty}^{㋕\boxed{0}}$ ㋖ $\boxed{0}$ $dt + \int_{㋗\boxed{0}}^{x}$ ㋘ $\boxed{\dfrac{1}{2}t}$ $dt =$ ㋙ $\boxed{0 + \left[\dfrac{1}{4}t^2\right]_0^x = \dfrac{1}{4}(x^2 - 0^2) = \dfrac{1}{4}x^2}$

(iii) ㋚ $\boxed{2}$ $< x$ のとき，やはり積分区間を分けて計算すると

$F(x) = \int_{-\infty}^{x} f(t)\,dt =$ ㋛ $\boxed{\int_{-\infty}^{0} 0\,dt}$ $+$ ㋜ $\boxed{\int_{0}^{2} \dfrac{1}{2}t\,dt}$ $+$ ㋝ $\boxed{\int_{2}^{x} 0\,dt}$ $=$ ㋞ $\boxed{0 + \left[\dfrac{1}{4}t^2\right]_0^2 + 0 = \dfrac{1}{4}(2^2 - 0^2) = 1}$

以上より $\quad F(x) = \begin{cases} ㋟\ \boxed{0} & (x < ㋠\ \boxed{0}) \\ ㋡\ \boxed{\dfrac{1}{4}x^2} & (㋢\ \boxed{0} \leqq x \leqq ㋣\ \boxed{2}) \\ ㋤\ \boxed{1} & (㋥\ \boxed{2} < x) \end{cases}$

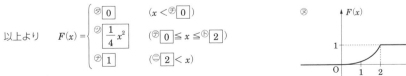

となる．グラフは右のとおり．

㋦

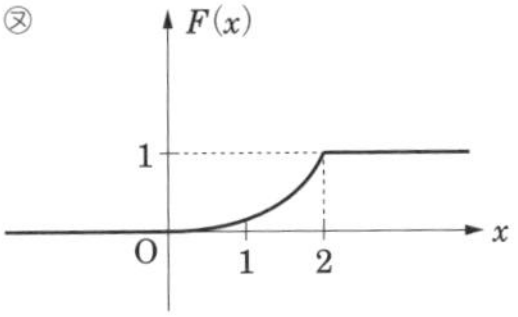

p.73 ● 演習 21

❖ 解 答 ❖ 定義の式に代入して期待値 μ を求める．区間によって $f(x)$ の式は異なるので

$$\mu = E(X) = \int_{-\infty}^{\infty} xf(x)dx = \int_{-\infty}^{\boxed{\textcircled{?}0}} x \cdot \boxed{\textcircled{イ}0}\,dx + \int_{\boxed{\textcircled{ウ}0}}^{\boxed{\textcircled{エ}2}} x \cdot \boxed{\dfrac{1}{2}}\,dx + \int_{\boxed{\textcircled{カ}2}}^{\infty} x \cdot \boxed{\textcircled{キ}0}\,dx$$

$$= \boxed{\int_0^2 \dfrac{1}{2}x^2\,dx = \left[\dfrac{1}{6}x^3\right]_0^2 = \dfrac{1}{6}(2^3 - 0^3) = \dfrac{8}{6} = \dfrac{4}{3}}$$

次に定理 1.3.6 を使って分散 σ^2 を求めるために $E(X^2)$ を先に求めておく．

$$E(X^2) = \int_{-\infty}^{\infty} x^2 f(x)dx \qquad 積分区間を分けて f(x) の式を代入すると$$

$$= \boxed{\int_{-\infty}^{0} x^2 \cdot 0\,dx} + \boxed{\int_0^2 x^2 \cdot \dfrac{1}{2}x\,dx} + \boxed{\int_2^{\infty} x^2 \cdot 0\,dx} = \boxed{\int_0^2 \dfrac{1}{2}x^3\,dx = \left[\dfrac{1}{8}x^4\right]_0^2 = \dfrac{1}{8}(2^4 - 0^4) = \dfrac{16}{8} = 2}$$

$$\therefore \quad \sigma^2 = V[X] = E[X^2] - E[X]^2 = \boxed{2} - \boxed{\left(\dfrac{4}{3}\right)^2} = \boxed{2 - \dfrac{16}{9} = \dfrac{2}{9}} \qquad \sigma = \boxed{\sqrt{\dfrac{2}{9}} = \dfrac{\sqrt{2}}{3}}$$

以上より，　　期待値 $\mu = \boxed{\dfrac{4}{3}}$，　　分散 $\sigma^2 = \boxed{\dfrac{2}{9}}$，　　標準偏差 $\sigma = \boxed{\dfrac{\sqrt{2}}{3}}$

p.75 ● 定理 1.3.8

証明 X が離散型の場合

（途中，略）$E(X) = \mu$ とおくと $E(aX+b) = a\mu + b$ なので

$$V(aX+b) = \boxed{\sum_{i=1}^{n}\{(ax_i+b) - (a\mu+b)\}^2 f(x_i) = \sum_{i=1}^{n}\{a(x_i-\mu)\}^2 f(x_i) = a^2\sum_{i=1}^{n}(x_i-\mu)^2 f(x_i) = a^2 V(X)}$$

X が連続型の場合

$$E(aX+b) = \boxed{\int_{-\infty}^{\infty}(ax+b)f(x)dx = a\int_{-\infty}^{\infty} xf(x)dx + b\int_{-\infty}^{\infty} f(x)dx = aE(X) + b\cdot 1 = aE(X) + b}$$

$E(X) = \mu$ とおくと $E(aX+b) = a\mu + b$ なので（以下，略）

p.79 ● 定理 1.4.1

証明 $X \sim Bin(n,p)$ のモーメント母関数 $M(\theta)$ を使って平均と分散を求めてみよう．（途中，略）

$E(X)$，$E(X^2)$ を求めるために $M(\theta)$ を θ で 2 回微分すると

$$M'(\theta) = \boxed{n(pe^{\theta}+q)^{n-1}(pe^{\theta}+q)' = n(pe^{\theta}+q)^{n-1}\cdot pe^{\theta}}$$

$$\{f(x)^n\}' = n\cdot f(x)^{n-1}\cdot f'(x)$$
$$\{f(x)\cdot g(x)\}' = f'(x)\cdot g(x) + f(x)\cdot g'(x)$$

$$= npe^{\theta}(pe^{\theta}+q)^{n-1}$$

$$M''(\theta) = \boxed{\begin{aligned}&np\{e^{\theta}(pe^{\theta}+q)^{n-1}\}' = np[(e^{\theta})'(pe^{\theta}+q)^{n-1} + e^{\theta}\{(pe^{\theta}+q)^{n-1}\}']\\ &= np\{e^{\theta}(pe^{\theta}+q)^{n-1} + e^{\theta}\cdot(n-1)(pe^{\theta}+q)^{n-2}(pe^{\theta}+q)'\}\\ &= np\{e^{\theta}(pe^{\theta}+q)^{n-1} + e^{\theta}(n-1)(pe^{\theta}+q)^{n-2}\cdot pe^{\theta}\}\end{aligned}}$$

$$= npe^{\theta}(pe^{\theta}+q)^{n-2}\{(pe^{\theta}+q) + e^{\theta}(n-1)p\}$$

$$= npe^{\theta}(pe^{\theta}+q)^{n-2}(npe^{\theta}+q)$$

$$\therefore \quad E(X) = M'(0) = \boxed{npe^0(pe^0+q)^{n-1} = np\cdot 1(p\cdot 1+q)^{n-1}} = np$$

$$E(X^2) = M''(0) = \boxed{npe^0(pe^0+q)^{n-2}(npe^0+q) = np\cdot 1\cdot(np\cdot 1+q)} = np(np+q)$$

$$\therefore \quad V(X) = E(X^2) - E(X)^2 = \boxed{np(np+q) - (np)^2 = np(np+q-np)} = npq$$

以上より，　$E(X) = np$，　　　$V(X) = npq$

p.81 ● 演習 22

解 答 (1)　はじめの x 回は成功し，後の $(10-x)$ 回は失敗する確率は　(㋐ $\boxed{0.6}$ $)^x(1-$ ㋑ $\boxed{0.6}$ $)^{10-x}=($ ㋒ $\boxed{0.6}$ $)^x($ ㋓ $\boxed{0.4}$ $)^{10-x}$

なので，10 回のうち x 回成功する確率は

$P(X=x)=$ ㋔ $\boxed{{}_{10}\mathrm{C}_x(0.6)^x(0.4)^{10-x}}$

ゆえに，X は二項分布　Bin(㋕ $\boxed{10}$, ㋖ $\boxed{0.6}$) に従う．

各値を計算して右の表を得る．

㋗

x	${}_{10}\mathrm{C}_x(0.6)^x(0.4)^{10-x}$
0	${}_{10}\mathrm{C}_0(0.6)^0(0.4)^{10}\fallingdotseq 0.0001$
1	${}_{10}\mathrm{C}_1(0.6)^1(0.4)^9\fallingdotseq 0.0016$
2	${}_{10}\mathrm{C}_2(0.6)^2(0.4)^8\fallingdotseq 0.0106$
3	${}_{10}\mathrm{C}_3(0.6)^3(0.4)^7\fallingdotseq 0.0425$
4	${}_{10}\mathrm{C}_4(0.6)^4(0.4)^6\fallingdotseq 0.1115$
5	${}_{10}\mathrm{C}_5(0.6)^5(0.4)^5\fallingdotseq 0.2007$
6	${}_{10}\mathrm{C}_6(0.6)^6(0.4)^4\fallingdotseq 0.2508$
7	${}_{10}\mathrm{C}_7(0.6)^7(0.4)^3\fallingdotseq 0.2150$
8	${}_{10}\mathrm{C}_8(0.6)^8(0.4)^2\fallingdotseq 0.1209$
9	${}_{10}\mathrm{C}_9(0.6)^9(0.4)^1\fallingdotseq 0.0403$
10	${}_{10}\mathrm{C}_{10}(0.6)^{10}(0.4)^0\fallingdotseq 0.0060$

(小数第 4 位まで)

(2)　$n=$ ㋘ $\boxed{10}$, $p=$ ㋙ $\boxed{0.6}$, $q=$ ㋚ $\boxed{0.4}$　なので

$E(X)=$ ㋛ $\boxed{10\times 0.6=6}$,　$V(X)=$ ㋜ $\boxed{10\times 0.6\times 0.4=2.4}$

(3)　8 回以上成功する確率は

$P(X\geqq 8)=P(X=$ ㋝ $\boxed{8}$ $)+P(X=$ ㋞ $\boxed{9}$ $)+P(X=$ ㋟ $\boxed{10}$ $)$

右上の表の数値を入れると $=$ ㋠ $\boxed{0.1209+0.0403+0.0060=0.1672}$

p.87 ● 演習 23

解 答 (1)　X は平均 $\lambda=1.5$ のポアソン分布に従うので，

$P(X=x)=$ ㋐ $\boxed{e^{-1.5}\dfrac{1.5^x}{x!}}$

$x=0,1,2,3,4,5,\cdots$ の値を代入して計算すると右の表のようになる．

㋑

x	$P(1.5)=e^{-1.5}\dfrac{1.5^x}{x!}$
0	$e^{-1.5}\cdot\dfrac{1.5^0}{0!}=0.2231$
1	$e^{-1.5}\cdot\dfrac{1.5^1}{1!}=0.3347$
2	$e^{-1.5}\cdot\dfrac{1.5^2}{2!}=0.2510$
3	$e^{-1.5}\cdot\dfrac{1.5^3}{3!}=0.1255$
4	$e^{-1.5}\cdot\dfrac{1.5^4}{4!}=0.0471$
5	$e^{-1.5}\cdot\dfrac{1.5^5}{5!}=0.0141$
⋮	

(小数第 4 位まで)

(2)　求める確率は　$P($ ㋒ $\boxed{X\geqq 3}$ $)=1-P($ ㋓ $\boxed{X<3}$ $)$

$=1-\{$ ㋔ $\boxed{P(2)}$ $+$ ㋕ $\boxed{P(1)}$ $+$ ㋖ $\boxed{P(0)}$ $\}$

$=1-($ ㋗ $\boxed{0.2510+0.3347+0.2231}$ $)$

$=1-$ ㋘ $\boxed{0.8088}$ $=$ ㋙ $\boxed{0.1912}$

ゆえに，1 時間に 3 回以上英語による電話がかかってくる確率は

約 ㋚ $\boxed{0.19}$ である．

p.89 ● 定理 1.4.3

[証明]　$E(X)$ と $V(X)$ の定義より直接求めてみよう．

$$E(X)=\int_{-\infty}^{\infty}xf(x)\,dx=\int_{㋑\,\boxed{a}}^{㋐\,\boxed{b}}x\cdot ㋒\boxed{\frac{1}{b-a}}\,dx$$

$$=㋓\boxed{\frac{1}{b-a}\int_a^b x\,dx=\frac{1}{b-a}\left[\frac{1}{2}x^2\right]_a^b=\frac{1}{b-a}\cdot\frac{1}{2}(b^2-a^2)=\frac{(b+a)(b-a)}{2(b-a)}}=\frac{1}{2}(a+b)$$

$$E(X^2)=\int_{-\infty}^{\infty}x^2f(x)\,dx=\int_{㋕\,\boxed{a}}^{㋔\,\boxed{b}}x^2\cdot ㋖\boxed{\frac{1}{b-a}}\,dx$$

$$=㋗\boxed{\frac{1}{b-a}\int_a^b x^2\,dx=\frac{1}{b-a}\left[\frac{1}{3}x^3\right]_a^b=\frac{1}{b-a}\cdot\frac{1}{3}(b^3-a^3)=\frac{(b-a)(b^2+ab+a^2)}{3(b-a)}=\frac{1}{3}(a^2+ab+b^2)}$$

$$\therefore\quad V(X)=E(X^2)-E(X)^2$$

$$=㋘\boxed{\frac{1}{3}(a^2+ab+b^2)-\left\{\frac{1}{2}(a+b)\right\}^2=\frac{1}{12}\{4(a^2+ab+b^2)-3(a^2+2ab+b^2)\}=\frac{1}{12}(a^2-2ab+b^2)}=\frac{1}{12}(a-b)^2$$

p.91 ● 演習 24

解 答 確率変数 X は一様分布に従うので，各確率変数の取る値は同じである．全確率の和が1であることを使って確率分布表を作成すると．

k	0	[ア] 2	[イ] 3	計
$P(X=k)$	[ウ] $\frac{1}{3}$	[エ] $\frac{1}{3}$	[オ] $\frac{1}{3}$	[カ] 1

次に平均と分散を求めると

$$E(X)=0\times P(x=0)+2\times P(x=2)+3\times P(x=3)= \text{[キ]}\ \boxed{0\times\frac{1}{3}+2\times\frac{1}{3}+3\times\frac{1}{3}=\frac{5}{3}}$$

$$V(X)=E(X^2)-E(X)^2=\{0^2\times P(x=0)+2^2\times P(x=2)+3^2\times P(x=3)\}-E(X)^2$$

$$=\text{[ク]}\ \boxed{\left(0\times\frac{1}{3}+4\times\frac{1}{3}+9\times\frac{1}{3}\right)}-\text{[ケ]}\ \boxed{\left(\frac{5}{3}\right)}^2=\text{[コ]}\ \boxed{\frac{14}{9}}$$

p.92 ● 定理 1.4.4（$M(\theta)$ を求めた後の計算）

微分しやすいように $M(\theta)$ を変形してから微分すると，$M(\theta)=-\lambda(\theta-\lambda)^{-1}$

$$M'(\theta)=\text{[ア]}\ \boxed{-\lambda\cdot(-1)(\theta-\lambda)^{-2}(\theta-\lambda)'=\lambda(\theta-\lambda)^{-2}\cdot 1}=\lambda(\theta-\lambda)^{-2}$$

$$M''(\theta)=\text{[イ]}\ \boxed{\lambda\cdot(-2)(\theta-\lambda)^{-3}(\theta-\lambda)'=-2\lambda(\theta-\lambda)^{-3}\cdot 1}=-2\lambda(\theta-\lambda)^{-3}$$

$\theta=0$ を代入して，$M'(0)=\text{[ウ]}\ \boxed{\lambda(0-\lambda)^{-2}=\lambda(-\lambda)^{-2}=\frac{\lambda}{(-\lambda)^2}=\frac{\lambda}{\lambda^2}}=\frac{1}{\lambda}$

$$M''(0)=\text{[エ]}\ \boxed{-2\lambda(0-\lambda)^{-3}=-2\lambda\cdot(-\lambda)^{-3}=-\frac{2\lambda}{(-\lambda)^3}=-\frac{2\lambda}{-\lambda^3}}=\frac{2}{\lambda^2}$$

以上より，$E(X)=M'(0)=\frac{1}{\lambda}$，　$V(X)=E(X^2)-E(X)^2=\text{[オ]}\ \boxed{\frac{2}{\lambda^2}-\left(\frac{1}{\lambda}\right)^2=\frac{2}{\lambda^2}-\frac{1}{\lambda^2}}=\frac{1}{\lambda^2}$

p.95 ● 演習 25

解 答 オランウータンの寿命 X(年)は平均 45 の指数分布に従っているので，$E(X)=\frac{1}{\lambda}=\text{[ア]}\ \boxed{45}$

より　$\lambda=\frac{1}{\text{[イ]}\ \boxed{45}}=\text{[ウ]}\ \boxed{0.0222}$．　ゆえに X の確率密度関数は，$f(x)=\text{[エ]}\ \boxed{\begin{cases}0.0222\,e^{-0.0222x} & (x\geqq 0)\\ 0 & (x<0)\end{cases}}$

求めたい確率は，$P(X\geqq\text{[オ]}\ \boxed{50})=1-P(\text{[カ]}\ \boxed{0\leqq X<50})$

$$=\text{[キ]}\ \boxed{\begin{aligned}&1-\int_0^{50}0.0222\,e^{-0.0222x}dx=1-\left[\frac{0.0222}{-0.0222}e^{-0.0222x}\right]_0^{50}=1+(e^{-0.0222\times 50}-e^{-0.0222\times 0})\\&=1+(e^{-1.11}-1)=e^{-1.11}\fallingdotseq 0.3296\end{aligned}}$$

ゆえに 50 年以上生きる確率は約 [ク] $\boxed{0.33}$．

p.98 ● 定理 1.4.5（$M(\theta)$ を求めた後の計算）

$E(X)$，$E(X^2)$ を求めるために $M(\theta)$ を θ で 2 回微分すると

$$M'(\theta)=\text{[ア]}\ \boxed{(e^{\mu\theta+\frac{1}{2}\sigma^2\theta^2})'=e^{\mu\theta+\frac{1}{2}\sigma^2\theta^2}\cdot\left(\mu\theta+\frac{1}{2}\sigma^2\theta^2\right)'=e^{\mu\theta+\frac{1}{2}\sigma^2\theta^2}\cdot(\mu+\sigma^2\theta)}=M(\theta)\cdot(\mu+\sigma^2\theta)$$

$$M''(\theta)=\{M(\theta)(\mu+\sigma^2\theta)\}'=M'(\theta)(\mu+\sigma^2\theta)+M(\theta)(\mu+\sigma^2\theta)'=M'(\theta)(\mu+\sigma^2\theta)+M(\theta)\cdot\sigma^2$$

$\theta=0$ とおくことにより，$E(X)=M'(0)=\text{[イ]}\ \boxed{M(0)\cdot(\mu+\sigma^2\cdot 0)=e^{\mu\cdot 0+\frac{1}{2}\sigma^2 0^2}\cdot\mu=e^0\cdot\mu=1\cdot\mu}=\mu$

$$E(X)=M''(0)=\text{[ウ]}\ \boxed{M'(0)\cdot(\mu+\sigma^2\cdot 0)+M(0)\cdot\sigma^2=\mu\cdot\mu+1\cdot\sigma^2}=\mu^2+\sigma^2$$

$\therefore$　$V(X)=E(X^2)-E(X)^2=\text{[エ]}\ \boxed{(\mu+\sigma^2)-\mu^2}=\sigma^2$　　以上より，$E(X)=\mu$，　$V(X)=\sigma^2$

p.101 ● 演習 26

解答 数表 1 が使えるように工夫しよう．(1) $P(0 \leqq X \leqq 2.15)=$ ㋐ 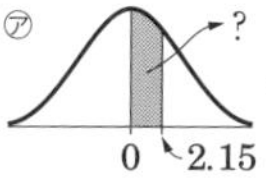

$=$ ㋑ [0.4842]

(2) $P(X \geqq 3)=$ ㋒ 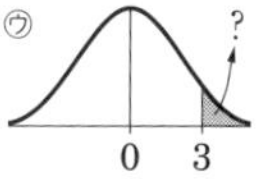

$=0.5000-$ ㋓ 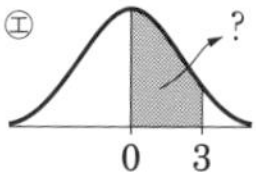

$=0.5000-$ ㋔ [0.4987] $=$ ㋕ [0.0013]

(3) $P(1.5 \leqq X \leqq 2.5)=$ ㋖ 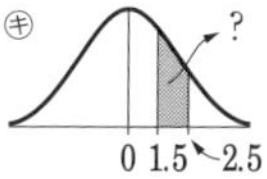

$=$ ㋗ 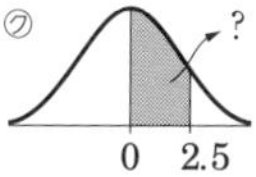

$-$ ㋘ 

$=$ ㋙ [0.4938] $-$ ㋚ [0.4332] $=$ ㋛ [0.0606]

(4) 数表 1 を，今までとは逆に利用して k の値を求める．

$P(0 \leqq X \leqq k)=$ 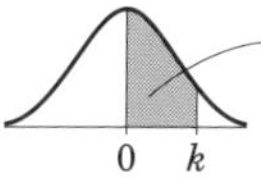

㋜ [0.4505]

a	⋯ ㋝ [0.05]
⋮	⋮
㋞ [1.6]	⋯ 0.4505
⋮	⋮

数表 1 の中から 0.4505 のところをさがし出すと，　$k=$ ㋟ [1.65]

p.103 ● 演習 27

解答 X は平均 $\mu=$ ㋐ [5]，標準偏差 $\sigma=$ ㋑ [2] の正規分布に従うので $Z=$ ㋒ [$\frac{X-5}{2}$] は $N(0,1)$ に従う．

$\therefore\quad P(X \geqq 7)=P\left(㋓\ \boxed{\frac{X-5}{2} \geqq \frac{7-5}{2}}\right)=P(Z \geqq ㋔\ \boxed{1})\quad=$ ㋕ 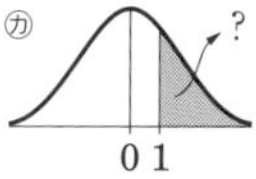

$=0.5000-$ ㋖ 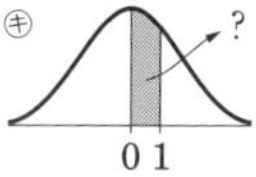

$=0.5000-$ ㋗ [0.3413] $=$ ㋘ [0.1587]

p.107 ● 演習 28

解答 X は二項分布 $Bin\left(180, \frac{1}{6}\right)$ に従う．(途中，略)

(1) p.105 公式 1.4.8 より，X の区間を左に 0.5 広げる半整数補正を行うと，求める確率の近似値は

㋐
$$\boxed{\begin{aligned}&P(28-0.5 \leqq X)=P(27.5 \leqq X)=P\left(\frac{27.5-30}{5} \leqq \frac{X-30}{5}\right)=P(-0.5 \leqq Z)\\&=P(-0.5 \leqq Z \leqq 0)+P(0 \leqq Z)=P(0 \leqq Z \leqq 0.5)+P(0 \leqq Z)=0.1915+0.5=0.6915\end{aligned}}$$

(2) p.105 公式 1.4.8 より，X の区間を右に 0.5 広げる半整数補正を行う．求める確率の近似値を用いると問題は ㋑ [$P(X \leqq n+0.5)=0.758$] をみたす正の整数を求める問題になる．したがって，

$P\left(\frac{X-30}{5} \leqq ㋒\ \boxed{\frac{n+0.5-30}{5}}\right)=0.758,\qquad P\left(Z \leqq ㋒\ \boxed{\frac{n+0.5-30}{5}}\right)=0.758$

$P(Z \leqq 0)+P\left(0 \leqq Z \leqq ㋒\ \boxed{\frac{n+0.5-30}{5}}\right)=0.758,\qquad ㋓\ \boxed{0.5}+P\left(0 \leqq Z \leqq ㋒\ \boxed{\frac{n+0.5-30}{5}}\right)=0.758$

$P\left(0 \leqq Z \leqq ㋒\ \boxed{\frac{n+0.5-30}{5}}\right)=0.758-㋓\ \boxed{0.5}=㋔\ \boxed{0.258}$

巻末の数表 1 より，　㋒ [$\frac{n+0.5-30}{5}$] $=$ ㋕ [0.7]　　　よって，$n=$ ㋖ [33]

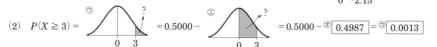

p.113 ● 演習 29

** 解 答 ** (1) $E(XY) =$ ㋐ $\displaystyle\sum_{i=1}^{3}\sum_{j=1}^{3}ijP(X=i,Y=j) = \sum_{i=1}^{3}\sum_{j=1}^{3}\left(ij\cdot\frac{1}{36}ij\right) = \frac{1}{36}\sum_{i=1}^{3}\sum_{j=1}^{3}i^2j^2$

$\displaystyle= \frac{1}{36}\left(\sum_{i=1}^{3}i^2\right)\left(\sum_{j=1}^{3}j^2\right) = \frac{1}{36}(1^2+2^2+3^3)(1^2+2^2+3^3) = \frac{49}{9}$

(2) p.111 定理 1.5.3 と，左頁の例題(3)と，上の(1)より

$Cov(X,Y) =$ ㋑ $\displaystyle E(XY)-E(X)E(Y) = \frac{49}{9}-\frac{7}{3}\cdot\frac{7}{3} = 0$

(3) p.111 定理 1.5.4 と，左頁の例題(4)と，上の(2)より

$V(2X+3Y) =$ ㋒ $\displaystyle 2^2V(X)+2\cdot2\cdot3Cov(X,Y)+3^2V(Y) = 4V(X)+9V(Y) = 4\cdot\frac{275}{9}+9\cdot\frac{275}{9} = \frac{3575}{9}$

p.134 ● 演習 30

∷ 解 答 ∷

㋐
階級	階級値	カウント	度数	相対度数	累積度数	累積相対度数
以上　未満						
0 ～ 40	20	正	4	0.089	4	0.089
40 ～ 80	60	正正	10	0.222	14	0.311
80 ～ 120	100	正正正	14	0.311	28	0.622
120 ～ 160	140	正正一	11	0.244	39	0.866
160 ～ 200	180	正	4	0.089	43	0.955
200 ～ 240	220	丅	2	0.045	45	1.000
計			45	1.000		

(相対度数は小数第 3 位まで)

データの数　$N = $ ㋐ $\boxed{45}$　なので

階級の数 $n = 5 \sim 7$　が目安である.

データの最大値 = ㋑ $\boxed{233}$, データの最小値 = ㋒ $\boxed{25}$

と, 中性脂肪の正常値の範囲　$30 \sim 160$　を考慮して

$n = $ ㋓ $\boxed{6}$, 階級の幅 = ㋔ $\boxed{40}$　として度数分布表を作

ると上のようになる. また, これよりヒストグラムと

度数折れ線を作ると右のようになる.

(解答は一例である)

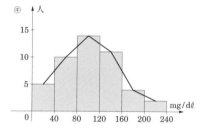

p.137 ● 定理 2.0.1

証明　分散の定義の式を変形してゆこう.

$$\sigma^2 = \frac{1}{N}\sum_{i=1}^{N} ㋐\boxed{(x_i - \bar{x})}^2 \quad (2乗を展開して) \quad = \frac{1}{N}\sum_{i=1}^{N} ㋑\boxed{(x_i^2 - 2x_i\bar{x} + \bar{x}^2)}$$

$$= \frac{1}{N}\left(\sum_{i=1}^{N}㋒\boxed{x_i^2} - \sum_{i=1}^{N}㋓\boxed{2x_i\bar{x}} + \sum_{i=1}^{N}㋔\boxed{\bar{x}^2}\right) = \frac{1}{N}\left(\sum_{i=1}^{N}x_i^2 - ㋕\boxed{2\bar{x}}\sum_{i=1}^{N}x_i + ㋖\boxed{\bar{x}^2}\sum_{i=1}^{N}1\right)$$

$\bar{x} = $ ㋗ $\boxed{\dfrac{1}{N}\sum_{i=1}^{N}x_i}$　より　$\sum_{i=1}^{N}x_i = $ ㋘ $\boxed{N\bar{x}}$　と,　$\sum_{i=1}^{N}1 = \underbrace{1 + 1 + \cdots + 1}_{㋙\boxed{N}個} = $ ㋚ $\boxed{N}$　より

$$\sigma^2 = \frac{1}{N}\left(\sum_{i=1}^{N}x_i^2 - 2\bar{x}㋛\boxed{N\bar{x}} + \bar{x}^2㋜\boxed{N}\right) = ㋝\boxed{\frac{1}{N}\left(\sum_{i=1}^{N}x_i^2 - 2N\bar{x}^2 + N\bar{x}^2\right)} = \frac{1}{N}\left(\sum_{i=1}^{N}x_i^2 - N\bar{x}^2\right) = \frac{1}{N}\sum_{i=1}^{N}x_i^2 - \bar{x}^2$$

p.139 ● 演習 31

∷ 解 答 ∷ データを大きさの順に並べると, 小さい順に

㋐ $\boxed{0, 1, 1, 1, 2, 2, 3, 4, 10}$ となる. これより, 中央値 $\tilde{x} = $ ㋑ $\boxed{2}$, 最頻値 $\tilde{x}_0 = $ ㋒ $\boxed{1}$

また, 平均値　$\bar{x} = \dfrac{1}{㋓\boxed{9}} \times ㋔\boxed{24} = $ ㋕ $\boxed{2.67}$

分散　$\sigma^2 = \dfrac{1}{㋖\boxed{9}} \times ㋗\boxed{136} - ㋘\boxed{2.67}^2 = $ ㋙ $\boxed{7.98}$

標準偏差 $\sigma = \sqrt{㋚\boxed{7.98}} = $ ㋛ $\boxed{2.82}$

㋜
x	x^2
0	0
1	1
1	1
4	16
2	4
10	100
2	4
3	9
1	1
計　24	136

p.142 ● 定理 2.0.2

[証明] 共分散 σ_{xy} の定義式を変形してゆく．

$\sigma_{xy} = \dfrac{1}{N}\sum_{i=1}^{N}$ ㋐ $\boxed{(x_i - \bar{x})(y_i - \bar{y})}$ （展開すると） $= \dfrac{1}{N}\sum_{i=1}^{N}$ ㋑ $\boxed{x_i y_i - \bar{x} y_i - \bar{y} x_i + \bar{x}\bar{y}}$

（定数は Σ の外へ出すと） $= \dfrac{1}{N}\left(\sum_{i=1}^{N}\text{㋒}\boxed{x_i y_i} - \text{㋓}\boxed{\bar{x}}\sum_{i=1}^{N} y_i - \text{㋔}\boxed{\bar{y}}\sum_{i=1}^{N} x_i + \text{㋕}\boxed{\bar{x}\bar{y}}\sum_{i=1}^{N} 1\right)$

$\sum_{i=1}^{N} x_i +$ ㋖ $\boxed{N}\bar{x}$, $\sum_{i=1}^{N} y_i =$ ㋗ $\boxed{N}\bar{y}$, $\sum_{i=1}^{N} 1 =$ ㋘ $\boxed{N}$ を代入すると

$=$ ㋙ $\boxed{\dfrac{1}{N}\left(\sum_{i=1}^{N} x_i y_i - \bar{x}\cdot N\bar{y} - \bar{y}\cdot N\bar{x} + \bar{x}\bar{y}\cdot N\right)} =$ ㋚ $\boxed{\dfrac{1}{N}\left(\sum_{i=1}^{N} x_i y_i - N\bar{x}\bar{y}\right)} = \dfrac{1}{N}\sum_{i=1}^{N} x_i y_i - \bar{x}\bar{y}$

p.146 ● 演習 32

解 答 (1) x 軸に体重，y 軸に体脂肪率をとり，各人の値 (x, y) をプロットすると下のようになる．

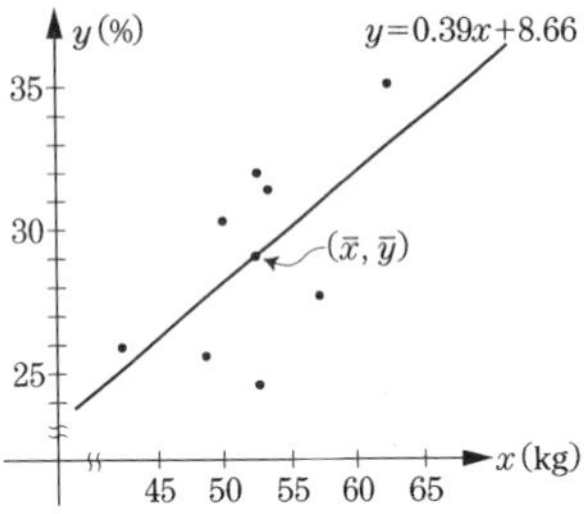

	x	y	x^2	y^2	xy
	48.7	25.6	2371.69	655.36	1246.72
	52.6	24.6	2766.76	605.16	1293.96
	50.0	30.3	2500.00	918.09	1515.00
	52.5	32.0	2756.25	1024.00	1680.00
	62.4	35.1	3893.76	1232.01	2190.24
	42.2	25.9	1780.84	670.81	1092.98
	53.3	31.4	2840.89	985.96	1673.62
	57.1	27.7	3260.41	767.29	1581.67
計	㋑ 418.8	㋒ 232.6	㋓ 22170.60	㋔ 6858.68	㋕ 12274.19

上の表計算より $\bar{x}$，$\bar{y}$，σ_x^2，σ_y^2 を計算する（小数第 2 位まで）． $N =$ ㋖ $\boxed{8}$ なので，

$\bar{x} = \dfrac{1}{N}\sum_{i=1}^{N} x_i =$ ㋗ $\boxed{\dfrac{1}{8}\times 418.8 = 52.35}$， $\bar{y} = \dfrac{1}{N}\sum_{i=1}^{N} y_i =$ ㋘ $\boxed{\dfrac{1}{8}\times 232.6 = 29.08}$

$\sigma_x^2 = \dfrac{1}{N}\sum_{i=1}^{N} x_i^2 - \bar{x}^2 =$ ㋙ $\boxed{\dfrac{1}{8}\times 22170.60 - 52.35^2 = 30.80}$， $\sigma_y^2 = \dfrac{1}{N}\sum_{i=1}^{N} y_i^2 - \bar{y}^2 =$ ㋚ $\boxed{\dfrac{1}{8}\times 6858.68 - 29.08^2 = 11.69}$

これらより (2) 共分散 $\sigma_{xy} = \dfrac{1}{N}\sum_{i=1}^{N} x_i y_i - \bar{x}\bar{y} =$ ㋛ $\boxed{\dfrac{1}{8}\times 12274.19 - 52.35\times 29.08 = 11.94}$

(3) 相関係数 $\rho_{xy} = \dfrac{\sigma_{xy}}{\sigma_x \sigma_y} =$ ㋜ $\boxed{\dfrac{11.94}{\sqrt{30.80}\sqrt{11.69}} = 0.63}$

(4) 回帰直線と定数項は $a = \dfrac{\sigma_{xy}}{\sigma_x^2} =$ ㋝ $\boxed{\dfrac{11.94}{30.80} = 0.39}$， $b = \bar{y} - a\bar{x} =$ ㋞ $\boxed{29.08 - 0.39\times 52.35 = 8.66}$

これより回帰直線は ㋟ $\boxed{y = 0.39x + 8.66}$ となり，グラフを描くと上のようになる．

p.157 ● 演習 33

解 答 $\sum_{i=1}^{n} x_i$，$\sum_{i=1}^{n} x_i^2$ を求めるために表を作って計算する．

	x_i	x_i^2
	4.55	20.7025
	4.59	21.0681
	4.36	19.0096
	4.68	21.9024
	4.50	20.2500
	4.36	19.0096
	4.57	20.8849
	4.48	20.0704
計	㋐ 36.09	㋑ 162.8975

標本の大きさは $n =$ ㋒ $\boxed{8}$ なので

標本平均 $\bar{x} =$ ㋓ $\boxed{\dfrac{1}{8}\times 36.09 = 4.511}$

不備分散 $v^2 =$ ㋔ $\boxed{\dfrac{1}{8-1}(162.8975 - 8\times 4.511^2) = 0.015}$

p.163 ● 演習 34

解 答 ワークシートを順に埋めていこう.

ワークシート

1	信頼係数	㋐	95%
2	標本の大きさ n	㋑	5
	標本平均 $\bar{x}$	㋙	7.502
3	分散 σ^2	㋚	0.09
4	信頼区間	㋢	$7.239 \leqq \mu \leqq 7.765$

1. 問題文から明らかに信頼係数は㋐[95]%である.

2. 標本の大きさが $n=$㋑[5]で, $x_1=$㋒[7.68],

$x_2=$㋓[7.48], $x_3=$㋔[7.28], $x_4=$㋕[7.98],

$x_5=$㋖[7.09]であることに注意しよう. このとき,

標本平均の実現値 $\bar{x}$ は次のように計算できる.

$$\bar{x}=\frac{1}{㋗\boxed{5}}\times ㋘\boxed{37.51}= ㋙\boxed{7.502}$$

3. 母分散 $\sigma^2=$㋚[0.09]である.

4. 定理 2.2.1 より, 溶液の pH 値 μ の信頼係数㋛[95]%の信頼区間は

$$㋜\boxed{7.502}-㋝\boxed{1.96}\times\sqrt{\frac{㋞\boxed{0.09}}{㋟\boxed{5}}}\leqq\mu\leqq ㋜\boxed{7.502}+㋝\boxed{1.96}\times\sqrt{\frac{㋞\boxed{0.09}}{㋟\boxed{5}}}$$

小数第 3 位までとると, $㋠\boxed{7.239}\leqq\mu\leqq ㋡\boxed{7.765}$

p.167 ● 演習 35

解 答 下のワークシートを順に埋めていこう.

ワークシート

1	信頼係数	㋐	99%
2	標本の大きさ n	㋑	50
	標本平均 $\bar{x}$	㋒	28.3
3	標本分散 s^2	㋔	$(6.94)^2$
4	信頼区間	㋛	$25.77 \leqq \mu \leqq 30.83$

1. 問題文から明らかに信頼係数は㋐[99]%である.

2. 標本の数が $n=$㋑[50]で, 標本平均の実現値

$\bar{x}=$㋒[28.3](年)であることに注意しよう.

3. この場合, H 建設が建てた住宅の耐久年数の真の分散が分からないので, 母分散が未知であるが, 標本の大きさ $n=$㋑[50]$(\geqq 30)$なので, 大標本の場合である.

したがって, 標本標準偏差 $s=$㋓[6.94](年)(標本分散 $s^2=$㋔[$(6.94)^2$]) は母標準偏差 σ(母分散 σ^2)の代用として用いることができる.

4. 定理 2.2.2 より, H 建設が建てた住宅の耐久年数 μ の信頼係数㋐[99]%の信頼区間は

$$㋕\boxed{28.3}-㋖\boxed{2.58}\times\sqrt{\frac{㋗\boxed{(6.94)^2}}{㋘\boxed{50}}}\leqq\mu\leqq ㋕\boxed{28.3}+㋖\boxed{2.58}\times\sqrt{\frac{㋗\boxed{(6.94)^2}}{㋘\boxed{50}}}$$

小数第 2 位までとると ㋙[25.77](年)$\leqq\mu$(年)$\leqq$㋚[30.83](年)

p.172 ● 演習 36

解 答 まず母分散 σ^2 が未知であることに注意する.

1. 母平均 μ の 95%信頼区間を求めるので $\alpha=$㋐[0.05].

2. まず $x_1=$㋑[7.68], $x_2=$㋒[7.48], $x_3=$㋓ $x_4=$㋔[7.98], $x_5=$㋕[7.09]

標本平均 $\bar{x}$, 不偏分散 v^2 を求める. 標本の大きさは $n=$㋖[5].

㋗

	x_i	x_i^2
	7.68	58.9824
	7.48	55.9504
	7.28	52.9984
	7.98	63.6804
	7.09	50.2681
計	37.51	281.8797

$$\bar{x}=\frac{1}{㋘\boxed{5}}\times ㋙\boxed{37.51}=㋚\boxed{7.502}$$

$$v^2=\frac{1}{㋛\boxed{5}-1}(㋜\boxed{281.8797}-㋝\boxed{5}\times ㋞\boxed{7.502}^2)=㋟\boxed{0.11992}$$

3. t 分布の数表より

$$t_{n-1}\left(\frac{\alpha}{2}\right)=t_{㋠\boxed{5}-1}\left(\frac{㋡\boxed{0.05}}{2}\right)=t_{㋢\boxed{4}}(㋣\boxed{0.025})=㋤\boxed{2.776}$$

$\beta = t_{n-1}\left(\frac{\alpha}{2}\right)\sqrt{\frac{v^2}{n}}$

$=$ ㋤[2.776] $\times \sqrt{\dfrac{㋥[0.11992]}{㋦[5]}}$ $=$ ㋧[0.429913]

4. 溶液の pH 値 μ の 95%信頼区間は

㋨[7.502] $-$ ㋩[0.429913] $\leqq \mu$

$\leqq$ ㋨[7.502] $+$ ㋩[0.429913]

小数第 3 位までとって ㋪[7.072] $\leqq \mu$

$\leqq$ ㋫[7.932]

ワークシート

1	信頼係数 $100(1-\alpha)\%$	㋐	$\alpha = 0.05$
2	標本の大きさ n	㋖	5
	標本平均 $\bar{x}$	㋚	7.502
	不偏分散 v^2	㋟	0.11992
3	$t_{n-1}\left(\frac{\alpha}{2}\right)$	㋤	2.776
	$t_{n-1}\left(\frac{\alpha}{2}\right)\sqrt{\frac{v^2}{n}}$	㋧	0.4299
4	信頼区間	㋬	$7.072 \leqq \mu \leqq 7.932$

p.177 ● 演習 37

解 答 溶液の pH のすべての測定値が母集団となる．この母集団の分散が母分散 σ^2 である．

1. 母分散 σ^2 の 95%信頼区間を求めたいので $\alpha =$ ㋐[0.05].

2. 標本の大きさは $n =$ ㋑[5].
演習 36 で求めた結果より

標本平均 $\bar{x} =$ ㋒[7.502],

不偏分散 $v^2 =$ ㋓[0.11992]

3. χ^2 分布の数表より

$\chi^2_{n-1}\left(\frac{\alpha}{2}\right) =$ ㋔[$\chi^2_{5-1}\left(\frac{0.05}{2}\right) = \chi^2_4(0.025) = 11.1433$]

$\chi^2_{n-1}\left(1-\frac{\alpha}{2}\right) =$ ㋖[$\chi^2_{5-1}\left(1-\frac{0.05}{2}\right) = \chi^2_4(0.975) = 0.484419$]

信頼区間の端点 a, b を計算すると

$a = \dfrac{(n-1)v^2}{\chi^2_{n-1}\left(\frac{\alpha}{2}\right)} =$ ㋘[$\dfrac{(5-1)\times 0.11992}{11.1433} = 0.043046$]

$b = \dfrac{(n-1)v^2}{\chi^2_{n-1}\left(1-\frac{\alpha}{2}\right)} =$ ㋚[$\dfrac{(5-1)\times 0.11992}{0.484419} = 0.990217$]

4. 母分散 σ^2 の 95%信頼区間は，小数第 3 位までとると ㋜[0.043] $\leqq \sigma^2 \leqq$ ㋝[0.990]

ワークシート

1	信頼係数 $100(1-\alpha)\%$	㋐ $\alpha = 0.05$			
2	標本の大きさ n	㋑ 5			
	標本平均 $\bar{x}$	㋒ 7.502			
	標本分散 v^2	㋓ 0.11992			
3	$\chi^2_{n-1}\left(\frac{\alpha}{2}\right)$	㋕ 11.1433	$\chi^2_{n-1}\left(1-\frac{\alpha}{2}\right)$	㋗ 0.484419	
	$\dfrac{(n-1)v^2}{\chi^2_{n-1}\left(\frac{\alpha}{2}\right)}$	㋙ 0.0430	$\dfrac{(n-1)v^2}{\chi^2_{n-1}\left(1-\frac{\alpha}{2}\right)}$	㋛ 0.9902	
4	信頼区間	㋞ $0.043 \leqq \sigma^2 \leqq 0.990$			

p.186 ● 演習 38

解 答 正規母集団は，すべての「ある食品」である．

1. μ_0，帰無仮説 H_0，対立仮説 H_1 を決め，有意水準 α を確認する．
問題文には，“この食品の内容量の平均は少なくなったといえるか” とあるので，

$\mu_0 =$ ㋐[200] であり，㋑[左] 側検定と判断できるので，

帰無仮説 $H_0 : \mu =$ ㋒[200]， 対立仮説 $H_1 : \mu <$ ㋔[200]， 有意水準 : $\alpha =$ ㋖[0.05] となる．

2. 標本平均の実現値 $\bar{x}$ を求めよう．右の表計算の結果と $n =$ ㋗[10] から，

	x_i
	201.5
	202.6
	193.6
	194.4
	200.1
	195.8
	198.2
	203.2
	196.3
	204.3
計	1990.0

$$\bar{x} = \frac{1}{n}\sum_{i=1}^{n} x_i = {}^{\textcircled{r}}\boxed{\dfrac{1}{10} \times 1990 = 199}$$

3. 母平均の検定統計量 Z の実現値 z を計算する.

$\sigma^2 = {}^{\textcircled{r}}\boxed{3}$ なので,

$$z = \frac{\bar{x} - \mu_0}{\sqrt{\dfrac{\sigma^2}{n}}} = {}^{\textcircled{>}}\boxed{\dfrac{199 - 200}{\sqrt{\dfrac{3}{10}}} = -1.83}$$

4. ${}^{\textcircled{r}}\boxed{左}$ 側検定なので, z_a の値を求める.

$\alpha = {}^{\textcircled{r}}\boxed{0.05}$ なので, $z_a = {}^{\textcircled{r}}\boxed{1.65}$

5. ${}^{\textcircled{r}}\boxed{左}$ 側検定なので, 検定統計量の実現値 z と

$-z_a$ を比較する. $z\ {}^{\textcircled{>}}\boxed{<}\ -z_a$ なので, 定理 2.3.1 より

帰無仮説 H_0 は ${}^{\textcircled{r}}\boxed{有意水準 5\% で棄却される}$.

したがって, このデータからは,

この食品の内容量は ${}^{\textcircled{r}}\boxed{少なくなったといえる}$.

ワークシート

1	帰無仮説 H_0	${}^{\textcircled{r}}$	$\mu = 200$
	対立仮説 H_1	${}^{\textcircled{r}}$	② $\mu < 200$ （左側検定）
	有意水準 α	${}^{\textcircled{r}}$	0.05
2	標本数 n	${}^{\textcircled{r}}$	10
	標本平均 $\bar{x}$	${}^{\textcircled{r}}$	199
3	母分散 σ^2	${}^{\textcircled{r}}$	3
4	検定統計量 z	${}^{\textcircled{>}}$	-1.83
	② z_a	${}^{\textcircled{r}}$	1.65
5	②左側検定 棄却域	${}^{\textcircled{r}}$	$z = -1.83$ $-1.65\ \ 0$
6	検定結果	${}^{\textcircled{r}}$	帰無仮説 H_0 は棄却される

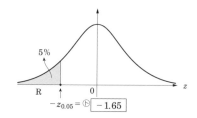

5% R   0 z

$-z_{0.05} = {}^{\textcircled{r}}\boxed{-1.65}$

---

p.192 ● 演習 39

:: **解 答** :: 母集団はある農園でとれるトマト全て
である.

1. μ_0, 帰無仮説 H_0, 対立仮説 H_1 を決め, 有意水
準 α を確認する. $\mu_0 = {}^{\textcircled{r}}\boxed{300}$ であり, 問題文
には,

"このトマトの重さの平均 μ は軽くなったか"

とあるので, ${}^{\textcircled{r}}\boxed{左}$ 側検定と判断できる. よっ
て, 帰無仮説 $H_0 : \mu = {}^{\textcircled{r}}\boxed{300}$, 対立仮説
$H_1 : \mu < {}^{\textcircled{r}}\boxed{300}$, 有意水準 : $\alpha = {}^{\textcircled{r}}\boxed{0.05}$
となる.

2. 標本平均の実現値 $\bar{x}$ は $\bar{x} = {}^{\textcircled{r}}\boxed{290}$ である.

3. 母平均の検定統計量 Z の実現値 z を計算する
（$\mu_0 = {}^{\textcircled{r}}\boxed{300}$）.

ワークシート

1	帰無仮説 H_0	${}^{\textcircled{r}}$	$\mu = 300$
	対立仮説 H_1	${}^{\textcircled{r}}$	② $\mu < 300$ （左側検定）
	有意水準 α	${}^{\textcircled{r}}$	0.05
2	標本の大きさ n	${}^{\textcircled{r}}$	40
	標本平均 $\bar{x}$	${}^{\textcircled{r}}$	290
3	標本分散 s^2	${}^{\textcircled{r}}$	40^2
4	検定統計量 z	${}^{\textcircled{>}}$	-1.58
	② z_a	${}^{\textcircled{r}}$	1.65
5	②左側検定 棄却域	${}^{\textcircled{r}}$	$z = -1.58$ $-1.65\ \ 0$
6	検定結果	${}^{\textcircled{r}}$	帰無仮説 H_0 は棄却されない

このトマトの真の重さの標準偏差は分からないが, 標本の大きさは $n = {}^{\textcircled{r}}\boxed{40}$ $(\geqq 30)$ なので, この標
本の標準偏差 $s = 40$ はトマトの重さの真の標準偏差 σ と判断できる. $s^2 = {}^{\textcircled{r}}\boxed{40^2}$ なので,

$$z = \frac{\bar{x} - \mu_0}{\sqrt{\dfrac{s^2}{n}}} = {}^{\textcircled{>}}\boxed{\dfrac{290 - 300}{\sqrt{\dfrac{(40)^2}{40}}} = -1.58}$$

4. ${}^{\textcircled{r}}\boxed{左}$ 側検定なので, z_a の値を求める.

$\alpha = {}^{\textcircled{r}}\boxed{0.05}$ なので, $z_a = {}^{\textcircled{r}}\boxed{1.65}$

5. 検定統計量の実現値 z と $-z_\alpha$ を比較する．

$-z_\alpha$ ㋡ [<] z なので，定理 2.3.2 より，帰無仮説 H_0 は ㋠ [有意水準 5% で棄却されない]．

したがって，このデータからは，トマトの重さの平均 μ は ㋢ [軽くなったとはいえない]．

p.198 演習 40

解答 正規母集団は，全国の中学生である．

	x_i	x_i^2
	5	25
	3	9
	2	4
	1	1
	4	16
	6	36
	0	0
計	21	91

1. $\mu_0 =$ ㋐ [4.7]．であり，問題文には，“全国の中学生の 1 か月間の平均読書冊数が減ったといえるか” とあるので，㋑ [左] 側検定と判断でき，

帰無仮説 H_0：$\mu =$ ㋒ [4.7]，対立仮説 H_1：$\mu <$ ㋔ [4.7]，有意水準：$\alpha =$ ㋖ [0.05]

2. 標本平均 $\bar{x}$，不偏分散 v^2 は，右の表計算の結果と $n =$ ㋗ [7] から，

$\bar{x} = \frac{1}{n}\sum_{i=1}^{n} x_i =$ ㋘ $\boxed{\frac{1}{7} \times 21 = 3}$，$v^2 = \frac{1}{n-1}\left(\sum_{i=1}^{n} x_i^2 - n\bar{x}^2\right) =$ ㋚ $\boxed{\frac{1}{7-1}(91 - 7 \times 3)^2 = 4.6667}$

3. 母平均の検定統計量 T の実現値 t は $(\mu_0 = 4.7)$，

$$t = \frac{\bar{x} - \mu_0}{\sqrt{\frac{v^2}{n}}} = ㋜ \boxed{\frac{3 - 4.7}{\sqrt{\frac{4.6667}{7}}} = -2.0821}$$

4. ㋑ [左] 側検定なので，t 分布の数表 2 より（$\alpha =$ ㋞ [0.05]），

$t_{n-1}(\alpha) =$ ㋟ $\boxed{t_{7-1}(0.05) = t_6(0.05) = 1.943}$

5. ㋑ [左] 側検定なので，t と $-t_{n-1}(\alpha)$ の値を比較し，

t ㋡ [<] $-t_6(0.05)$ なので，定理 2.3.3 より

帰無仮説 H_0 は ㋣ [有意水準 5% で棄却される]．

このデータからは，全国の中学生の 1 か月間の平均読書冊数は ㋥ [減ったといえる]．

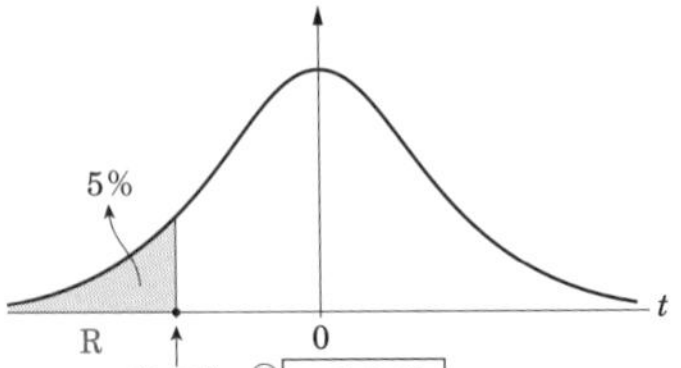

$-t_6(0.05) =$ ㋦ [−1.943]

ワークシート

1	帰無仮説 H_0	㋓	$\mu = 4.7$
	対立仮説 H_1	㋕	① $\mu < 4.7$（左側検定）
	有意水準 α	㋖	0.05
2	標本の大きさ n	㋗	7
	標本平均 $\bar{x}$	㋙	3
	不偏分散 v^2	㋛	4.6667
3	検定統計量 t	㋝	−2.0821
	② $t_{n-1}(\alpha)$	㋠	1.943
4	②左側検定 棄却域	㋢	$t = -2.0821$ ×—● −1.943 0
5	検定結果	㋤	帰無仮説 H_0 は棄却される

p.204 演習 41

解答 **1.** $\sigma^2{}_0$，帰無仮説 H_0，対立仮説 H_1 を決め，有意水準 α を確認する．$\sigma^2{}_0 =$ ㋐ [0.2] であり，問題文に，“等しいかそうでないか” とあるので，両側検定と判断できる．よって，

帰無仮説 H_0：σ^2 ㋑ [=] 0.2，対立仮説 H_1：σ^2 ㋓ [≠] 0.2，有意水準：$\alpha =$ ㋕ [0.05] となる．

2. 標本平均，不偏分散の実現値 $\bar{x}$，v^2 を求めよう．

	x_i	x_i^2
	10.0	100.00
	11.0	121.00
	10.5	110.25
	9.4	88.36
	10.3	106.09
	9.7	94.09
計	60.9	619.79

右の表計算の結果を使うと，$n =$ ㋖ [6] なので，

$\bar{x} = \sum_{i=1}^{n} x_i =$ ㋗ $\boxed{\frac{1}{6} \times 60.9 = 10.15}$

$v^2 = \frac{1}{n-1}\left(\sum_{i=1}^{n} x_i^2 - n\bar{x}^2\right) =$ ㋙ $\boxed{\frac{1}{6-1}\{619.79 - 6 \times (10.15)^2\} = \frac{1}{5} \times 1.655 = 0.331}$

3. 検定統計量 U の実現値 u を計算する．

$$u=\frac{(n-1)v^2}{\sigma_0^2}=\text{㋛}\boxed{\frac{(6-1)v^2}{0.2}=\frac{5\times0.331}{0.2}=8.275}$$

4. 両側検定なので，$\chi^2_{n-1}\left(1-\frac{\alpha}{2}\right)$，$\chi^2_{n-1}\left(\frac{\alpha}{2}\right)$

の値を求める．$\alpha=$㋕[0.05]なので，

$$\chi^2_{n-1}\left(1-\frac{\alpha}{2}\right)=\text{㋝}\boxed{\chi^2_5(0.975)=0.831211}$$

$$\chi^2_{n-1}\left(\frac{\alpha}{2}\right)=\text{㋟}\boxed{\chi^2_5(0.025)=12.8325}$$

5. 検定統計量の実現値 u と $\chi^2_{n-1}\left(1-\frac{\alpha}{2}\right)$，

$\chi^2_{n-1}\left(\frac{\alpha}{2}\right)$ を比較する．

㋡ $\boxed{\chi^2_5(0.975)<u<\chi^2_5(0.025)}$

なので，定理 2.3.4 より

帰無仮説 H_0 は㋣[有意水準 5% で棄却されない]．

したがって，このデータからは㋥[分散は 0.2 だといえる]．

ワークシート

1	帰無仮説 H_0	㋒	$\sigma^2=0.2$
	対立仮説 H_1	㋔	$\sigma^2\neq0.2$（両側検定）
	有意水準 α	㋕	0.05
2	標本の大きさ n	㋖	6
	標本平均 $\bar{x}$	㋘	10.15
	不偏分散 v^2	㋚	0.331
3	検定統計量 u	㋜	8.275
4	① $\chi^2_{n-1}\left(1-\frac{\alpha}{2}\right)$	㋞	0.831211
	$\chi^2_{n-1}\left(\frac{\alpha}{2}\right)$	㋠	12.8325
5	①右側検定 棄却域	㋢	$u=8.275$；0；$\chi^2_5(0.975)$；$\chi^2_5(0.025)$
6	検定結果	㋤	帰無仮説 H_0 は棄却されない

p.210 演習 42

解 答 $m=n=50\geqq30$ なので，A 高校の標本分散 $v_1^2=75$，B 高校の標本分散 $v_2^2=125$ をそれぞれ真の母分散 σ_1^2，σ_2^2 の代用として用いることができる．

1. 帰無仮説 H_0，対立仮説 H_1 を決め，有意水準 α を確認する．問題文に，"本当に差があるかどうか" とあるので，㋐[両]側検定と判断できるので，次のように確認できる．

帰無仮説 H_0：$\mu_1=\mu_2$，　対立仮説 H_1：μ_1 ㋒[$\neq$] μ_2，

有意水準：$\alpha=$㋔[0.05]

2. 標本平均の実現値 $\bar{x},\bar{y}$ を確認する．

$\bar{x}=$㋗[66.1]，　$\bar{y}=$㋘[62.1]

標本分散の実現値 s_1^2，s_2^2 を確認する．

$s_1^2=$㋙[75]，$s_2^2=$㋚[125]　で，$m=n=50\geqq30$ なので，　$\sigma_1^2=$㋙[75]，$\sigma_2^2=$㋚[125]とできる．

3. 母平均の差の検定統計量 Z の実現値 z を計算する．

$$z=\frac{\bar{x}-\bar{y}}{\sqrt{\frac{\sigma_1^2}{m}+\frac{\sigma_2^2}{n}}}=\text{㋛}\boxed{\frac{66.1-62.1}{\sqrt{\frac{75}{50}+\frac{125}{50}}}=2}$$

4. ㋝[両]側検定なので，$z_{\frac{\alpha}{2}}$ の値を求める．$\alpha=$㋔[0.05]なので，　$z_{\frac{\alpha}{2}}=$㋞[1.96]

5. ㋝[両]側検定なので，検定統計量の実現値 z と $z_{\frac{\alpha}{2}}$ を比較する．

$z_{\frac{\alpha}{2}}$ ㋟[$<$] z　なので，定理 2.3.5 より　帰無仮説 H_0 は㋡[有意水準 5% で棄却される]．

したがって，このデータからは，A 高校と B 高校では，㋣[力の差があったといえる]．

ワークシート

1	帰無仮説 H_0	㋑ $\mu_1=\mu_2$			
	対立仮説 H_1	㋓ ①　$\mu_1\neq\mu_2$（両側検定）			
	有意水準 α	㋔ 0.05			
2	標本の大きさ	㋕ 50		㋖ 50	
	標本平均	$\bar{x}$	㋗ 66.1	$\bar{y}$	㋘ 62.1
	（標本）分散	$\sigma_1^2(s_1^2)$	㋙ 75	$\sigma_2^2(s_2^2)$	㋚ 125
3	検定統計量 z	㋜ 2			
	①　$z_{\frac{\alpha}{2}}$	㋞ 1.96			
4	①両側検定 棄却域	㋠ $z=2$；-1.96；0；1.96			
5	検定結果	㋢ 帰無仮説 H_0 は棄却される			

p.216 ● 演習 43

解 答 2 種類のすべての乳牛についての乳脂肪率が 2 つの母集団となる．それぞれを母分散が等しい正規集団と仮定して，母平均 μ_1, μ_2 の差の検定を行おう．

㋗	x	x^2
	5.81	33.7561
	5.43	29.4849
	4.69	21.9961
	6.51	42.3801
	5.78	33.4084
計	28.22	161.0256

㋚	y	y^2
	4.23	17.8929
	3.95	15.6025
	3.52	12.3904
	4.43	19.6249
	3.80	14.4400
	4.01	16.0801
計	23.94	96.0308

1. 帰無仮説 H_0，対立仮説 H_1，有意水準 α を確認する．問題文に，“2 種類の牛乳の乳脂肪率について差があるかどうか ” とあるので，㋐ 両 側検定と判断できるので，

帰無仮説 H_0：$\mu_1 = \mu_2$，　対立仮説 H_1：μ_1 ㋒ $\neq$ μ_2，　有意水準：$\alpha =$ ㋔ 0.05

2. データより各統計量を計算しワークシートに記入しよう．

$\bar{x} = \frac{1}{㋕\ 5} \times$ ㋘ $28.22 =$ ㋙ 5.644，　$\bar{y} = \frac{1}{㋖\ 6} \times$ ㋛ $23.94 =$ ㋜ 3.99

$v_1^2 =$ ㋝ $\frac{1}{5-1}\{161.0526 - 5 \times (5.644)^2\} = 0.43798$

$v_2^2 =$ ㋟ $\frac{1}{6-1}\{96.0308 - 6 \times (3.990)^2\} = 0.10204$

$v^2 =$ ㋡ $\frac{(5-1) \times 0.43798 + (6-1) \times 0.10204}{5+6-2} = 0.2513$

3. 検定統計量 T の実現値 t を計算しよう．

$t =$ ㋣ $\frac{5.644 - 3.990}{\sqrt{\left(\frac{1}{5} + \frac{1}{6}\right) \times 0.2513}} = 5.4488$

また t 分布の数表 2 より

$t_{m+n-2}\left(\frac{\alpha}{2}\right)$

$=$ ㋥ $t_{5+6-2}\left(\frac{0.05}{2}\right) = t_9(0.025) = 2.262$

4. 棄却域を定め，t の値に × 印をつけてみよう．

5. 棄却域に ㋨ 入っている ので

帰無仮説 H_0：$\mu_1 = \mu_2$ は ㋩ 棄却される

ことになり　㋫ 対立仮説 H_1：$\mu_1 \neq \mu_2$

が採用され，2 種類の牛乳の乳脂肪について

㋬ 差があるといえる．

ワークシート

1	帰無仮説 H_0	㋑ $\mu_1 = \mu_2$				
	対立仮説 H_1	㋓ ① $\mu_1 \neq \mu_2$（両側検定）				
	有意水準 α	㋔ 0.05				
2	標本の大きさ	m	㋕ 5	n	㋖ 6	
	標本平均	$\bar{x}$	㋙ 5.644	$\bar{y}$	㋜ 3.990	
	不偏分散	v_1^2	㋞ 0.43798	v_2^2	㋠ 0.10204	
	v^2	㋢ 0.2513				
3	検定統計量 t	㋤ 5.4488				
	① $t_{m+n-2}\left(\frac{\alpha}{2}\right)$	㋦ 2.262				
4	①両側検定 棄却域	㋧ $t = 5.4488$；−2.262　0　2.262				
5	検定結果	㋪ 帰無仮説 H_0 は棄却される				

p.222 ● 演習 44

解 答 問題文に “母分散が等しいかどうか” とあるので，㋐ 両 側検定を行う．順次，ワークシートを埋めよう．

1. 帰無仮説 H_0：$\sigma_1^2 = \sigma_2^2$　対立仮説 H_1：σ_1^2 ㋗ $\neq$ σ_2^2　有意水準：$\alpha =$ ㋔ 0.05

2. 演習 43 の結果より各統計量をワークシートに記入する．

3. 検定統計量 F の実現値 f を計算する．　$f =$ ㋯ $\frac{v_1^2}{v_2^2} = \frac{0.43798}{0.10204} = 4.2922$

4. 両側検定なので F 分布の数表より次の 2 つの値を調べる.

$$F_{(m-1, n-1)}\left(\frac{\alpha}{2}\right) = {}^{\textcircled{セ}}\boxed{F_{(5-1, 6-1)}\left(\frac{0.05}{2}\right) = F_{(4,5)}(0.025) = 7.3879}$$

$$F_{(m-1, n-1)}\left(1 - \frac{\alpha}{2}\right) = \frac{1}{{}^{\textcircled{ソ}}\boxed{F_{(n-1, m-1)}\left(\dfrac{\alpha}{2}\right)}}$$

$$= \frac{1}{{}^{\textcircled{タ}}\boxed{F_{(5,4)}(0.025)}} = {}^{\textcircled{チ}}\boxed{\frac{1}{9.3645} = 0.106786}$$

棄却域を定め, f の値に×をつける.

5. f の値は棄却域に ${}^{\textcircled{ツ}}\boxed{入らない}$ から

${}^{\textcircled{テ}}\boxed{帰無仮説 \mathrm{H_0} は棄却されない}$

ので

${}^{\textcircled{ト}}\boxed{このデータからは, 母分散が等しいと判断できる}$

という結論になる.

ワークシート

1	帰無仮説 $\mathrm{H_0}$	㋐			$\sigma_1^2 = \sigma_2^2$	
	対立仮説 $\mathrm{H_1}$	㋑ ①			$\sigma_1^2 \neq \sigma_2^2$（両側検定）	
	有意水準 α	㋒			0.05	
2	標本の大きさ	m	㋓	5	n ㋔	6
	標本平均	$\bar{x}$	㋕	5.644	$\bar{y}$ ㋖	3.990
	不偏分散	v_1^2	㋗	0.43798	v_2^2 ㋘	0.10204
3	検定統計量 f	㋙			4.2922	
	①両側検定	㋚	0.1068		㋛ 7.3879	
4	①棄却域	㋜				
5	検定結果	㋝ 帰無仮説 $\mathrm{H_0}$ は棄却されない				

4 ①棄却域

$$0 \quad 0.1068 \qquad\qquad 7.3879$$

数表 1 標準正規分布 $N(0, 1)$

$$p = P(0 \leq X \leq a) = \frac{1}{\sqrt{2\pi}} \int_0^a e^{-\frac{x^2}{2}} dx \text{ の値}$$

a	0.00	0.01	0.02	0.03	0.04
0.0	0.0000	0.0040	0.0080	0.0120	0.0160
0.1	0.0398	0.0438	0.0478	0.0517	0.0557
0.2	0.0793	0.0832	0.0871	0.0910	0.0948
0.3	0.1179	0.1217	0.1255	0.1293	0.1331
0.4	0.1554	0.1591	0.1628	0.1664	0.1700
0.5	0.1915	0.1950	0.1985	0.2019	0.2054
0.6	0.2257	0.2291	0.2324	0.2357	0.2389
0.7	0.2580	0.2611	0.2642	0.2673	0.2703
0.8	0.2881	0.2910	0.2939	0.2967	0.2995
0.9	0.3159	0.3186	0.3212	0.3238	0.3264
1.0	0.3413	0.3438	0.3461	0.3485	0.3508
1.1	0.3643	0.3665	0.3686	0.3708	0.3729
1.2	0.3849	0.3869	0.3888	0.3907	0.3925
1.3	0.40320	0.40490	0.40658	0.40824	0.40988
1.4	0.41924	0.42073	0.42220	0.42364	0.42507
1.5	0.43319	0.43448	0.43574	0.43699	0.43822
1.6	0.44520	0.44630	0.44738	0.44845	0.44950
1.7	0.45543	0.45637	0.45728	0.45818	0.45907
1.8	0.46407	0.46485	0.46562	0.46638	0.46712
1.9	0.47128	0.47193	0.47257	0.47320	0.47381
2.0	0.47725	0.47778	0.47831	0.47882	0.47932
2.1	0.48214	0.48257	0.48300	0.48341	0.48382
2.2	0.48610	0.48645	0.48679	0.48713	0.48745
2.3	0.48928	0.48956	0.48983	0.490097	0.490358
2.4	0.491802	0.492024	0.492240	0.492451	0.492656
2.5	0.493790	0.493963	0.494132	0.494297	0.494457
2.6	0.495339	0.495473	0.495604	0.495731	0.495855
2.7	0.496533	0.496636	0.496736	0.496833	0.496928
2.8	0.497445	0.497523	0.497599	0.497673	0.497744
2.9	0.498134	0.498193	0.498250	0.498305	0.498359
3.0	0.498650	0.498694	0.498736	0.498777	0.498817
3.1	0.49^20324	0.49^20646	0.49^20957	0.49^21260	0.49^21553
3.2	0.49^23129	0.49^23363	0.49^23590	0.49^23810	0.49^24024
3.3	0.49^25166	0.49^25335	0.49^25499	0.49^25658	0.49^25811
3.4	0.49^26631	0.49^26752	0.49^26869	0.49^26982	0.49^27091
3.5	0.49^27674	0.49^27759	0.49^27842	0.49^27922	0.49^27999
3.6	0.49^28409	0.49^28469	0.49^28527	0.49^28583	0.49^28637
3.7	0.49^28922	0.49^28964	0.49^30039	0.49^30426	0.49^30799
3.8	0.49^32765	0.49^33052	0.49^33327	0.49^33593	0.49^33848
3.9	0.49^35190	0.49^35385	0.49^35573	0.49^35753	0.49^35926
4.0	0.49^36833	0.49^36964	0.49^37090	0.49^37211	0.49^37327

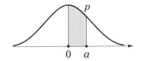

0.05	0.06	0.07	0.08	0.09
0.0199	0.0239	0.0279	0.0319	0.0359
0.0596	0.0636	0.0675	0.0714	0.0753
0.0987	0.1026	0.1064	0.1103	0.1141
0.1368	0.1406	0.1443	0.1480	0.1517
0.1736	0.1772	0.1808	0.1844	0.1879
0.2088	0.2123	0.2157	0.2190	0.2224
0.2422	0.2454	0.2486	0.2517	0.2549
0.2734	0.2764	0.2794	0.2823	0.2852
0.3023	0.3051	0.3078	0.3106	0.3133
0.3289	0.3315	0.3340	0.3365	0.3389
0.3531	0.3554	0.3577	0.3599	0.3621
0.3749	0.3770	0.3790	0.3810	0.3830
0.3944	0.3962	0.3980	0.3997	0.40147
0.41149	0.41309	0.41466	0.41621	0.41774
0.42647	0.42785	0.42922	0.43056	0.43189
0.43943	0.44062	0.44179	0.44295	0.44408
0.45053	0.45154	0.45254	0.45352	0.45449
0.45994	0.46080	0.46164	0.46246	0.46327
0.46784	0.46856	0.46926	0.46995	0.47062
0.47441	0.47500	0.47558	0.47615	0.47670
0.47982	0.48030	0.48077	0.48124	0.48169
0.48422	0.48461	0.48500	0.48537	0.48574
0.48778	0.48809	0.48840	0.48870	0.48899
0.490613	0.490863	0.491106	0.491344	0.491576
0.492857	0.493053	0.493244	0.493431	0.493613
0.494614	0.494766	0.494915	0.495060	0.495201
0.495975	0.496093	0.496207	0.496319	0.496427
0.497020	0.497110	0.497197	0.497282	0.497365
0.497814	0.497882	0.497948	0.498012	0.498074
0.498411	0.498462	0.498511	0.498559	0.498605
0.498856	0.498893	0.498930	0.498965	0.498999
$0.49^2 1836$	$0.49^2 2112$	$0.49^2 2378$	$0.49^2 2636$	$0.49^2 2886$
$0.49^2 4230$	$0.49^2 4429$	$0.49^2 4623$	$0.49^2 4810$	$0.49^2 4991$
$0.49^2 5959$	$0.49^2 6103$	$0.49^2 6242$	$0.49^2 6376$	$0.49^2 6505$
$0.49^2 7197$	$0.49^2 7299$	$0.49^2 7398$	$0.49^2 7493$	$0.49^2 7585$
$0.49^2 8074$	$0.49^2 8146$	$0.49^2 8215$	$0.49^2 8282$	$0.49^2 8347$
$0.49^2 8689$	$0.49^2 8739$	$0.49^2 8787$	$0.49^2 8834$	$0.49^2 8879$
$0.49^3 1158$	$0.49^3 1504$	$0.49^3 1838$	$0.49^3 2159$	$0.49^3 2468$
$0.49^3 4094$	$0.49^3 4331$	$0.49^3 4558$	$0.49^3 4777$	$0.49^3 4988$
$0.49^3 6092$	$0.49^3 6253$	$0.49^3 6406$	$0.49^3 6554$	$0.49^3 6696$
$0.49^3 7439$	$0.49^3 7546$	$0.49^3 7649$	$0.49^3 7748$	$0.49^3 7843$

数表2　自由度 n の t 分布パーセント点

α に対する $t_n(\alpha)$ の値

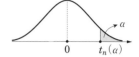

n \ α	0.25	0.1	0.05	0.025	0.01	0.005
1	1.000	3.078	6.314	12.706	31.821	63.657
2	0.816	1.886	2.920	4.303	6.965	9.925
3	0.765	1.638	2.353	3.182	4.541	5.841
4	0.741	1.533	2.132	2.776	3.747	4.604
5	0.727	1.476	2.015	2.571	3.365	4.032
6	0.718	1.440	1.943	2.447	3.143	3.707
7	0.711	1.415	1.895	2.365	2.998	3.499
8	0.706	1.397	1.860	2.306	2.896	3.355
9	0.703	1.383	1.833	2.262	2.821	3.250
10	0.700	1.372	1.812	2.228	2.764	3.169
11	0.697	1.363	1.796	2.201	2.718	3.106
12	0.695	1.356	1.782	2.179	2.681	3.055
13	0.694	1.350	1.771	2.160	2.650	3.012
14	0.692	1.345	1.761	2.145	2.624	2.977
15	0.691	1.341	1.753	2.131	2.602	2.947
16	0.690	1.337	1.746	2.120	2.583	2.921
17	0.689	1.333	1.740	2.110	2.567	2.898
18	0.688	1.330	1.734	2.101	2.552	2.878
19	0.688	1.328	1.729	2.093	2.539	2.861
20	0.687	1.325	1.725	2.086	2.528	2.845
21	0.686	1.323	1.721	2.080	2.518	2.831
22	0.686	1.321	1.717	2.074	2.508	2.819
23	0.685	1.319	1.714	2.069	2.500	2.807
24	0.685	1.318	1.711	2.064	2.492	2.797
25	0.684	1.316	1.708	2.060	2.485	2.787
26	0.684	1.315	1.706	2.056	2.479	2.779
27	0.684	1.314	1.703	2.052	2.473	2.771
28	0.683	1.313	1.701	2.048	2.467	2.763
29	0.683	1.311	1.699	2.045	2.462	2.756
30	0.683	1.310	1.697	2.042	2.457	2.750
40	0.681	1.303	1.684	2.021	2.423	2.704
60	0.679	1.296	1.671	2.000	2.390	2.660
120	0.677	1.289	1.658	1.980	2.358	2.617
∞	0.674	1.282	1.645	1.960	2.326	2.576

数表3　自由度 n の χ^2 分布パーセント点

α に対する $\chi_n^2(\alpha)$ の値

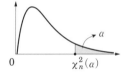

n \ α	0.995	0.990	0.975	0.950	0.050	0.025	0.010	0.005
1	392704×10^{-10}	157088×10^{-9}	982069×10^{-9}	393214×10^{-8}	3.84146	5.02389	6.63490	7.87944
2	0.0100251	0.0201007	0.0506356	0.102587	5.99147	7.37776	9.21034	10.5966
3	0.0717212	0.114832	0.215795	0.351846	7.81473	9.34840	11.3449	12.8381
4	0.206990	0.297110	0.484419	0.710721	9.48773	11.1433	13.2767	14.8602
5	0.411740	0.554300	0.831211	1.145476	11.0705	12.8325	15.0863	16.7496
6	0.675727	0.872085	1.237347	1.63539	12.5916	14.4494	16.8119	18.5476
7	0.989265	1.239043	1.68987	2.16735	14.0671	16.0128	18.4753	20.2777
8	1.344419	1.646482	2.17973	2.73264	15.5073	17.5346	20.0902	21.9550
9	1.734926	2.087912	2.70039	3.32511	16.9190	19.0228	21.6660	23.5893
10	2.15585	2.55821	3.24697	3.94030	18.3070	20.4831	23.2093	25.1882
11	2.60321	3.05347	3.81575	4.57481	19.6751	21.9200	24.7250	26.7569
12	3.07382	3.57056	4.40379	5.22603	21.0261	23.3367	26.2170	28.2995
13	3.56503	4.10691	5.00874	5.89186	22.3621	24.7356	27.6883	29.8194
14	4.07468	4.66043	5.62872	6.57063	23.6848	26.1190	29.1413	31.3193
15	4.60094	5.22935	6.26214	7.26094	24.9958	27.4884	30.5779	32.8013
16	5.14224	5.81221	6.90766	7.96164	26.2962	28.8454	31.9999	34.2672
17	5.69724	6.40776	7.56418	8.67176	27.5871	30.1910	33.4087	35.7185
18	6.26481	7.01491	8.23075	9.39046	28.8693	31.5264	34.8053	37.1564
19	6.84398	7.63273	8.90655	10.1170	30.1435	32.8523	36.1908	38.5822
20	7.43386	8.26040	9.59083	10.8508	31.4104	34.1696	37.5662	39.9968
21	8.03399	8.89720	10.28293	11.5913	32.6705	35.4789	38.9321	41.4010
22	8.64272	9.54249	10.9823	12.3380	33.9244	36.7807	40.2894	42.7956
23	9.26042	10.19567	11.6885	13.0905	35.1725	38.0757	41.6384	44.1813
24	9.88623	10.8564	12.4011	13.8484	36.4151	39.3641	42.9798	45.5585
25	10.5197	11.5240	13.1197	14.6114	37.6525	40.6465	44.3141	46.9278
26	11.1603	12.1981	13.8439	15.3791	38.8852	41.9232	45.6417	48.2899
27	11.8076	12.8786	14.5733	16.1513	40.1133	43.1944	46.9630	49.6449
28	12.4613	13.5648	15.3079	16.9279	41.3372	44.4607	48.2782	50.9933
29	13.1211	14.2565	16.0471	17.7083	42.5569	45.7222	49.5879	52.3356
30	13.7867	14.9535	16.7908	18.4926	43.7729	46.9792	50.8922	53.6720
40	20.7065	22.1643	24.4331	26.5093	55.7585	59.3417	63.6907	66.7659
50	27.9907	29.7067	32.3574	34.7642	67.5048	71.4202	76.1539	79.4900
60	35.5346	37.4848	40.4817	43.1879	79.0819	83.2976	88.3794	91.9517
70	43.2732	45.4418	48.7576	51.7392	90.5312	95.0231	100.425	104.215
80	51.1720	53.5400	57.1532	60.3915	101.879	106.629	112.329	116.321
90	59.1963	61.7541	65.6466	69.1260	113.145	118.136	124.116	128.299
100	67.3276	70.0648	74.2219	77.9295	124.342	129.561	135.807	140.169

数表 4　自由 (m, n) の F 分布パーセント点

α に対する $F_{(m, n)}(\alpha)$ の値

$\alpha = 0.025$

n＼m	1	2	3	4	5	6
1	647.79	799.50	864.16	899.58	921.85	937.11
2	38.506	39.000	39.165	39.248	39.298	39.331
3	17.443	16.044	15.439	15.101	14.885	14.735
4	12.218	10.649	9.9792	9.6045	9.3645	9.1973
5	10.007	8.4336	7.7636	7.3879	7.1464	6.9777
6	8.8131	7.2598	6.5988	6.2272	5.9876	5.8197
7	8.0727	6.5415	5.8898	5.5226	5.2852	5.1186
8	7.5709	6.0595	5.4160	5.0526	4.8173	4.6517
9	7.2093	5.7147	5.0781	4.7181	4.4844	4.3197
10	6.9367	5.4564	4.8256	4.4683	4.2361	4.0721
11	6.7241	5.2559	4.6300	4.2751	4.0440	3.8807
12	6.5538	5.0959	4.4742	4.1212	3.8911	3.7283
13	6.4143	4.9653	4.3472	3.9959	3.7667	3.6043
14	6.2979	4.8567	4.2417	3.8919	3.6634	3.5014
15	6.1995	4.7650	4.1528	3.8043	3.5764	3.4147
16	6.1151	4.6867	4.0768	3.7294	3.5021	3.3406
17	6.0420	4.6189	4.0112	3.6648	3.4379	3.2767
18	5.9781	4.5597	3.9539	3.6083	3.3820	3.2209
19	5.9216	4.5075	3.9034	3.5587	3.3327	3.1718
20	5.8715	4.4613	3.8587	3.5147	3.2891	3.1283
21	5.8266	4.4199	3.8188	3.4754	3.2501	3.0895
22	5.7863	4.3828	3.7829	3.4401	3.2151	3.0546
23	5.7498	4.3492	3.7505	3.4083	3.1835	3.0232
24	5.7167	4.3187	3.7211	3.3794	3.1548	2.9946
25	5.6864	4.2909	3.6943	3.3530	3.1287	2.9685
26	5.6586	4.2655	3.6697	3.3289	3.1048	2.9447
27	5.6331	4.2421	3.6472	3.3067	3.0828	2.9228
28	5.6096	4.2205	3.6264	3.2863	3.0625	2.9027
29	5.5878	4.2006	3.6072	3.2674	3.0438	2.8840
30	5.5675	4.1821	3.5894	3.2499	3.0265	2.8667
40	5.4239	4.0510	3.4633	3.1261	2.9037	2.7444
60	5.2857	3.9253	3.3425	3.0077	2.7863	2.6274
120	5.1524	3.8046	3.2270	2.8943	2.6740	2.5154
∞	5.0239	3.6889	3.1161	2.7858	2.5665	2.4082

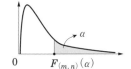

$\alpha = 0.025$

7	8	9	10	11	12	15
948.22	956.66	963.28	968.63	973.03	976.71	984.87
39.355	39.373	39.387	39.398	39.407	39.415	39.431
14.624	14.540	14.473	14.419	14.374	14.337	14.253
9.0741	8.9796	8.9047	8.8439	8.7936	8.7512	8.6565
6.8531	6.7572	6.6810	6.6192	6.5678	6.5246	6.4277
5.6955	5.5996	5.5234	5.4613	5.4098	5.3662	5.2687
4.9949	4.8994	4.8232	4.7611	4.7095	4.6658	4.5678
4.5286	4.4332	4.3572	4.2951	4.2434	4.1997	4.1012
4.1971	4.1020	4.0260	3.9639	3.9121	3.8682	3.7694
3.9498	3.8549	3.7790	3.7168	3.6649	3.6209	3.5217
3.7586	3.6638	3.5879	3.5257	3.4737	3.4296	3.3299
3.6065	3.5118	3.4358	3.3736	3.3215	3.2773	3.1772
3.4827	3.3880	3.3120	3.2497	3.1975	3.1532	3.0527
3.3799	3.2853	3.2093	3.1469	3.0946	3.0501	4.9493
3.2934	3.1987	3.1227	3.0602	3.0078	2.9633	2.8621
3.2194	3.1248	3.0488	2.9862	2.9337	2.8890	2.7875
3.1556	3.0610	2.9849	2.9222	2.8696	2.8249	2.7230
3.0999	3.0053	2.9291	2.8664	2.8137	2.7689	2.6667
3.0509	2.9563	2.8800	2.8173	2.7645	2.7196	2.6171
3.0074	2.9128	2.8365	2.7737	2.7209	2.6758	2.5731
2.9686	2.8740	2.7977	2.7348	2.6819	2.6368	2.5338
2.9338	2.8392	2.7628	2.6998	2.6469	2.6017	2.4984
2.9024	2.8077	2.7313	2.6682	2.6152	2.5699	2.4665
2.8738	2.7791	2.7027	2.6396	2.5865	2.5412	2.4347
2.8478	2.7531	2.6766	2.6135	2.5603	2.5149	2.4110
2.8240	2.7293	2.6528	2.5895	2.5363	2.4909	2.3867
2.8021	2.7074	2.6309	2.5676	2.5143	2.4688	2.3644
2.7820	2.6872	2.6106	2.5473	2.4940	2.4484	2.3438
2.7633	2.6686	2.5919	2.5286	2.4752	2.4295	2.3248
2.7460	2.6513	2.5746	2.5112	2.4578	2.4120	2.3072
2.6238	2.5289	2.4519	2.3882	2.3343	2.2882	2.1819
2.5068	2.4117	2.3344	2.2702	2.2159	2.1692	2.0613
2.3948	2.2994	2.2217	2.1570	2.1021	2.0548	1.9450
2.2875	2.1918	2.1136	2.0483	1.9927	1.9477	1.8326

$\alpha = 0.005$

n \ m	1	2	3	4	5	6
1	16211	20000	21615	22500	23056	23437
2	198.50	199.00	199.17	199.25	199.30	199.33
3	55.552	49.799	47.467	46.195	45.392	44.838
4	31.333	26.284	24.259	23.155	22.456	21.975
5	22.785	18.314	16.530	15.556	14.940	14.513
6	18.635	14.544	12.917	12.028	11.464	11.073
7	16.236	12.404	10.882	10.050	9.5221	9.1554
8	14.688	11.042	9.5965	8.8051	8.3018	7.9520
9	13.614	10.107	8.7171	7.9559	7.4711	7.1338
10	12.826	9.4270	8.0807	7.3428	6.8723	6.5446
11	12.226	8.9122	7.6004	6.8809	6.4217	6.1015
12	11.754	8.5096	7.2258	6.5211	6.0711	5.7570
13	11.374	8.1865	6.9257	6.2335	5.7910	5.4819
14	11.060	7.9217	6.6803	5.9984	5.5623	5.2574
15	10.798	7.7008	6.4760	5.8029	5.3721	5.0708
16	10.575	7.5138	6.3034	5.6378	5.2117	4.9134
17	10.384	7.3536	6.1556	5.4967	5.0746	4.7789
18	10.218	7.2148	6.0277	5.3746	4.9560	4.6627
19	10.073	7.0935	5.9161	5.2681	4.8526	4.5614
20	9.9439	6.9865	5.8177	5.1743	4.7616	4.4721
21	9.8295	6.8914	5.7304	5.0911	4.6808	4.3931
22	9.7271	6.8064	5.6524	5.0168	4.6088	4.3225
23	9.6348	6.7300	5.5823	4.9500	4.5441	4.2591
24	9.5513	6.6610	5.5190	4.8898	4.4857	4.2019
25	9.4753	6.5982	5.4615	4.8351	4.4327	4.1500
26	9.4059	6.5409	5.4091	4.7852	4.3844	4.1027
27	9.3423	6.4885	5.3611	4.7396	4.3402	4.0594
28	9.2838	6.4403	5.3170	4.6977	4.2996	4.0197
29	9.2297	6.3958	5.2764	4.6591	4.2622	3.9830
30	9.1797	6.3547	5.2388	4.6233	4.2276	3.9492
40	8.8278	6.0664	4.9759	4.3738	3.9860	3.7129
60	8.4946	5.7950	4.7290	4.1399	3.7600	3.4918
120	8.1790	5.5393	4.4973	3.9207	3.5482	3.2849
∞	7.8794	5.2983	4.2794	3.7151	3.3499	3.0913

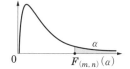

$\alpha = 0.005$

7	8	9	10	11	12	15
23715	23925	24091	24224	24334	24426	24630
199.36	199.37	199.39	199.40	199.42	199.42	199.43
44.434	44.126	43.882	43.686	43.525	43.387	43.085
21.622	21.352	21.139	20.967	20.824	20.705	20.438
14.200	13.961	13.772	13.618	13.491	13.384	13.146
10.786	10.566	10.391	10.250	10.133	10.034	9.8140
8.8854	8.6781	8.5138	8.3803	8.2696	8.1764	7.9678
7.6942	7.4960	7.3386	7.2107	7.1045	7.0149	6.8143
6.8849	6.6933	6.5411	6.4171	6.3142	6.2274	6.0325
6.3025	6.1159	5.9676	5.8467	5.7462	5.6613	5.4707
5.8648	5.6821	5.5368	5.4182	5.3196	5.2363	5.0489
5.5245	5.3451	5.2021	5.0855	4.9884	4.9063	4.7214
5.2529	5.0761	4.9351	4.8199	4.7240	4.6429	4.4600
5.0313	4.8566	4.7173	4.6034	4.5085	4.4281	4.2468
4.8473	4.6743	4.5364	4.4236	4.3294	4.2498	4.0698
4.6920	4.5207	4.3838	4.2719	4.1785	4.0994	3.9205
4.5594	4.3893	4.2535	4.1423	4.0495	3.9709	3.7929
4.4448	4.2759	4.1410	4.0305	3.9382	3.8599	3.6827
4.3448	4.1770	4.0428	3.9329	3.8410	3.7631	3.5866
4.2569	4.0900	3.9564	3.8470	3.7555	3.6779	3.5020
4.1789	4.0128	3.8799	3.7709	3.6798	3.6024	3.4270
4.1094	3.9440	3.8116	3.7030	3.6122	3.5350	3.3600
4.0469	3.8822	3.7502	3.6420	3.5515	3.4745	3.2999
3.9905	3.8264	3.6949	3.5870	3.4967	3.4199	3.2456
3.9394	3.7758	3.6447	3.5370	3.4470	3.3704	3.1963
3.8928	3.7297	3.5989	3.4916	3.4017	3.3252	3.1515
3.8501	3.6875	3.5571	3.4499	3.3602	3.2839	3.1104
3.8110	3.6487	3.5186	3.4117	3.3222	3.2460	3.0727
3.7749	3.6130	3.4832	3.3765	3.2871	3.2111	3.0379
3.7416	3.5801	3.4505	3.3440	3.2547	3.1787	3.0057
3.5088	3.3498	3.2220	3.1167	3.0284	2.9531	2.7811
3.2911	3.1344	3.0083	2.9042	2.8166	2.7419	2.5705
3.0874	2.9330	2.8083	2.7052	2.6183	2.5439	2.3727
2.8968	2.7444	2.6210	2.5188	2.4325	2.3583	2.1863

索　引

著者紹介

石村園子
いし むら その こ

津田塾大学大学院理学研究科修士課程修了
元千葉工業大学教授

主な著書

『改訂新版 すぐわかる微分積分』共著
『改訂新版 すぐわかる線形代数』共著
『改訂新版 すぐわかる微分方程式』共著
『演習 すぐわかる微分積分』
『演習 すぐわかる線形代数』
『すぐわかるフーリエ解析』
『すぐわかる代数』
『すぐわかる複素解析』
『増補版 金融・証券のためのブラック・ショールズ微分方程式』共著
（以上 東京図書 他多数）

畑　宏明
はた　ひろ あき

大阪大学大学院基礎工学研究科博士後期課程修了
一橋大学教授

主な著書

『改訂新版 すぐわかる微分積分』共著
『改訂新版 すぐわかる線形代数』共著
『改訂新版 すぐわかる微分方程式』共著

改訂新版 すぐわかる確率・統計　　　　　　　Printed in Japan
かいていしんばん　　　かくりつ　とうけい

2001 年 10 月 25 日　第 1 版第 1 刷発行　　　　© Sonoko Ishimura,
2024 年 2 月 25 日　改訂新版第 1 刷発行　　　　　　　Hiroaki Hata,
　　　　　　　　　　　　　　　　　　　　　　　　　　 2001, 2024

　　　　　　　　　　　　　　著　者　石村園子
　　　　　　　　　　　　　　　　　　畑　　宏明

　　　　　　　　　　　　発行所　東京図書株式会社

　　　　　　〒102-0072 東京都千代田区飯田橋 3-11-19
　　　　　　振替 00140-4-13803　　電話 03(3288)9461
　　　　　　http://www.tokyo-tosho.co.jp/

ISBN 978-4-489-02419-1